普通高等教育"十三五"规划教材

A Series of Food Science
& Technology Textbooks
食品科技系列

U0392627

食品微生物学实验技术

李秀婷　主编

张红星　朱运平　张成楠　副主编

贾英民　李平兰　主审

 化学工业出版社
·北京·

本书内容包括两大部分共 79 个实验：第一部分内容涉及无菌概念及无菌操作技术、培养基的制备与灭菌、显微镜及显微技术、微生物的染色和形态及结构观察、微生物的纯培养、微生物数量的测定、环境因素对微生物生长的影响、微生物对含碳化合物的分解和利用、微生物对含氮化合物的分解和利用、微生物基因突变及基因转移、微生物的菌种保藏和复壮及育种技术、分子微生物学基础技术操作、免疫学技术等；第二部分内容涵盖食品中菌落总数、大肠菌群、菌相变化、酒酿制作、产酶菌株、环境中的微生物检测等。

本书可作为食品类专业本科生的食品微生物学实验课教材，也可作为研究生科研的实验指导书，同时也能为食品领域科技工作者提供参考。

图书在版编目（CIP）数据

食品微生物学实验技术/李秀婷主编 . —北京：化学工业出版社，2020.4（2024.2重印）

普通高等教育"十三五"规划教材

ISBN 978-7-122-35971-1

Ⅰ.①食… Ⅱ.①李… Ⅲ.①食品微生物-微生物学-实验-高等学校-教材 Ⅳ.①TS201.3-33

中国版本图书馆 CIP 数据核字（2020）第 007719 号

责任编辑：赵玉清　　　　　　　　　　　文字编辑：周　倜
责任校对：李雨晴　　　　　　　　　　　装帧设计：关　飞

出版发行：化学工业出版社（北京市东城区青年湖南街 13 号　邮政编码 100011）
印　　装：北京建宏印刷有限公司
787mm×1092mm　1/16　印张 13　字数 323 千字　2024 年 2 月北京第 1 版第 4 次印刷

购书咨询：010-64518888　　　　　　　售后服务：010-64518899
网　　址：http://www.cip.com.cn
凡购买本书，如有缺损质量问题，本社销售中心负责调换。

定　　价：39.00 元

本书编审委员会名单

主 编	李秀婷	北京工商大学
副 主 编	张红星	北京农学院
	朱运平	北京工商大学
	张成楠	北京工商大学
其他参编人员	滕 超	北京工商大学
	熊 科	北京工商大学
	郦金龙	北京工商大学
	杨 然	北京工商大学
	范光森	北京工商大学
	徐友强	北京工商大学
	金君华	北京农学院
	庞晓娜	北京农学院
主 审	贾英民	北京工商大学
	李平兰	中国农业大学

序

　　微生物与人类社会和文明的发展有着极为密切的关系。微生物的活动影响着自然界，改变着世界，推动着自然科学和人类文明的发展。

　　随着食品产业及生命科学的快速发展，食品微生物学实验技术作为食品研究和质量控制的关键基础和重要途径，也愈来愈受到人们的重视。此书即形成于这种紧迫的现实需求，由来自北京市属高校具有丰富一线教学经验的教师合作编撰而成。

　　此书总结了食品相关专业多年来在微生物学教学、科研及生产应用方面的宝贵经验，学习借鉴了兄弟院校和科研院所同类教材、研究手册的做法与亮点，适应当今科技的不断拓展与深化的需求。全书涵盖了食品微生物学基本实验技术及综合应用实验技术两大部分，不仅详述了食品微生物学实验技术方法、流程及常用试剂配制等实用资料，而且接纳与吸收了国内外微生物学实验技术研究领域的最新进展。内容全面丰富，十分便于读者对照学习和使用。

　　此书可作为高等院校食品科学与工程等相关专业实验课教材，也可作为其他相关专业如食品质量与安全、生物工程、制药工程等的实验指导书，以及发酵工程和生物化工等专业学生的参考书。同时也可作为从事各行业微生物科研、生产等专业技术人员的参考书和工具书。

　　此书在编撰过程中突出以下特点：

　　1. 编排上力求创新。此书主要内容包括 79 个实验，内容紧凑、简练、系统、连贯，且阐明了每种技术方法的注意事项。

　　2. 内容上力求新颖。以"基础"和"新颖"为原则，力图使此书既有系统的食品微生物学基础实验内容，又有相关实验技术研究领域的最新进展。

　　3. 技术上力求实用。此书既注重基本实验技能的翔实与全面，又强化了实验技术的综合与深入。

　　故而，此书理论与实践相结合，实操与指导互映照，值得一读。

前言

微生物和人类的生活密切相关，微生物学是生命科学中应用性极强的重要基础学科之一。食品微生物学是研究与食品有关的微生物以及微生物与食品关系的科学，其实验技术作为食品研究和质量控制的关键基础和基本方法，随着食品工业、微生物学以及生命科学的快速发展，不仅愈来愈受到人们的重视，新技术层出不穷，而且食品相关应用领域也在不断拓展。

食品微生物学实验技术是食品微生物学科大厦的重要基石，是研究食品学科微生物相关问题的重要技术手段。食品微生物学实验是食品科学与工程、食品质量与安全等食品类专业本科生的必修课，是一门重要的实验课程，能够培养学生及专业技术人员思考食品微生物学科的难点，学习分析食品微生物实验中的现象和结果，并运用相关技术与方法解决食品行业生产实践中微生物方面的问题。

本书内容包括两大部分共 79 个实验：第一部分"食品微生物学基本实验技术"，涉及无菌概念及无菌操作技术、培养基的制备与灭菌、显微镜及显微技术、微生物的染色和形态及结构观察、微生物的纯培养、微生物数量的测定、环境因素对微生物生长的影响、微生物对含碳化合物的分解和利用、微生物对含氮化合物的分解和利用、微生物基因突变及基因转移、微生物的菌种保藏和复壮及育种技术、分子微生物学基础技术操作、免疫学技术等；第二部分"食品微生物学综合应用实验技术"，涵盖食品中菌落总数、大肠菌群、菌相变化、酒酿制作、产酶菌株、环境中的微生物检测等。

本书重点介绍了微生物的分离和纯化与接种技术、单细胞微生物生长曲线的制作、抑菌剂对微生物生长的影响、油脂水解实验、过氧化氢酶实验、Ames 致突变和致癌试验等，并根据编写者的实践经验特别撰写了乳酸菌的人工诱变育种、大肠杆菌的电击转化、产蛋白酶菌株的筛选等内容。

全书详述食品微生物学实验技术方法、流程及常用试剂配制等实用内容，接纳和吸收了国内外食品微生物学实验技术研究领域的最新进展，包括用 IPTG 诱导启动子在大肠杆菌中表达克隆基因、细菌 DNA（G＋C）摩尔分数的测定、16S rRNA 序列分析及其同源性分析、细菌原生质体的融合、微生物系统发育关系分析等。为便于读者对照学习和使用，本书不仅总结概括了各种实验技术的原理及特点，详述了实验过程和实验步骤，而且在每个实验后，均特别说明了该技术方法的注意事项，另附思考题或讨论题，拟以注意事项与思考题相结合的方式引导读者进行实验结果的分析，来帮助读者加深对相应实验技术的理解与掌握。

本书的编排贯彻了先基础后专业的思路，注重实验技术的科学性、实用性和先进性，使读者在学习掌握食品微生物学实验技术基本操作的同时，对现代微生物学实验技术也有了大致的了解。

本书可作为食品类专业本科生的食品微生物学实验课教材，也可作为研究生科研的实验指导书，同时也能为食品领域科技工作者提供参考。

本书由北京工商大学李秀婷教授规划设计，李秀婷教授任主编，张红星教授、朱运平教授、张成楠博士任副主编。参编人员及分工情况如下：实验1、2、3、4、5、6、7、8、78由杨然编写，实验9、10、11、12、13、14、15、16、17、18、19、20、21、75由朱运平编写，实验22、23、24、25、32、33、34、35、36由熊科编写，实验26、27、28、29、30、31、77由滕超编写，实验37、38、39、40、41、42、43、44、45、46、47、48、49、50、51、52、74由范光森编写，实验53、54、55、59、60、61、62、63、64、65、66、67、79由徐友强编写，实验56、57、58由郦金龙编写，实验68、69、70、71、72、73、76由张成楠编写。李秀婷全书负责统稿、定稿，并对全书的文字表达及概念、名词及语言运用等进行审核和校正。张红星、金君华、庞晓娜对本书的编排和校阅做了大量具体的工作。贾英民教授和李平兰教授担任主审。

本书的编写参考了相关的书籍及文献（见参考文献），在此衷心地向有关作者表示感谢。由于编者水平有限，书中疏漏和不妥在所难免，敬请读者批评指正。

编　者　李秀婷

2019.11

目录

附录 / 159

参考文献 / 196

第一部分

食品微生物学基本实验技术

一、无菌概念和无菌操作技术

实验 1　实验室环境要求

1　实验目的

（1）了解微生物学实验室的环境要求。

（2）学习并掌握微生物学实验室的人员使用管理要求。

2　实验原理

微生物学实验室是涉及多学科的基础教学研究实验平台，其主要研究对象为微生物，其中某些微生物可能对人体产生危害，因此微生物学实验室的管理要严格规范，实验室环境需符合要求。

3　微生物学实验室的环境要求

3.1　实验室环境基本要求

微生物学实验室的墙壁、天花板和地面应平整、易清洁、耐化学品和消毒剂的腐蚀。地面应防滑，不铺设地毯，并设置地漏，以减少跑水事故的危害。实验室定期消毒，可用有效氯 500～10000mg/L 的氯消毒液喷洒或拖地，消毒液用量不小于 100mL/m³。污染区和清洁区拖把应分用，不混用；使用后，用上述消毒液浸泡 30min，再用水清洗干净，悬挂晾干。

室内要洁净明亮，实验台干净整洁，耐化学品及消毒剂的腐蚀；实验室应配置储物柜、衣帽架及医用急救箱，急救箱中药品要及时更新补充；室内配置干粉或二氧化碳灭火器，以备电器或化学品燃烧灭火使用；分区域放置生活垃圾及废弃实验物，做到实验废弃物分类处理。

3.2　微生物检测设备类型及要求

开展微生物检验实验室工作，离不开实验室的设备。适合于微生物检验实验室功能且状态良好的设备，是获得高质量实验结果的要求之一。微生物检验实验室的设备类型主要包括：

（1）称量设备　实验室中常用的称量设备为电子天平。电子天平是根据电磁力平衡原理直接称量，全量程不需要砝码。具有称量准确、可靠、稳定、效率高、操作简便等特点，常用于培养基的称量、试样的称量以及对称量要求精确的场合。微生物检测所需要的电子天平的感量为 0.1g，部分实验需要的电子天平感量为 0.1mg。

（2）消毒灭菌设备　在食品微生物检测实验室中，用于消毒、灭菌的设备通常为高压蒸汽灭菌器或用于干热灭菌的干燥箱、过滤除菌设备及紫外线装置等。

高压蒸汽灭菌器是应用最广、效果最好的灭菌设备，广泛用于培养基、稀释剂、器皿、废弃培养物等的灭菌，其种类有手提式、立式、卧式等，目前大部分高压蒸汽灭菌器具有自动过程控制装置。干燥箱主要用于金属、玻璃器皿等的灭菌。过滤除菌设备主要包括膜过滤系统，分为滤器和滤膜，也有一次性的含有滤膜的过滤器。紫外线装置主要分为固定的紫外灯和可移动的紫外灯杀菌车。

（3）培养基制备设备　用于培养基制备的设备主要有：pH 计、培养基自动制备仪和培养基自动分装系统等。

pH 计，又称酸度计，用于测定溶液 pH 的设备，是利用溶液的电化学性质测量氢离子浓度以确定溶液酸碱度的传感器。目前 pH 电极主要有 3 种，分别是液体 pH 电极、凝胶 pH 电极、固体 pH 电极。

培养基自动制备仪和培养基自动分装系统是近几年来发展起来的用于培养基制备的自动设备。培养基自动制备仪可用于微生物实验室中所有培养基、琼脂或肉汤的制备。只需称量好粉末状培养基并量取好去离子水，然后倒入培养基制备仪中，设定好相应的灭菌程序，运行灭菌循环，等待循环结束。所需的培养基一经制备完成，可以直接进行下一步的培养基分装步骤。培养基自动分装系统可直接与培养基自动制备仪相连接，用于自动分装培养基，可减少人工时间和成本，提高培养基的质量。

（4）样品处理设备　样品处理设备包括均质器、离心机等。均质器主要用于样品的前处理，对样品进行均质化，其类型主要为拍打式均质器。离心机用于微生物试验样品制备，利用离心机驱动容器做旋转运动产生的离心力以及被离心样本物质的沉降系数或浮力密度的差别，完成分离、浓缩及提取制备。

（5）稀释设备　主要有微生物定量稀释仪、移液器等。

（6）培养设备　主要分为恒温培养箱、恒温恒湿培养箱、恒温水浴锅、低温培养箱、微需氧培养箱、厌氧培养箱等。培养箱是微生物培养的主要设备，实验室可根据使用需要，设定不同温度（如 37℃、30℃或 25℃等）。恒温水浴锅除了用于培养外，还用于培养基加热后的恒温，用来保持培养基处于熔化可使用的状态。

（7）镜检计数设备　镜检计数设备包括显微镜、放大镜、游标卡尺等。微生物镜检常用的显微镜主要有普通光学显微镜、荧光显微镜、相差显微镜等。一般在观察细菌、酵母菌、霉菌和放线菌等较大微生物时，可应用普通光学显微镜，最常用的放大倍数在 1000～1500 倍之间，主要用于细菌形态和运动性观察。荧光显微镜主要用于观察带有荧光物质的微小物体或经荧光染料染色后的微小物体。相差显微镜主要用于观察活的微生物细胞结构、鞭毛运动等。

放大镜可用于菌落计数时肉眼观察平板上的菌落，避免培养基中的细小菌落漏检。进行菌落计数时，也可选择菌落计数器进行计数。

（8）冷藏冷冻设备　主要为冰箱和冰柜。冰箱分为冷藏和冷冻两部分，冰箱冷藏温度 2～8℃，可用于保存培养基、血清、菌种、某些试剂、药品等；冰箱冷冻温度和冰柜冷

冻温度一般在 -18℃ 以下，可以用于样品的保存。此外，超低温冰箱的温度可以达到 -70℃以下，常用于菌种的保存。

（9）生物安全设备　生物安全柜和超净工作台是用于实验室中的主要隔离设备，可有效防止有害悬浮微粒的扩散，为操作者、样品以及环境提供安全保护。

超净工作台是在操作台的空间局部形成无菌状态的装置，它是基于层流设计原理，通过高效过滤器以获得洁净区域。它对操作者没有保护作用，但所形成的局部净化环境可避免操作过程污染杂菌的可能，因此只应用于非危险性微生物的操作（如用于食品、药品、微生物制剂、组织细胞等的无菌操作），与生物安全柜相比具有结构简单、成本低廉、运用广泛的特点。

实验人员在操作具有感染性实验材料时，生物安全柜能够为实验室人员、公众和环境提供最大程度的保护。生物安全柜用于保护操作者、实验环境和实验对象，使其避免暴露于上述操作过程中可能产生的感染性气溶胶和溅出物。根据结构设计、排风比例和保护对象和程度不同，生物安全柜分为Ⅰ级、Ⅱ级和Ⅲ级，其中Ⅱ级又分为 A1、A2、B1、B2 型，不同级别的生物安全实验室应选用不同级别的生物安全柜，也可根据要保护、防护的不同类型来选择适当的安全柜。目前全世界应用最广的是Ⅱ级 A2 型安全柜，它能够满足微生物检测实验室的一般用途。

（10）其他设备　除了上述常用的基本仪器设备外，实验室还可配备其他的设备，包括细菌筛选、鉴定系统设备，分子生物学检测设备，质谱以及温度监控系统等设备。

3.3　设备的使用和维护要求

一般地，设备必须满足四个条件才能正式投入使用：一是对检验结果准确性或有效性有重要影响的设备应通过检定、校准或核查等计量溯源活动，证实其能够满足实验室规范要求、符合有关标准规范；二是必须要有经过培训、考核合格并获得授权的操作人员；三是设备运行所必需的环境条件、辅助设备设施、必要的试剂及标准品等得到满足；四是必要时实验室还需制定设备的操作和维护保养规程。有些设备使用前也需进行核查或校准以确认其状态正常。

目前越来越多的设备使用软件，并生成数据和数字化结果。计算机操作系统和应用程序由于操作或使用不当，以及感染病毒等原因很容易造成软件无法使用或数据丢失。因此要对设备的软件进行保护，如可能应备份软件。如校准产生一系列校正因子，应在设备软件上更新并备份。

设备应配备相应的设施与环境，确保设备正常运转，避免设备损坏或污染。设备使用过程中，操作人员应严格遵守安全操作注意事项，确保操作人员、他人和环境的物理、化学和生物安全，设备使用过程需进行相应的记录。

设备使用的总原则是安全、合理、充分、科学。大型设备的使用人员应经过专门的技术培训，获得相应的技术资格后经授权批准方可上机操作。使用人员在操作时，应严格按设备操作规程开机测试，使用后认真填写使用日志或仪器使用记录。标明目前设备的运行状态、设备的使用和维护说明书及操作维护规程等文件，可放在使用人员的工作区域内，使使用人员可及时方便地获取和使用。

使用人员在使用过程中发现设备出现异常情况应立即检查并报告设备主管人，如有异常情况要立即关机，并在设备使用记录中登记异常情况。设备有过载或错误操作、显示结果可疑时，确认仪器处于非正常状态的，应单独存放或加贴停用标识。对测试结果可能造成影响时，应按照文件要求，采取措施及时处理。使用人员违反设备操作规程操作，有可能对测试结果造成影响的，应采取措施及时处理。如果设备长期停用或脱离监控，在恢复使用前，应对其功能和状态进行检查或验证。处于停用期间的设备，经维修、验证、校准恢复正常后，应及时撤除停用标识，恢复正常使用。

设备主管人根据设备维护规程，对设备进行维护和保养。重要设备的维护应该根据使用频率等因素，在特定的间隔时间内进行。设备主管人按照设备维护检修规程，采取相应的措施及时地对有关部件进行清洗、处理，更新详细记录设备的维护保养记录。需要加以注意的是避免来自设备的交叉污染，例如：当设备需要丢弃时，应该对其清洗和灭菌。理想条件下，实验室应具有用于不同灭菌目的的独立的高压灭菌器。

表 1-1 总结和归纳了微生物设备的维护要求和频率。

表 1-1　微生物设备的维护要求和频率

设备类型	要求	建议频率
a)培养箱 b)冰箱 c)干燥箱	清洁和消毒内部表面	a)每月 b)需要时(如 3 个月) c)需要时(如每年)
水浴锅	放水,清洁,消毒和注水	每月或半年一次(使用消毒剂)
离心机	a)保养,维护 b)清洁和消毒	a)每年 b)每次使用
高压灭菌器	a)检查垫圈,清洁和排水 b)全面保养维护 c)压力阀的安全检查	a)定期,制造商推荐 b)每年或制造商推荐 c)每年
安全柜,层流柜	全面保养维护以及技术性检查	每年或制造商推荐
显微镜	全面维修保养	每年
pH 计	清洁电极	每次使用
天平,重量稀释器	a)清洁 b)保养维护	a)每次使用 b)每年
蒸馏器	清洁和去垢	根据需要(如每 3 个月)
去离子,反渗透装置	更换滤芯/膜	制造商推荐
厌氧罐	清洁/消毒	每次使用后
培养基分配器,测量体积装置	洗刷、清洁和灭菌	每次使用后

4　微生物实验室人员使用管理要求

（1）实验人员进入微生物实验室应先穿实验服，离开时脱下实验服放于衣帽架上，不得将与实验无关的物品带入实验室，随身物品应放入储物柜，必须使用的书籍材料应放置在非操作区，以免造成污染。无菌操作时需戴口罩，且不得使用电风扇或空调。

（2）进入微生物实验室前应先洗手，避免手上的污染物沾染微生物造成污染；实验室内禁止饮食、喝水、吸烟，不得喧哗或随意走动；微生物实验室各类物品应放置于指定地点，不可随意移动；带有菌源的物品按要求处理，不可随意丢弃。

（3）凡进入微生物实验室人员，要严格遵守并执行实验室规章制度、仪器管理制度及药品管理制度；试剂定期检查并有明细标签，各种器材应建立申领消耗记录，贵重仪器填写使用记录并由教师或实验室管理人员确认签字，破损遗失应填写报告，药品、器材等不经批准不得擅自外借或带出实验室，做到借用归还登记。

（4）实验过程中如发生突发事件或意外事故，禁止隐瞒或私自处理，应及时上报相关负责人员。无菌操作时如发生菌液等溅出时，应以 5％石炭酸溶液或 3％来苏尔溶液覆盖 0.5h

后才能擦去。万一遇有意外情况发生时，如不慎将菌液吸入口中或皮肤破伤处或烫伤，应立即报告相关负责人员，及时处理。

（5）实验过程中产生的沾有活菌的实验物品或污染物，要及时进行灭菌处理。进行高压、高温灭菌、消毒等工作时，工作人员不得擅离现场，认真观察温度、时间、压力等，确保灭菌工作安全进行。

（6）实验完毕后，实验人员整理实验物品及实验台，清洁地面，物归原处，检查水电，用肥皂水或洗手液洗手后方可离开实验室。须送恒温生化培养箱培养的物品，应做好标记（标明姓名、编号、日期、培养时间）后送到指定培养室或地点。

实验 2 无菌操作技术

1 实验目的

（1）了解无菌操作技术种类。
（2）学习并掌握无菌操作技术方法。

2 实验原理

在关于微生物的研究工作中，为了使微生物体不断延续其生命，需要一次次地将微生物菌株移植到适合其生长繁殖的无菌人工培养环境中，在此过程中用到的无菌操作统称为无菌操作技术，而无菌操作技术是研究生物科学必须掌握的一项基本操作技能。依据实验目的或培养方式的不同，可将无菌操作技术分为倒平板、平板涂布、斜面接种、液体接种、平板接种及穿刺接种等。所涉及的用具包括酒精灯、酒精杯及酒精棉、接种环、接种针、涂布棒、移液器或移液管等。无菌操作一般在超净工作台中进行，进入工作台前首先用酒精棉擦拭手及移液器等用具，接种针、接种环及涂布棒需在火焰上灭菌，所有操作尽量在火焰周围无菌范围内进行，避免染菌。

3 实验材料

锥形瓶，试管，培养皿，酒精灯，涂布棒，接种环，接种针。

4 实验步骤

4.1 倒平板

进入超净工作台前先洗手，操作前用75％乙醇擦拭手；在超净工作台内打开培养皿包装纸，取出无菌培养皿；火焰旁，右手持三角瓶培养基，左手拿培养皿，以大拇指和食指的力度打开培养皿顶盖至一合适开口，倾倒培养基至适宜厚度（以覆盖整个培养皿底盖为宜）；火焰封口，轻摇动培养皿使培养基分布均匀即可（图2-1）。

4.2 平板涂布

在火焰旁，用移液器或移液管取 0.1～0.2mL 菌液加入凝固的培养基中；取出浸入乙醇中的涂布棒，在火焰上快速燃烧后离开；打开培养皿，将涂布棒在培养皿顶盖上反复接触以降温，并在培养基接触不到菌体的地方检验涂布棒是否冷却，以画圈的方式均匀轻微涂抹菌体，涂布完毕后，火焰灼烧涂布棒灭菌，平板上注明接种信息及时间，随后平板倒扣于培养箱中培养（图 2-2）。

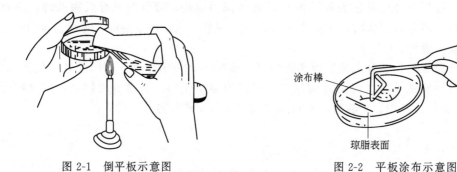

| 图 2-1 倒平板示意图 | 图 2-2 平板涂布示意图 |

4.3 斜面接种

斜面培养物接种新鲜斜面：左手手持试管，外侧为菌种管，内侧为新鲜空白试管，两试管平行放置且管口稍向上倾斜，右手无名指及小拇指将试管塞旋松；右手持接种环柄，将接种环垂直放在火焰上灼烧，镍铬丝部分（环和丝）必须烧红，以达到灭菌目的，然后将除手柄部分的金属杆全用火焰灼烧一遍，尤其是接镍铬丝的螺口部分，要彻底灼烧以免灭菌不彻底；左手向上倾斜持两支试管管口端平齐，靠近火焰，一并拔出两支试管塞并夹紧，绕火焰一周灭菌，勿将试管塞置于桌面，以免污染；接种环接触试管壁无菌处以冷却，随后挑取一环菌体，缓慢取出接种环，勿碰壁；靠近火焰处迅速将带菌接种环伸入空白斜面，从斜面底部轻缓划波浪线至培养基顶端，接种完毕（图 2-3）。

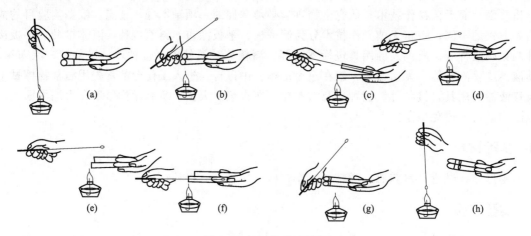

图 2-3　斜面接种示意图

（a）灼烧接种环；（b）靠近火焰取下硅胶塞；（c）接种环蘸取菌苔；
（d）远离火焰取出接种环；（e）灼烧未接种试管管口；（f）未接种试管中插入
接种环由下至上 S 形划线接种；（g）近火焰塞入硅胶塞；（h）灼烧接种环

由斜面培养物接种至平板：试管与培养皿叠放于左手，试管管口与培养皿边缘平齐且稍朝上；右手拿接种环，在火焰外处将接种环前端至可能进入试管内部的部位彻底灼烧灭菌；靠近火焰，用右手无名指及小拇指将试管塞拔出夹紧并绕火焰一周；接种环伸入试管并在管壁或无菌处稍作冷却，取一环菌体，缓慢取出接种环；打开培养皿，接种环以"Z"形在培养基表面划线接入培养基中，接种完毕后，在培养皿盖侧面记录菌体信息及时间，倒扣于培养箱中培养即可。

4.4 液体接种

由斜面培养物接种至液体培养基：用接种环从斜面上取一环菌体，接至液体培养基时应在管内靠近液面试管壁上将菌体轻轻研磨并轻轻振荡，或将接种环在液体内振摇几次即可。如接种霉菌菌种时，若用接种环不易挑起培养物时，可用接种钩或接种铲进行。

由液体培养物接种液体培养基：可用接种环或接种针蘸取少许液体移至新液体培养基即可。也可根据需要用吸管、滴管或注射器吸取培养液移至新液体培养基即可。

接种液体培养物时应特别注意勿使菌液溅在工作台上或其他器皿上，以免造成污染。如有溅污，可用酒精棉球灼烧灭菌后，再用消毒液擦净。凡吸过菌液的吸管或滴管，应立即放入盛有消毒液的容器内。

4.5 平板接种

平板培养物接种平板：平板培养物转接入新培养皿中培养一般是观察微生物菌落形态或菌体分离纯化的过程。接种环的处理与斜面接种技术一致，打开培养物培养皿蘸取少量单菌落菌体，火焰封口；随后迅速打开新培养皿，将沾菌接种环划线接种到培养基中，为实现微生物菌体的分离及纯化，采用"分区划线法"进行接种。接种环先在平板培养基的一边做第一次平行划线3～4条，再转动培养皿约70°角，并将接种环上剩余物烧掉，待冷却后通过第一次划线部分做第二次平行划线，再用同样的方法通过第二次划线部分做第三次划线和通过第三次平行划线部分做第四次平行划线。划线完毕后，盖上培养皿盖，倒置于温室培养（图2-4）。

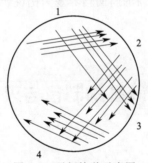

图2-4 平板接种示意图

1—以平板培养基的一边做第一次平行划线3～4条；2—转动培养皿约70°角，并将接种环上
剩余物烧掉，待冷却后通过第一次划线部分做第二次平行划线；3—同方法2做第三次平行划线；
4—同方法2做第四次平行划线

菌悬液接种平板：此法又称为稀释倾注平板法，用于计算微生物细胞数量。在无菌操作条件下将菌种制成一定稀释倍数的菌悬液，用无菌移液管或移液器吸取适量菌液加入无菌培养皿中。按倒平板的方法将熔化冷却至40～50℃的培养基倒入培养皿中，此时应确保培养基温度不宜过高，以免菌体受热死亡。随后迅速轻旋培养皿使菌液与培养基混合均匀，水平放置，待其凝固后，将培养皿倒置于培养箱中培养。

4.6 穿刺接种

此法多用于半固体、醋酸铅、三糖铁琼脂与明胶培养基的接种，操作方法和注意事项与斜面接种法基本相同。但必须使用笔直的接种针，而不能使用接种环。

接种柱状高层或半高层斜面培养管时，应向培养基中心穿刺，一直插到接近管底，再沿原路抽出接种针。注意勿使接种针在培养基内左右移动，以使穿刺线整齐，便于观察生长结果（图2-5）。

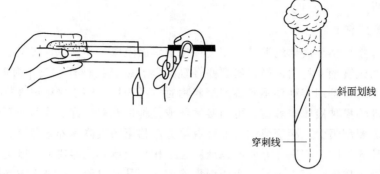

图 2-5 穿刺接种示意图

斜面划线

穿刺线

5 实验结果

分别记录并描绘斜面接种技术、液体接种技术及平板接种技术接种的微生物生长情况和培养特征。

6 思考题

6.1 试述如何在接种中，贯彻无菌操作的原则？

6.2 如何确定平板上某单个菌落是否为纯培养？请写出实验的主要步骤。

6.3 以斜面上的菌种接种到新的斜面培养基为例说明操作方法和注意事项。

二、培养基的制备与灭菌方法

实验 3 玻璃器皿的洗涤及包扎

1 实验目的

（1）熟悉微生物实验所需的各种常用器皿名称和规格。

（2）掌握各种器皿清洗方法。

（3）掌握各种器皿的包扎方法。

2 实验原理

玻璃器皿在培养基的配制及微生物培养、分离、纯化的过程中使用较为广泛而普遍。微生物学实验室常备的玻璃器皿有烧杯、试管、培养皿、锥形瓶、移液管、滴管、玻璃涂棒、盖玻片及载玻片等，在进行实验之前均需洗涤清洁、晾干或灭菌备用。

3 实验材料

常用各种玻璃器皿、清洗工具和去污粉、肥皂、洗涤液。

4 实验步骤

4.1 玻璃器皿的洗涤

4.1.1 新玻璃器皿的清洁

新购置的玻璃器皿一般含有游离碱，应用2%盐酸溶液浸泡数小时或过夜，再用清水冲洗晾干即可。灭菌前要保证玻璃器皿的干燥。

4.1.2 带油污玻璃器皿的处理及清洁

因微生物生长需求，在培养基的配制过程中通常会加入油脂类物质，导致烧杯、锥形瓶、滴管等器皿残留油污。此类情况可用10%的氢氧化钠浸泡1h或放置于5%碳酸氢钠溶液中微煮沸，以去除油污，再用洗涤剂清洗；带有凡士林的玻璃磨口塞或干燥容器，清洗前用酒精棉擦去油污或将去污剂喷于油污处静置5min，再依上述方法清洗干净即可。

4.1.3 带菌玻璃器皿的处理及清洁

微生物实验室会产生大量带菌培养物在试管、培养皿及锥形瓶中，此类玻璃器皿的处理要妥当。需将带菌培养器皿放高压灭菌锅中121℃灭菌20min，取出后趁热将含有琼脂和死菌体的培养物倾倒于指定废弃罐中，切勿直接倒入下水道，以免造成堵塞及污染。上述器皿经灭菌清理后，洗涤剂浸泡，用试管刷及毛刷清洁器皿表面以至无污物残留，清水冲洗至器皿表面水流成股流下视为清洁完毕。洗净的培养皿倒扣叠放晾干，试管可放置于试管架或试管筐中晾干，锥形瓶倒置晾干。

显微镜观察实验通常需使用载玻片和血细胞计数板，这类器皿的洗涤与培养用玻璃器皿的处理方法不同。将带活菌的玻片浸泡在洗涤溶液中，高温煮沸15min，取出清水冲洗干净后置于玻片架上晾干即可；对于含有油污的玻片煮沸灭菌后可转至乙醇溶液中浸泡1h，再用清水反复冲洗至洁净；使用后的血细胞计数板需用水大量冲洗，必要时可放于95%乙醇中浸泡或用酒精棉轻微擦拭，切勿用毛刷等硬物清洗计数板，以免损伤计数网格。

4.2 玻璃器皿的包扎

洗净的玻璃器皿，经包扎后灭菌以防止再次污染，通常包扎用到的材料有报纸、牛皮纸、线绳等。不同的玻璃器皿包扎的要求、方法及所需材料不同。

4.2.1 培养皿的包扎

洗净的培养皿10套一组依次叠放，两端的培养皿放置要求"盖在外，底在内"，避免空气进入污染，用报纸或牛皮纸以滚动的方式包裹培养皿，两端用报纸自然封口无器皿部位暴露在外，随后进行湿热灭菌。或采用封闭金属箱将培养皿按套正置于箱内，干热灭菌，期间不得打开金属箱，以防污染。

4.2.2 移液管的包扎

取适量棉花塞入移液管上端，要求塞入的棉花长度以1~1.5cm为宜且外露一小截（5mm左右），以便用后取出；棉花要塞得松紧恰当，过紧，吹吸液体太费力；过松，吹气时棉花会下滑。取一整张旧报纸展开，按宽度为5cm左右裁成纸条，将移液管尖端放在纸条一端呈30°~45°角，折叠报纸，包住尖端。捏住移液管随报纸向前滚动，以螺旋式进行包扎，待移液管全部包裹纸张后，余5cm左右纸条折叠打结。最后将包扎好的移液管捆扎好，以备干热灭菌（图3-1）。

4.2.3 试管的包扎

试管内装入待灭菌物后，用匹配规格的硅胶试管塞塞入试管口，要求试管塞有1/2~2/3部位进入试管，一般取7支试管为一捆用报纸包扎，报纸包扎长度占带塞试管总长的

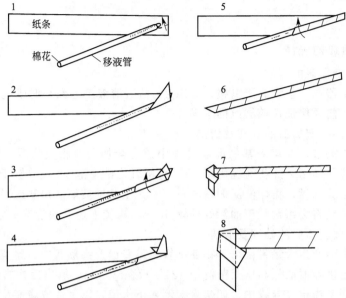

图 3-1 移液管包扎示意图

1—取适量棉花塞入移液管上端且尾部留少量棉絮，以 45°角将移液管尖端放置于宽 5~6cm、长约 30cm 的报纸或牛皮纸条上；2—将移液管下方纸条沿管壁折叠；3—锁紧纸条按图示方向推动移液管；4—将移液管尖端余有的纸条折叠并封口；5—继续按图示方向推动移液管；6—将移液管用纸条完全包扎并确保包扎效果牢固；7，8—将移液管尾端余有的纸条打结封口

2/5 为宜，太短易污染，过长不易观察试管内培养基等物质的状态。

4.2.4 锥形瓶的包扎

锥形瓶内装入待灭菌物后，瓶口覆透气膜，外加一层牛皮纸或双层报纸，用棉绳捆绑。一手大拇指按住棉绳一端，另一手棉绳绕过按绳大拇指以逆时针方向绕瓶口捆扎至适宜长度后，脱出大拇指后留有一绳扣，剩余棉绳套入绳扣，拉动始端棉绳，绳扣锁紧，包扎完毕。

5 实验结果

5.1 将移液管塞棉花包扎。

5.2 分别包扎试管及锥形瓶。

6 思考题

6.1 玻璃器皿为什么在灭菌前要先行干燥？

6.2 为什么不用脱脂棉花来做棉塞？

实验 4 培养基的制备

1 实验目的

（1）了解培养基的种类、特性。

（2）了解并掌握培养基的配制、分装方法。

2 实验原理

培养基是用以培养细菌、真菌和其他微生物的营养基质。根据用途的不同，可以由各种各样组合的营养物质组成，可以是液体的或固体的。最常用以分离培养细菌的培养基为肉汁胨培养基；最常用以分离培养真菌的培养基为马铃薯蔗糖培养基。根据培养基的状态不同，又可将其分为液体培养基、固体培养基及半固体培养基。使用的凝固剂一般为琼脂（洋菜），也有用硅胶的。如用明胶则成半固体培养基。琼脂是从石花菜等海藻中提取的胶体物质，是应用最广的凝固剂。加琼脂制成的培养基在 98～100℃下熔化，于 45℃以下凝固。但多次反复熔化，其凝固性降低。

由于微生物具有不同的营养类型，对营养物质的要求也各不相同，加之实验和研究的目的不同，所以培养基的种类很多，使用的原料也各有差异，但从营养角度分析，培养基中一般都含有微生物所必需的碳源、氮源、无机盐、生长素及水分等。另外，培养基还应具有适宜的 pH 值、一定的缓冲能力、一定的氧化还原电位及合适的渗透压。

培养基制作的过程虽不复杂，但需注意各成分的配制顺序、琼脂加热的程度、pH 值的调节及灭菌条件等环节，只有这样才能制备出合用的培养基。对某种微生物能否分离培养成功在很大程度上取决于培养基。任何一种培养基一经制成就应及时彻底灭菌，以备纯培养用。一般培养基的灭菌采用高压蒸汽灭菌。

3 实验材料

天平，称量纸，药匙，量筒，玻璃棒，烧杯或刻度搪瓷杯，试管，三角瓶，漏斗，胶头滴管，试管架，铁架台，铁圈，止水夹，乳胶管，透气膜，试管塞，牛皮纸或报纸，线绳，纱布，铁锅，削皮器，菜刀，切菜板，电炉，pH 计，灭菌锅等。

4 实验步骤

基本流程：称量药品→溶解→调 pH 值→过滤分装→包扎标记→灭菌→倒平板。

4.1 称量药品

按实验要求，计算好所需培养基用量，按照培养基配方，分别按量称取药品放置于烧杯或刻度搪瓷杯中。琼脂等难溶性药品应单独按量逐一加入试剂瓶中，不得与可溶性药品混放。

4.2 溶解

用量筒量取一定量（约占总量 2/3）蒸馏水倒入烧杯或刻度搪瓷杯，放在电炉上加热并用玻璃棒不时搅拌，以防沸腾液体溢出。待药品全部溶解后，停止加热，补足水分。

4.3 调节 pH

根据培养基对 pH 的要求，用 1mol/L HCl 或 NaOH 溶液调节培养基溶液至所需 pH。

4.4 过滤分装

除马铃薯培养基外，一般可溶性培养基无须进行过滤。分装培养基时需定量，用适宜体积的量筒量取培养基溶液至相应玻璃容器内。倾倒培养基时不要使溶液黏附在管口或瓶口，以免浸湿包扎物，引起污染。试管分装培养基时，采用分液漏斗进行，如图 4-1 所示。液体试管分装量，以管高度 1/4 为宜；固体试管分装量以管高 1/5 为宜；半固体则以 1/3 为宜。分装锥形瓶，其装液量以不超过其容积一半为宜。

4.5 包扎标记

各规格培养基按要求包扎好后，在包装纸上标明培养基成分、配制人或组别、配制时间等信息。

4.6 灭菌

将分装包扎好的培养基按灭菌要求分类灭菌，一般培养基灭菌条件可用 121℃灭菌 20min 或 115℃灭菌 30min。如需要做斜面固体培养基，则灭菌后立即摆放成斜面，斜面长度一般以不超过试管长度的 2/3 为宜（图 4-2）；半固体培养基灭菌后，垂直冷凝成半固体深层琼脂即可。为便于使用，灭菌后的培养基按名称分类放置，其中液体试管培养基放于金属框内以免倾倒。

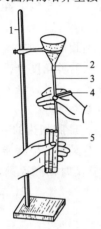

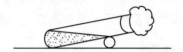

图 4-1　过滤分装示意图　　　　　图 4-2　固体试管斜面摆放方法
1—铁架台；2—分液漏斗；3—乳胶管；
4—止水夹；5—试管

5 实验结果

记录各种不同培养基的配制方法及操作要点。

6 思考题

6.1　制备培养基的一般程序是什么？
6.2　做过本次实验后，你认为在制备培养基时要注意些什么问题？

实验 5　干热灭菌

1 实验目的

（1）了解干热灭菌原理。
（2）学习并掌握干热灭菌的操作方法。

2 实验原理

干热灭菌法主要有火焰灼烧法及热空气灭菌法。

2.1 火焰灼烧法

火焰灼烧法是利用火焰直接把微生物烧死，无须特殊设备，简单快捷。此法适用于接种环、接种针、金属用具、玻片、试管口及锥形瓶口等器皿的灭菌，上述器皿接种微生物前应浸泡在 75％乙醇溶液中，用时取出迅速通过火焰灼烧灭菌，沾染微生物器皿应灼烧彻底以达到灭菌效果。此法虽灭菌迅速彻底，但操作时要注意安全，不宜佩戴手套，以免发生危险。

2.2 热空气灭菌法

热空气灭菌法是另一种常用的干热灭菌法。实验室通常使用恒温控制的电热鼓风干燥箱作为干热灭菌器（图 5-1）。此法适用于玻璃器皿及不宜湿热灭菌的实验材料，如培养皿、移液管、抑菌纸片等。干热灭菌法工作温度为 160～180℃，时长约2h，仪器运行期间需专人看管且不得随意开门。

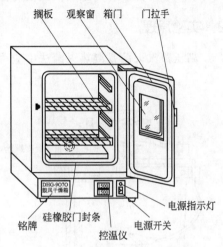

图 5-1　电热鼓风干燥箱示意图

3 实验材料

需要灭菌处理的各类玻璃器皿及无菌操作用品如玻璃棒、接种针、接种环等。

4 实验步骤

4.1 装料

灭菌前玻璃器皿及金属用具用牛皮纸或单层报纸包扎，切忌使用可燃性高的油纸或蜡纸，灭菌物摆放疏松且不要直接接触灭菌箱底层，以保持热空气流通，箱内温度分布均匀。

4.2 升温

避开灭菌物插入水银温度计，关紧箱门接通电源，调节开关，打开通气装置，排除箱内冷空气及水蒸气；调节恒温调节器，工作指示灯亮起，逐渐升温；待箱内温度上升至 100℃左右，关闭通气装置。

4.3 维持恒温

继续加热，待电热干燥箱内温度达到 160℃后，调节恒温调节器，使温度维持在 160～170℃之间，保持恒温 2h。

4.4 降温

灭菌结束后，关闭开关切断电源，待温度将至 60℃以下方可开门取出灭菌物，以免因高温接触氧气引发火情或瞬间骤冷导致玻璃器皿破裂。

5 实验结果

试述热空气灭菌的过程及注意事项。

6 思考题

6.1 灭菌在微生物学实验操作中有何重要意义。

6.2 热空气灭菌时应注意哪些事项？

实验 6　高压蒸汽灭菌

1　实验目的

(1) 了解高压蒸汽灭菌的原理。
(2) 学习并掌握高压蒸汽灭菌的操作方法。

2　实验原理

高压蒸汽灭菌是湿热灭菌法中应用最普遍的一种方法，适用于培养基、玻璃器皿及金属用具的灭菌。其设备是依据在密闭空间内，水的沸点随蒸汽压的增加而上升，加压后可持续提高水蒸气温度的原理设计而成（图6-1）。待灭菌物放在高压蒸汽灭菌锅内，当锅内压力为0.1MPa、温度达到121℃时，一般维持20min，即可杀死微生物的营养体及孢子。

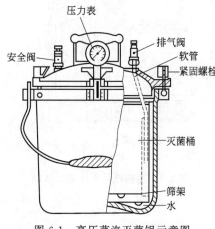

图 6-1　高压蒸汽灭菌锅示意图

3　实验材料

高压蒸汽灭菌锅，各种需要灭菌的培养基及相关实验物品。

4　实验步骤

4.1　加水

打开灭菌锅盖，加入适量蒸馏水（不可加自来水，易腐蚀），加水量与锅内支架平行即可。

4.2　装料

将待灭菌物包扎完毕后有序放入灭菌锅内，物品摆放不宜过挤过满或紧靠锅壁，以免影响蒸汽流通或冷凝水顺壁流入待灭菌物品中。

4.3　密封

将盖上的软管放入灭菌锅槽内，可使冷空气自下而上排除；加盖，上下螺栓口对齐，以对角线方向分别用配套工具旋紧螺口，封闭灭菌锅。

4.4　加热

打开放气阀，接通电源打开开关，待锅内空气排除8~10min之后（排除锅内冷空气），关闭放气阀。此时，温度会随锅内压力升高而上升，待温度、压力逐渐上升至所需时，关闭加热键，开启计时键并调节加热功率，维持所需压力及温度至灭菌结束。

4.5　降压

待灭菌锅压力自然降至0时，切断电源，打开放气阀，使灭菌锅内水蒸气放出，打开螺旋扣，开盖，取出灭菌物，需要摆放斜面的固体试管应立即趁热摆放，灭菌物品如有水汽可烘干后使用。

4.6 清洁

灭菌完毕，除去锅内剩余水分，保持灭菌锅干燥。若连续使用灭菌锅，每次需补足水分。

5 实验结果

5.1 记录各种不同物品所用的灭菌方法及灭菌条件（温度、压力等）。

5.2 试述高压蒸汽灭菌的过程及注意事项。

6 思考题

6.1 试述高压蒸汽灭菌的操作方法和原理。

6.2 高压蒸汽灭菌时应注意哪些事项？

实验 7   紫外线灭菌

1 实验目的

（1）了解紫外线灭菌原理。

（2）学习并掌握紫外线灭菌的操作方法。

2 实验原理

微生物细胞中的很多物质（如核酸、嘌呤、嘧啶等）对紫外线有强吸收能力，而其所吸收的能量可诱使细胞发生变异或死亡，从而起到灭菌的目的。虽然紫外线具有较强的杀菌力，但其穿透能力较弱，即使一层薄玻璃或水层就能将大部分紫外线滤除，因此，紫外线适用于表面灭菌和空气杀菌。目前微生物实验室紫外线灭菌通常通过紫外线灭菌灯进行，配置设备为超净工作台，而无菌工作室或细胞间则直接安装紫外线灯管对整个实验室环境进行照射灭菌。

3 实验材料

超净工作台，无菌操作实验用品

4 实验步骤

使用超净工作台时，首先要清洁台面，除无菌操作必备用具外，不得堆放杂物，灭菌前用75％乙醇擦拭台面，随后打开工作台紫外线灯，灭菌20min，灭菌结束后先开通风，放入实验用品后，点燃酒精灯，关闭通风，然后可在操作台内进行无菌操作。

5 实验结果

简述在使用超净工作台的具体步骤接注意事项。

6 思考题

紫外线灭菌与其他灭菌方法有何区别？

实验 8　微孔滤膜过滤除菌

1　实验目的

（1）了解微孔滤膜过滤除菌的原理。

（2）学习并掌握微孔滤膜过滤除菌的操作方法。

2　实验原理

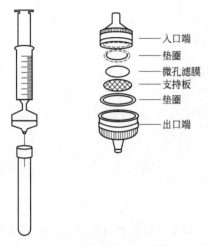

图 8-1　微孔滤膜过滤器

与其他灭菌方式不同，微孔滤膜过滤除菌的方法只适用于热敏性溶液（如血清、酶液等）或高温灭菌易被破坏成分的物质（如氨基酸、抗生素、维生素等）的除菌。通过机械作用，采用过滤器等用具将液体中微生物或杂质按不同孔径滤除，以达到滤出溶液无菌的目的。微孔滤膜过滤器（图 8-1）是由上下两个分别具有出口和入口连接装置的塑料盖组合而成，出口端可连接针头，入口端可连接针筒，使用时可将滤膜装入两塑料盒之间，旋紧盒盖即可。现在，市场上售卖各种规格的一次性微孔滤膜过滤器，可直接使用，不必组装。过滤器滤膜一般由醋酸纤维酯和硝酸纤维酯混合制成，孔径可分为 $0.1\mu m$、$0.22\mu m$、$0.45\mu m$、$0.6\mu m$ 及 $1\mu m$。$0.1\mu m$ 的微孔滤膜可去除支原体，$0.22\mu m$ 滤膜可滤除一般细菌；滤膜孔径大于 $0.22\mu m$ 则不具备良好的滤菌效果，一般 $0.44\mu m$ 滤膜用来过滤溶液杂质而不是除菌。

图中标注：入口端、垫圈、微孔滤膜、支持板、垫圈、出口端

3　实验材料

不同规格的微孔过滤器、需灭菌的相关溶液。

4　实验步骤

溶液过滤除菌应在超净工作台中进行，用无菌针头式过滤器吸取适量溶液，针头端插入微孔过滤器进口端，推动针头式过滤器使滤液流出至无菌容器中，若过滤量大或微孔过滤器堵塞可更换新过滤器至溶液除菌结束。

5　实验结果

简述微孔滤膜过滤方法的原理及操作要点。

6　思考题

哪些溶液适宜使用微孔滤膜过滤方法进行除菌？

三、显微镜及显微技术

实验 9 普通光学显微镜

1 实验目的

（1）辨认普通光学显微镜的各个部件。

（2）掌握显微镜的使用，特别是油镜镜头的使用。

2 实验原理

普通光学显微镜利用目镜和物镜两组透镜系统来放大成像。它们由机械装置和光学系统两大部分组成（图9-1）。显微镜的光学系统包括物镜、目镜、反光镜和聚光器四个部件，其中物镜的性能最为关键，它直接影响着显微镜的分辨率。

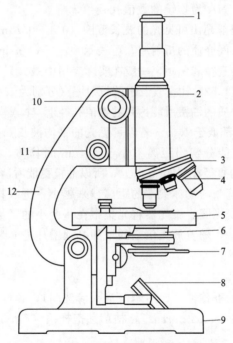

图 9-1 普通光学显微镜构造示意图

1—目镜；2—镜筒；3—转换器；4—物镜；5—载物台；6—聚光器；7—虹彩光圈；

8—反光镜；9—镜座；10—粗调节器螺旋；11—细调节器螺旋；12—镜臂

一般的普通光学显微镜有三个物镜，即低倍镜（4×～10×）、高倍镜（40×）和油镜（100×）。其中，油镜的放大倍数大、焦距短、直径小，但所需要的光照强度却最大（图9-2）。从承载标本的玻片透过来的光线，因介质密度不同（从玻片进入空气，再进入物镜），有些光线会因折射或全反射，不能进入镜头，致使在使用油镜时会因射入的光线较少，物像显现不清。为了减少通过光线的损失，在使用油镜时须在油镜与玻片之间加入与玻璃的折射率（$n=1.55$）相仿的镜油（通常用香柏油，其折射率 $n=1.52$）。

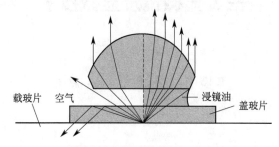

图 9-2　油镜光线传播示意图

油镜使用时需在载玻片与镜头之间加滴香柏油，一方面可增加照明亮度，光线在空气中传播会弯曲（折射），很多光线都未能进入物镜。而香柏油避免了光线的损失，让更多的光线进入物镜；另一方面可以增加显微镜的分辨率。显微镜的分辨率或分辨力（resolution or resolving power）是指显微镜能辨别两点之间的最小距离的能力。显微镜的优劣主要取决于分辨力的大小：

$$分辨率（最大可分辨距离）=\lambda/(2NA)$$

式中，λ 为光波波长；NA 为物镜的数值孔径值。

光学显微镜的光源不可能超出可见光的波长范围（$0.4\sim0.7\mu m$），而数值孔径值则取决于物镜的镜口角和玻片与镜头间介质的折射率，可表示为：$NA=n\sin\alpha$。式中 α 为光线最大入射角的半数，它取决于物镜的直径和焦距，一般在实际应用中最大只能达到 120°；n 为介质折射率。由于香柏油的折射率（1.52）比空气及水的折射率（分别为 1.0 和 1.33）要高，因此以香柏油作为镜头与玻片之间介质的油镜所能达到的数值孔径值（NA 一般在 1.2~1.4）要高于低倍镜、高倍镜等物镜（NA 都低于 1.0）。若以可见光的平均波长 $0.55\mu m$ 来计算，数值孔径通常在 0.65 左右的高倍镜只能分辨出距离不小于 $0.4\mu m$ 的物体，而油镜的分辨率却可达到 $0.2\mu m$ 左右。大部分细菌的直径在 $0.5\mu m$ 以上，所以油镜更能看清细菌的个体形态。

随着放大倍数增加，镜头与物体尖端的距离越来越小，进入物镜的光线也越来越少。这时就需要改变聚光器和可变光圈。聚光器将光集中在一个小的区域，而光圈控制进入聚光器的光亮。需要牢记的原则是，随着放大倍数的增加必须增加进光量。

3　实验材料

光学显微镜，擦镜纸，香柏油，二甲苯（镜头清洗剂），载玻片，盖玻片，滴管，镊子，金黄色葡萄球菌（*Staphylococcus aureus*），枯草芽孢杆菌（*Bacillus subtilis*）等。

4　实验步骤

4.1　双手握显微镜。将显微镜放在台面上远离边缘的位置。

4.2　必要时，只能使用擦镜纸或镜头清洗剂来清洁所有的镜头。不要使用面巾纸，它们会刮花镜头。不要将目镜或显微镜的其他部件取出。

4.3　从报纸或其他印刷物切下一个小写的 e。按照图 9-3 所示，制备一张湿涂片，将载玻片放在显微镜的载物台上，用标本夹固定载玻片。若你的显微镜具有载物台，则将载玻片安全地放入其中。移动载玻片直到字母 e 位于载物台和开口之上。

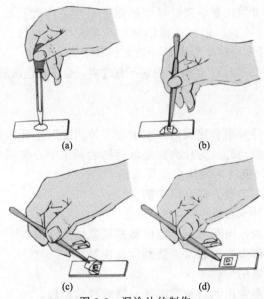

图 9-3 湿涂片的制作

（a）加一滴水至载玻片；（b）将样本（字母 e）放入水中；（c）将盖玻片的边缘放在载玻片上，
使其接触水滴边缘；（d）缓慢降低盖玻片以防形成气泡

4.4 将低倍物镜调整到合适的位置，降低镜筒高度直到物镜的顶端距载玻片 5mm 范围内。降低镜筒位置的过程中，从旁观察显微镜。

4.5 边观察，边缓慢提高镜筒高度，逆时针转动粗调节器螺旋旋钮，直到看见目标物，随后使用细调节器螺旋旋钮对焦，获得合适的影像。

4.6 开闭光圈，升降聚光器，观察这些操作对观察目标的影响。通常，显微镜的镜台下部的聚光器位于最高位置。先打开光圈，然后逐渐关上，直到出现一点反差。

4.7 使用油镜观察所提供的染色细菌。油镜的使用方法如下：首先用低倍物镜锁定染色区域，然后将油镜转动到油里，最后用细调螺旋对焦。也可以先用高倍镜准确对焦，然后旋转物镜调节盘，转到油镜镜头和高倍镜头中间位置。这时，在载玻片的聚光区域的中心滴一小滴油，继续转动物镜调节盘直到油镜到位。此时镜头浸入油里，再通过细调节器螺旋准确对焦。观察并描绘细菌形态。

4.8 显微镜用毕，将低倍物镜对准目镜，将镜筒降到最低位置，用擦镜纸和清洁器清除油镜上的油，然后将显微镜放回存放处。

5 实验结果

根据观察结果，绘出所观察菌株的形态图。

6 注意事项

6.1 粗调螺旋和细调螺旋调整不要超过其限度，否则会损坏显微镜。

6.2 需要注意的基本原则：放大倍数越低，所需的亮度越小。

6.3 使用前，显微镜的细调节器螺旋旋钮应该调至中间位置，以便双向调整。

6.4 如果不小心将载玻片的反面朝上放到镜台上，低倍和高倍镜都轻松聚焦。但是，如果使用油镜，则无法进行聚焦（因为在反面）。

6.5 安装或撤除载玻片只能在低倍镜（4×或10×）下进行。高倍镜下则可能划坏镜头。

6.6　戴眼镜者观察时的注意事项：显微镜能够对焦，因此它能够校正近视或远视。近视或远视者观察时可不戴眼镜。但显微镜不能校正散光，因此散光者需戴眼镜。如果戴眼镜，正确的观察应不与目镜接触，否则，可能划伤其中之一。

6.7　镜头清洁剂会损坏物镜，因此，用量不宜过多，也不宜让清洁剂在物镜上保留太久。

7　思考题

7.1　试区分镜头的分辨率和放大倍数。术语"等焦距"是什么意思？

7.2　显微镜存放和搬动时，为什么要将低倍物镜调至中心位置？

7.3　使用 100× 的物镜时，为什么需要油？

7.4　光圈和镜台下部的聚光器有何功能？

7.5　分辨率限度是什么意思？

7.6　当灯泡的电压由电阻调节时，如何提高显微镜灯泡的寿命？

7.7　显微镜镜台下部聚光器通常调整到什么位置？

7.8　如何提高显微镜的分辨率？

7.9　微生物学实验最常用的物镜是哪种？请解释其原因。

7.10　微生物学实验最常用的目镜是哪种？请解释其原因。

实验 10　相差显微镜的使用

1　实验目的

（1）掌握相差显微镜的基本原理。

（2）正确使用相差显微镜。

（3）制作一张池塘水的湿封片并观察其中一些透明、无色的微生物。

2　实验原理

普通的亮视野或暗视野显微镜往往不能看到某些透明无色的活细菌及其内部细胞构造。因为它们不能吸收、反射或衍射足够的光线，这样就不能与周围环境或微生物的其他部分区别。微生物及其细胞器只有比环境多吸收、反射、折射或衍射一些光时才可见。相差显微镜（phase-contrast microscope）可以观察到其他方法无法检测的不可见的、活的、未染色的微生物。

相差显微镜的聚光器有一个环形光栅，产生一个圆形光锥；物镜上具有涂有透明薄膜的玻璃圆盘（相位片），这能增强样本产生的相变。样本的这种相变可从光强度（light intensity）差异来观察。相位片可以使得衍射光相对非衍射光滞后（阳性相位片），形成暗相差影像（dark-phase-contrast microscopy）；也可以使未衍射光与直射光相对（阴性相位片），形成明相差影像（bright-phase-contrast microscopy）。

3　实验材料

相差光学显微镜，生理盐水或蒸馏水，载玻片，盖玻片，镊子，牙签，擦镜纸等。

4　实验步骤

4.1　取一片洁净的载玻片，滴一滴生理盐水或蒸馏水，用牙签刮自己的口腔黏膜少许，与水混匀，盖上盖玻片。

    4.2　将载玻片放到相差显微镜载物台上，并确保样本位于通光孔的正上方。

    4.3　旋转 10× 物镜对准通光孔。

    4.4　转动 10× 物镜对应的光圈。让聚光器下面的光圈产生的光锥面准确聚焦于物镜相位片。因此，有三个不同的光圈分别与三个相差接物镜匹配（10×、40×、90× 或 100×）。聚光镜下部有一个能够旋转的圆盘。旋转圆盘可以将光圈定位到正确位置。

    4.5　聚焦 10× 物镜，然后观察微生物。

    4.6　旋转物镜调节盘和光圈到恰当的位置，用 40× 的物镜观察。

    4.7　同样方式调节油镜。

    4.8　在实验报告中，绘制出观察到的几种微生物图像。

    4.9　如果检测的是池塘水，利用教师提供的图片，帮助识别其中的微生物。

5　实验结果

    根据观察结果，绘出所观察菌株的形态图。

6　注意事项

    6.1　确保显微镜载物台上的样本正好位于通光孔的上方。

    6.2　相位元件必须正确地校准。初学者使用相差显微镜时最易犯的错误就是不能校准。

7　思考题

    7.1　相差显微镜的光圈起哪些作用？

    7.2　哪些情况下需要使用相差显微镜？

    7.3　阐释相位片在相差显微镜中的工作原理，以及在暗背景下如何产生明亮的图像？

    7.4　在相差显微镜中，衍射光相对于非衍射光的相位发生了哪些变化？

    7.5　相差显微镜比普通的亮视野显微镜有哪些优势？

    7.6　亮相差显微镜和暗相差显微镜之间有哪些差异？

    7.7　显微技术中，术语"相位"的含义？

实验 11　暗视野光学显微镜的使用

1　实验目的

    （1）了解暗视野光学显微镜的原理。

    （2）正确使用暗视野光学显微镜。

2　实验原理

    普通光学显微镜可能适合配置暗视野聚光器，它具有比物镜大的数值孔径（分辨率）。聚光器也具有一个暗视野光栅。这样一来，普通显微镜就成为暗视野显微镜（dark-field microscope）。通过样品的散射光，进入物镜，非散射光则未进入，从而形成暗背景下的明亮图像（图 11-1）。因为明亮物体与黑色背景形成鲜明的对照，这样效果更清晰。暗视野显微镜是观察未染色的活微生物、难染色的微生物或亮视野显微镜难以确定的螺线体等的理想工具。

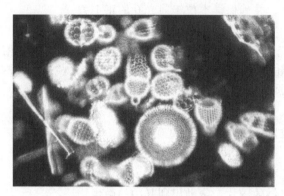

图 11-1　暗视野显微镜

3　实验材料

暗视野光学显微镜，平头牙签，擦镜纸，香柏油，载玻片，盖玻片，齿垢密螺旋体（*Treponema dentata*，是一种存在于人体口腔的细菌），镊子。

4　实验步骤

4.1　在暗视野聚光镜上滴一滴香柏油。

4.2　用平头牙签轻刮自己的牙龈，将刮取物涂布在滴有水滴的载玻片上。轻轻盖上盖玻片以防止形成气泡。

4.3　将制备好的载玻片放到载物台上，确保样本恰好位于孔的正上方。

4.4　调节高度控制旋钮，升高暗视野聚光器，直到油刚好与载玻片接触。

4.5　锁定 10× 物镜，调节粗调节器螺旋旋钮和细调节器螺旋旋钮，直到获得螺旋体的清晰图像。然后转到 40× 物镜，用相同的方式调焦。

4.6　用油镜观察螺旋体。在实验报告中绘制出几个螺旋体的图像。

5　实验结果

根据观察结果，绘出所观察菌株的形态图。

6　注意事项

6.1　养成在使用油镜之前清理凸透镜的好习惯。

6.2　确保制备好的载玻片正面朝上（盖玻片在上）放置在载物台上。

6.3　载物台下的聚光器一直完全打开，确保样品亮度充足。

7　思考题

7.1　暗视野显微的原理是什么？

7.2　在哪些情况下可能使用暗视野显微镜？

7.3　使用暗视野显微镜检测样本时，为什么背景黑暗而样本明亮？

7.4　明视野和暗视野显微镜之间有哪些差别？

7.5　暗视野显微镜的暗视野光栅有何作用？

7.6　使用暗视野显微镜观察，为什么将油滴直接滴在聚光镜上方？

实验 12　荧光显微镜的使用

1　实验目的

（1）理解荧光显微镜的原理。

（2）学会使用荧光显微镜。

2 实验原理

荧光显微镜（fluorescence microscopy）是荧光显微技术的基本装置。荧光显微技术是利用一定波长的光（通常是短波长的紫外光和蓝紫光）照射被检测样品，激发荧光物质发出可见的荧光。通过物镜和目镜的成像、放大，提供足够强度和波长的激发光，诱发荧光物质发出荧光。

生物体内有些物质受激发光照射后可直接发出荧光，称为自发荧光（如叶绿体中的叶绿素分子受激发可发出火红的荧光）。本身不发荧光，在吸收荧光染料后所发出的荧光称为次生荧光。常用的荧光染料包括吖啶橙、罗丹明等。生物体内大部分物质经短光波照射后，可发出较弱的自发荧光。有些细胞成分与荧光染料结合，激发后呈现一定颜色的荧光。

荧光显微镜多采用200W的超高压汞灯为光源，汞灯能以最小的表面发出最大数量的紫外光和蓝光，且亮度高，光度稳定。滤色镜系统包含激发滤色镜、阻断滤色镜和二向色镜。

3 实验材料

荧光显微镜，擦镜纸，低荧光性浸镜油，荧光染料已染色已知菌［结核分枝杆菌（*Mycobacterium tuberculosis*）］的装片。

4 实验步骤

4.1 使用荧光显微镜之前，至少要将汞灯先开30min。绝不要在没有戴过滤紫外线的眼镜的情况下直视紫外线光源，否则可能导致视网膜灼伤或失明。

4.2 选择合适的滤光片，并安放到正确位置。

4.3 滴一滴低荧光性浸镜油到聚光器上。

4.4 将装片放到载物台上并旋转到正确位置，以确保样本位于通光孔的正上方。提升聚光镜到油滴刚好与载玻片的底部接触。

4.5 汞灯预热后，打开钨灯光源，并且聚焦样本。

4.6 起始物镜为10×，找到并聚焦样本。

4.7 找到样本后，分别转到90×，再到100×物镜。转换到汞灯，然后观察样本。

4.8 比较明视野显微镜和荧光显微镜中所观察到的微生物，并在实验报告中绘制出来。

5 实验结果

根据观察结果，绘出所观察菌株的形态图。

6 注意事项

6.1 汞灯需要30min的预热时间。正常实验过程中，不要开关显微镜。

6.2 确保正确的滤光片放置到位，如有疑问，请咨询指导老师。

6.3 荧光显微镜不能用普通的浸镜油。

7 思考题

7.1 使用哪种光可以激发染料并使得微生物发荧光？

7.2 列出两种用于细菌染色的荧光染料。

7.3 使用汞灯时，必须防止的最严重的危害是什么？

四、微生物的染色、形态及结构观察

实验 13　细菌的简单染色法

1　实验目的

（1）学习微生物涂片、染色的基本技术。
（2）掌握细菌的简单染色法。
（3）初步认识细菌的形态特征，巩固学习油镜的使用方法和无菌操作技术。

2　实验原理

细菌的涂片和染色是微生物学实验中的一项基本技术。细菌的细胞小而透明，在普通的光学显微镜下不易识别，必须对它们进行染色。利用单一染料对细菌进行染色，使经染色后的菌体与背景形成明显的色差，从而能更清楚地观察到其形态和结构。此法操作简便，适用于菌体一般形状和细菌排列的观察。

常用碱性染料进行简单染色，这是因为在中性、碱性或弱酸性溶液中，细菌细胞通常带负电荷，而碱性染料在电离时，其分子的染色部分带正电荷，因此碱性染料的染色部分很容易与细菌结合使细菌着色。经染色后的细菌细胞与背景形成鲜明的对比，在显微镜下更易于识别。常用作简单染色的染料有美蓝、结晶紫、番红等。

当细菌分解糖类产酸使培养基 pH 下降时，细菌所带正电荷增加，此时可用伊红、酸性复红或刚果红等酸性染料染色。

染色前必须固定细菌。其目的有二：一是杀死细菌并使菌体黏附于玻片上；二是增加其对染料的亲和力。常用的有加热和化学固定两种方法。固定时尽量维持细胞原有的形态。

3　实验材料

3.1　菌种

在营养琼脂斜面培养 12～18h 的枯草芽孢杆菌（*Bacillus subtilis*），在营养琼脂斜面培养 24h 的大肠杆菌（*Escherichia coli*）。

3.2　试剂及器材

吕氏碱性美蓝染液（或草酸铵结晶紫染液），番红染液，显微镜，酒精灯，载玻片，接种环，玻片搁架，双层瓶（内装香柏油和二甲苯），擦镜纸，生理盐水或蒸馏水等。

4　实验步骤

基本流程：涂片→干燥→固定→染色→水洗→干燥→镜检。

4.1　涂片

取三块洁净无油的载玻片，用记号笔在每张载玻片左上角远端写上细菌名称。在无菌的条件下各滴一小滴生理盐水（或蒸馏水）于玻片中央，用接种环进行无菌操作（图13-1），分别从枯草芽孢杆菌和大肠杆菌斜面上挑取少许菌苔于水滴中，混匀并涂成直径2cm左右的薄膜。若用菌悬液（或液体培养物）涂片，可用接种环挑取2～3环直接涂于载玻片上。注意滴生理盐水（蒸馏水）和取菌时不宜过多且涂抹要均匀，不宜过厚。

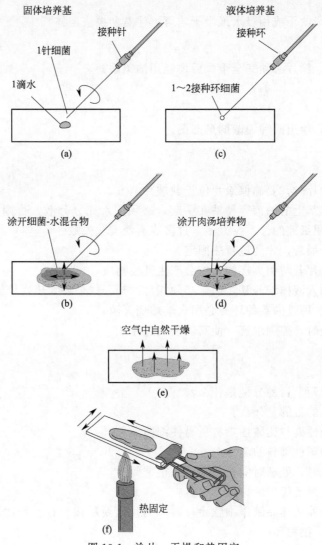

图 13-1　涂片、干燥和热固定

4.2　干燥

室温自然干燥。也可以将涂面朝上在酒精灯上方稍微加热，使其干燥。但切勿离火焰太近，因温度太高会破坏菌体形态。

4.3　固定

如用加热干燥，固定与干燥合为一步，方法同干燥。

4.4　染色

将玻片平放于玻片搁架上，滴加染液1～2滴于涂片上（染液刚好覆盖涂片薄膜为宜）。吕氏碱性美蓝染色1～2min，番红染色约1min。

4.5　水洗

倾去染液，用水从载玻片一端轻轻冲洗，直至从涂片上流下的水无色为止。水洗时，不要让水流直接冲洗涂面。水流不宜过急、过大，以免涂片薄膜脱落。

4.6　干燥

甩干、用电吹风吹干或用吸水纸吸干均可（注意勿擦去菌体）。

4.7　镜检

涂片干后镜检。涂片必须完全干燥后才能用油镜观察。

5　实验结果

根据观察结果，绘出两种细菌的形态图。

6　注意事项

6.1　热固定涂片时，要确保涂片位于载玻片上方。

6.2　固体培养基上的细菌容易粘在一起，必须用水充分分散，否则，涂片可能太厚且不均匀。涂片所取用细菌的量不要太多，过多容易使实验失败。

6.3　载玻片干燥后，才能进行热固定。

6.4　热固定涂片若与明火接触可能会产生其他物质。

6.5　接种环插入液体培养基之前，必须相对冷却。如果环太热，可能会使培养基飞溅，使细菌飘到空气中。用过的接种环务必用火焰灼烧灭菌。

6.6　用水漂洗时，控制水流，使其缓慢流过涂片。

7　思考题

7.1　热固定的两个目的分别是什么？

7.2　简单染色的目的是什么？

7.3　为什么碱性染料比酸性染料更易使细菌染色？

7.4　列出三种碱性染料的名称。

7.5　简单染色时，处理时间长短为什么很重要？

7.6　细菌涂片制备优劣的标准有哪些？

7.7　用固体培养的样品制作细胞涂片时，为什么要用接种针？而用液体培养的样品制作细胞涂片时，却用接种环？

实验 14　革兰氏染色法

1　实验目的

（1）了解革兰氏染色法的原理及其在细菌分类鉴定中的重要性。

（2）学习掌握革兰氏染色技术，巩固学习光学显微镜油镜的使用方法。

2　实验原理

革兰氏染色法是 1884 年由丹麦病理学家 Christain Gram 创立的，革兰氏染色法可将所有的细菌区分为革兰氏阳性菌（G⁺）和革兰氏阴性菌（G⁻）两大类。革兰氏染色法是细菌学中最重要的鉴别染色法。

革兰氏染色法的基本步骤是：先用初染剂结晶紫进行初染，再用碘液媒染，然后用乙醇（或丙酮）脱色，最后用复染剂（如番红）复染。经此方法染色后，细胞保留初染剂蓝紫色的细菌为革兰氏阳性菌；如果细胞中初染剂被脱色剂洗脱而使细菌染上复染剂的颜色（红色），该菌属于革兰氏阴性菌。

革兰氏染色法之所以能将细菌分为革兰氏阳性和革兰氏阴性，是由这两类细菌细胞壁的结构和组成不同决定的。实际上，当用结晶紫初染后，像简单染色法一样，所有细菌都被染成初染剂的蓝紫色。碘作为媒染剂，它能与结晶紫结合成结晶紫-碘的复合物，从而增强了染料与细菌的结合力。当用脱色剂处理时，两类细菌的脱色效果是不同的。革兰氏阳性细菌的细胞壁主要由肽聚糖形成的网状结构组成，壁厚、类脂质含量低，用乙醇（或丙酮）脱色时细胞壁脱水，使肽聚糖层的网状结构孔径缩小，透性降低，从而使结晶紫-碘的复合物不易被洗脱而保留在细胞内，经脱色和复染后仍保留初染剂的蓝紫色。革兰氏阴性菌则不同，由于其细胞壁肽聚糖层较薄、类脂质含量高，所以当脱色处理时，类脂质被乙醇（或丙酮）溶解，细胞壁透性增大，使结晶紫-碘的复合物比较容易被洗脱出来，用复染剂复染后，细胞被染上复染剂的红色。

3 实验材料

3.1 菌种

大肠杆菌（*Escherichia coli*）约24h营养琼脂斜面培养物一支，枯草芽孢杆菌（*Bacillus subtilis*）约16h牛肉膏琼脂斜面培养物一支。

3.2 试剂及器材

结晶紫染色液、卢戈氏碘液、95%乙醇、番红染液、显微镜、擦镜纸、接种环、载玻片、酒精灯、蒸馏水、香柏油、二甲苯。

4 实验步骤

基本流程：涂片→干燥→固定→染色（初染→媒染→脱色→复染）→镜检（图14-1）。

4.1 涂片

4.1.1 常规涂片法

取一洁净的载玻片，用特种笔在载玻片的左右两侧标上菌号，并在两端各滴一小滴蒸馏水，以无菌接种环分别挑取少量菌体涂片，干燥、固定。玻片要洁净无油，否则菌液涂不开。

4.1.2 "三区"涂片法

在玻片的左、右端各加一滴蒸馏水，用无菌接种环挑取少量枯草芽孢杆菌与左边水滴充分混合成仅有枯草芽孢杆菌的区域，并将少量菌液延伸至玻片的中央。再用无菌的接种环调取少量大肠杆菌与右边的水滴充分混合成仅有大肠杆菌的区域，并将少量的大肠杆菌液延伸到玻片中央，与枯草芽孢杆菌相混合含有两种菌的混合区，干燥-固定。要用活跃生长期的幼龄培养物做革兰氏染色；涂片不宜过厚，以免脱色不完全造成假阳性。

4.2 染色

4.2.1 初染

滴加结晶紫（以刚好将菌膜覆盖为宜）于两个玻片的涂面上，染色0.5~2min，倾去染

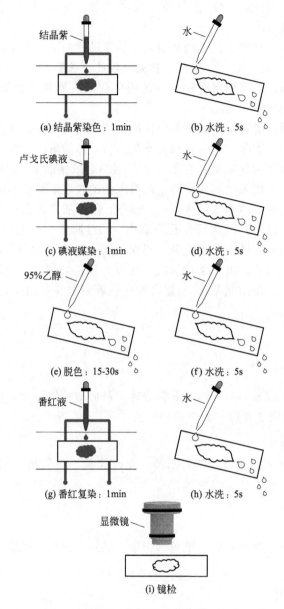

图 14-1　革兰氏染色步骤

色液，细水冲洗至洗出液为无色，将载玻片上的水甩净。

4.2.2　媒染

用卢戈氏碘液媒染约 1min，水洗 5s。

4.2.3　脱色

用滤纸吸去玻片上的残水，将玻片倾斜，在白色背景下，用滴管流加 95％的乙醇脱色，直至流出的乙醇无紫色时（15～30s），立即水洗，终止脱色，将载玻片上的水甩净。革兰氏染色结果是否正确，乙醇脱色是革兰氏染色操作的关键环节。脱色不足，阴性菌被误染成阳性菌，脱色过度，阳性菌被误染成阴性菌。脱色时间一般约 15～30s。

4.2.4　复染

在涂片上滴加番红液复染约 60～80s，水洗，然后用吸水纸吸干。在染色的过程中，不可使染液干涸。

4.3 镜检

干燥后，用油镜观察。判断两种菌体染色反应性。菌体被染成蓝紫色的是革兰氏阳性菌（G^+），被染成红色的为革兰氏阴性菌（G^-）。

4.4 实验结束后处理

清洁显微镜。先用擦镜纸擦去镜头上的油，然后再用擦镜纸蘸取少许二甲苯擦去镜头上的残留油迹，最后用擦镜纸擦去残留的二甲苯。染色玻片用洗衣粉水煮沸、清洗，晾干后备用。

5 实验结果

5.1 根据观察结果，绘出两种细菌的形态图。

5.2 列表简述两株细菌染色结果（说明各菌的形状、颜色和革兰氏染色反应）。

6 注意事项

涂片不应太厚，相对于薄涂片，厚者脱色所需时间更长；脱色时间不宜过长。

7 思考题

7.1 哪些环节会影响革兰氏染色结果的正确性？其中最关键的环节是什么？

7.2 进行革兰氏染色时，为什么特别强调菌龄不能太老，用老龄细菌染色会出现什么问题？

7.3 革兰氏染色时，初染前能加碘液吗？乙醇脱色后复染之前，革兰氏阳性菌和革兰氏阴性菌应分别是什么颜色？

7.4 不经过复染这一步，能否区别革兰氏阳性菌和革兰氏阴性菌？

7.5 你认为制备细菌染色标本时应该注意哪些环节？

7.6 为什么要求制片完全干燥后才能用油镜观察？

7.7 如果涂片未经热固定，将会出现什么问题？加热温度过高、时间太长，又会怎样呢？

实验 15　细菌的芽孢染色

1 实验目的

（1）了解细菌芽孢染色的原理及在细菌分类鉴定中的重要作用。

（2）掌握芽孢染色的方法。

2 实验原理

芽孢又称内生孢子，是某些细菌生长到一定阶段，在细胞内形成的抗逆性极强的休眠体。芽孢的存在和特点是菌群分类与鉴定的重要形态学指标。

芽孢染色法是利用细菌的芽孢和菌体对染料的亲和力不同的原理，用不同的染料进行着色，使芽孢和菌体呈现不同的颜色。芽孢具有厚而致密的壁，透性低，不易着色和脱色，需在特殊条件下（如加热）才可以着色，用一般染色法只能使菌体着色而芽孢不着色（芽孢呈透明）。因此当先用弱碱性染料，如孔雀绿在加热条件下进行染色时，此染料不仅可以进入菌体，也可以进入芽孢，进入菌体的染料可以经水洗脱色，而进入芽孢的染料则难以脱色，若再用复染液（番红）复染，则菌体的芽孢因呈现不同颜色而得以区分。

3 实验材料

3.1 菌种

在牛肉膏斜面培养 24h 的枯草芽孢杆菌（*Bacillus subtilis*）。

3.2 试剂及器材

5％孔雀绿水溶液、番红染液、显微镜、擦镜纸、接种环、载玻片、酒精灯、蒸馏水、香柏油、二甲苯、烧杯（300mL）、滴管、镊子、洗瓶。

4 实验步骤

芽孢染色步骤如图 15-1 所示。

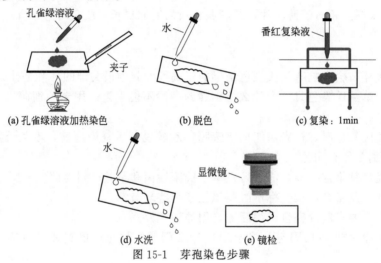

(a) 孔雀绿溶液加热染色   (b) 脱色   (c) 复染：1min

(d) 水洗   (e) 镜检

图 15-1　芽孢染色步骤

4.1 制片

取一洁净的载玻片，用特种笔在载玻片的一侧标上菌号，在玻片中央滴一小滴蒸馏水，以无菌接种环挑取少量菌体涂片，干燥、固定。玻片要洁净无油，否则菌液涂不开。

4.2 加热染色

向载玻片滴加数滴 5％孔雀绿溶液覆盖涂菌部位，用夹子夹住载玻片在微火上加热染液，有蒸汽冒出时开始计时并维持 5min，加热时注意补充染液，切勿让涂片干涸。

4.3 脱色

待玻片冷却后，用缓流蒸馏水冲洗至流出液为无色为止。

4.4 复染

加番红复染液复染 1min，倾去染液，水洗，然后用吸水纸吸干。

4.5 镜检

用油镜观察结果：芽孢呈绿色，菌体呈红色。

4.6 实验结束后处理

清洁显微镜。先用擦镜纸擦去镜头上的油，然后再用擦镜纸蘸取少许二甲苯擦去镜头上的残留油迹，最后用擦镜纸擦去残留的二甲苯。染色玻片用洗衣粉水煮沸、清洗，晾干后备用。

5 实验结果

根据观察结果，绘出细菌的芽孢形态图，记录其形态特征。

6 注意事项

载玻片加热后，冷水冲洗之前应先自然冷却。如果未先冷却，冷水漂洗时，载玻片可能破碎或破裂。

7 思考题

7.1 实验过程中哪些环节会影响到染色结果？
7.2 影响染色结果最关键的环节是什么？

实验 16　荚膜染色

1 实验目的

(1) 了解荚膜染色原理。
(2) 掌握荚膜染色方法。

2 实验原理

某些细菌生长的一定阶段，在一定营养条件下可在细胞壁表面形成一层松散透明、疏松、柔软、黏液状或胶质状的物质，即为荚膜。荚膜的化学成分主要是多糖、多肽和糖蛋白等。荚膜是细胞外碳源和能源性贮藏物质，能保护细胞免受干燥的影响，同时能增加某些病原菌的致病能力，抵御宿主吞噬细胞的吞噬。荚膜的化学成分对染料结合力很弱，不容易着色，而且可溶于水，易在水洗时被除去。一般采用负染色法时菌体和背景着色，而荚膜不着色，在菌体周围形成一透明圈（即荚膜）。除了常规的负染色法，奥斯丁得克萨斯大学的细菌学家 E. E. Anthony Jr. 及伊利诺伊州立大学的细菌学家 Florence L. Evans 还分别发明了 Anthony's 荚膜染色法和 Graham、Evans 法，可方便地鉴定是否存在荚膜。

Anthony's 染色法采用两种试剂。结晶紫初染，它将细菌细胞和荚膜成分染成深紫色。与细胞本身不同，初染染料不能黏附荚膜。硫酸铜作为脱色剂，它去掉多余的初染染料并使荚膜脱色。同时，硫酸铜也作为复染剂，被吸入荚膜并使其变为浅蓝色或粉红色。

3 实验材料

3.1 菌种

脱脂牛奶培养基上培养 18h 的肺炎克雷伯氏菌 (*Klebsiella pneumoniae*，ATCC e13883)，反硝化产碱杆菌 (*Alcaligenes denitrificans*，ATCC 15173)。

3.2 试剂及器材

Tyler's 结晶紫（1%水溶液）或革兰氏结晶紫（1%水溶液），20g/100mL 硫酸铜溶液（$CuSO_4 \cdot 5H_2O$），显微镜，浸镜油，擦镜纸和擦镜器干净的载玻片，蜡笔，接种环，70% 乙醇，吸水纸，β-羟基萘（甲）酸，墨汁，番红染料。

4 实验步骤

4.1 负染色法

4.1.1 制片。取 1 片洁净的载玻片，加一滴蒸馏水，取少量菌体放入水滴中混匀并涂布。

4.1.2 干燥。将涂片放空气中晾干或用电吹风冷风吹干。

4.1.3 染色。在涂片上加入番红染液染色 2~3min。

4.1.4 水洗。用水洗去番红染液。

4.1.5 干燥。将染色片放空气中晾干或用电吹风冷风吹干。

4.1.6 涂墨汁。在染色涂片左边加一小滴墨汁，用一边缘光滑的载玻片轻轻接触墨汁，使墨汁沿着玻片边缘散开，然后向右拖展，使墨汁在染色涂片上形成薄层，并迅速风干。

4.1.7 镜检。先用低倍镜，再用高倍镜观察。

4.2 Anthony's 染色法

4.2.1 用蜡笔在清洁的载玻片左边角写上将染色细菌的名称。

4.2.2 用接种环无菌操作取 1 环菌到载玻片上。载玻片自然干燥。不能加热固定。加热固定可能使细菌细胞皱缩，从而造成荚膜假象。

4.2.3 将载玻片置于染色架上。滴加结晶紫，覆盖涂片，放置 4~7min。

4.2.4 用 20g/100mL 硫酸铜彻底清洗载玻片。

4.2.5 用吸水纸吸干。

4.2.6 在油镜下观察（无须盖玻片）。画出各个细菌。

4.3 Graham、Evans 染色法

4.3.1 用家用清洁剂和乙醇彻底清洗载玻片。

4.3.2 用接种环挑取两环细菌到载玻片的一端，滴加少量（1~2滴）墨汁，并混匀。

4.3.3 用另一载玻片展开混合液滴，制作较薄的涂片。

4.3.4 干燥涂片。

4.3.5 用蒸馏水慢慢清洗，以免将细菌从载玻片上洗掉。

4.3.6 用革兰氏结晶紫染色 1min。

4.3.7 再用水冲洗。

4.3.8 用番红染色 30s。

4.3.9 用水冲洗，吸干。

5 实验结果

5.1 负染色法观察背景为灰色，菌体为红色，荚膜为无色透明。

5.2 Anthony's 染色法，荚膜在黑色细胞周围，为淡淡的晕圈。

5.3 如果有荚膜存在，粉红至红色的细菌周围有一亮区。背景为黑色。

6 注意事项

6.1 同任何一种用相似或相同染料进行染色的材料一样，显微镜的亮度调整是获得最佳荚膜图像的关键因素之一。

6.2 务必只滴加少量的墨汁，否则荚膜将不会清晰可见。

7 思考题

7.1 细菌荚膜中已鉴定的三种化学组分分别是什么？

7.2 细菌荚膜和致病性之间有何关系？

7.3 荚膜染色中，硫酸铜具有哪两种功能？

7.4 荚膜染色时，为什么不用加热固定？

7.5 列举几种具有荚膜的细菌。

7.6 荚膜对细菌有何功能？

实验 17 鞭毛染色

1 实验目的

（1）了解鞭毛染色的原理。

（2）掌握鞭毛染色方法。

2 实验原理

鞭毛是细菌的运动"器官"，需要用特殊的鞭毛染色法才能在普通光学显微镜下观察到。鞭毛染色是借媒染剂和染色剂的沉淀作用，染色前先用媒染剂（单宁酸或明矾钾）处理，让它沉淀在鞭毛上，使鞭毛直径加粗，然后再用染色剂（如碱性复红、结晶紫、硝酸银等）进行染色。常用的媒染剂由单宁酸和氯化高铁或明矾钾配制而成。

3 实验材料

3.1 菌种

胰蛋白胨大豆琼脂斜面上培养了 18h 的新鲜粪产碱杆菌（*Alcaligenes faecalis*，ATCC 8750，周生鞭毛）和荧光假单胞菌（*Pseudomonas fluorescens*，ATCC 13525，极生鞭毛）。

3.2 试剂及器材

蜡笔，接种环，酸洗过的两端不透明的载玻片，无菌蒸馏水，显微镜，浸镜油，擦镜纸和擦镜器，沸水浴槽，巴斯德吸管，West 染液（溶液 A，溶液 B）。

溶液 A 即为媒染液，配制方法为：饱和硫酸钾铝水溶液 25mL、10% 单宁酸 50mL、5% $FeCl_3$ 水溶液 5mL，混合，5℃保存。

溶液 B 即为染色液，配制方法为：配制 5% 的 $AgNO_3$ 水溶液 100mL，取出 10mL 备用，再缓慢加入浓氨水使形成的沉淀刚好重新溶解，最后把备用的 10mL $AgNO_3$ 水溶液向其中逐滴加入，直到摇动后呈现轻微而稳定的薄雾状溶液为止，避光保存，可稳定数周。

4 实验步骤（West 法）

4.1 用蜡笔将细菌名称标注在干净载玻片的左边。

4.2 无菌操作，用接种环将细菌从斜面底部的浑浊液体中转移到用擦镜纸擦干净的载玻片中央的 3 小滴蒸馏水中。用接种针轻轻地将稀释的菌悬液涂布在 3cm 的区域内。

4.3 载玻片风干 15min。

4.4 用溶液 A（媒染剂）覆盖干涂片 4min。

4.5 用蒸馏水充分漂洗。

4.6 将一张纸巾置于涂片上，并用溶液 B（染液）浸透；在风扇打开的通风橱内沸水浴加热载玻片 5min。加入更多染液防止载玻片变干。

4.7 移去纸巾，并用蒸馏水冲掉多余的溶液 B。用蒸馏水淹没载玻片并使其静置 1min，直至残余的硝酸银浮到表面。

4.8 再用水轻轻冲洗，并小心拭去载玻片上残余的水分。

4.9 室温风干载玻片。

4.10 油镜观察。涂片边缘的效果最好，因为此处细菌密度低。

5 注意事项

5.1 不要猛烈振荡培养物。制作涂片时要温和，以避免鞭毛脱落。

5.2 用新鲜的胰蛋白胨大豆琼脂斜面培养基培养细菌，保证斜面底部仍有液体。

5.3 所有操作尽量温和，否则鞭毛容易断裂或者丢失。

6 实验结果

根据观察结果，绘出所观察菌株鞭毛的形态图。

7 思考题

7.1 为什么要使用菌龄短的培养物进行鞭毛染色？

7.2 为什么鞭毛染色前玻璃载玻片上必须没有任何油脂？

实验18　放线菌的形态结构观察

1 实验目的

（1）学习并掌握放线菌形态结构的观察方法。

（2）观察放线菌的菌落特征、个体形态及其繁殖方式。

2 实验原理

放线菌的菌落在培养基上着生牢固，与基质结合紧密，难以用接种针挑取。放线菌的菌落早期同细菌菌落相似，后期形成孢子菌落呈粉状、干燥，有各种颜色呈同心圆放射状。

放线菌一般由分枝状菌丝组成，它的菌丝可分为基内菌丝（营养菌丝）、气生菌丝和孢子丝三种。放线菌生长到一定阶段，大部分气生菌丝分化成孢子丝，通过横割分列的方式产生成串的分生孢子。放线菌可用石炭酸复红或美蓝等染料着色。着色后可在显微镜下观察其形态。放线菌是由不同长短的纤细的菌丝所形成的单细胞菌丝体。放线菌细胞一般呈分枝无隔的丝状，纤细的菌丝体分为在培养基内部的基内菌丝和伸出培养基的气生菌丝，气生菌丝上部分化成孢子丝，孢子丝形态多样，有直、波曲、钩状、螺旋状、轮生等多种形态，其着生的形式也有所不同。菌丝呈各种颜色，有的还能分泌水溶性色素到培养基内。孢子丝长出孢子、孢子的形式多种多样，孢子常呈圆形、椭圆形、杆形和瓜子状等，表面结构各异，孢子也具有各种颜色。由于大量孢子的存在，使菌落表面呈现干粉状，从菌落的形态特点容易同其他类微生物区分开来。这些形态特点都是菌种鉴定和分类的重要依据。

3 实验材料

3.1 菌种

灰色链霉菌（*Streptomyces griseus*），在高氏 1 号培养基中培养 3～4d。

3.2 试剂及器材

0.1％的美蓝染液，培养皿，载玻片，盖玻片，无菌滴管，镊子，接种环，小刀（或刀片），水浴锅，显微镜，恒温培养箱。

4 实验步骤

基本流程：倒平板→接种与培养→观察→镜检→记录绘图。

4.1 倒平板

将高氏 1 号培养基熔化后，倒 15～20mL 于灭菌培养皿内，凝固后使用。

4.2 接种与培养

在凝固的高氏 1 号培养基平板上用划线分离法得到单一的放线菌菌落，25～28℃培养 5～7d。

4.3 观察

4.3.1 菌落形态及菌苔特征的观察

观察放线菌菌落表面形状、大小、颜色、边缘，以及有无色素分泌到培养基内等；并用接种环挑取菌落，注意菌丝在培养基上着生的紧密情况。区别基内菌丝、气生菌丝及孢子丝的着生部位。

4.3.2 个体形态特征的观察

取生长有灰色链霉菌菌落的平板，选择菌丝和孢子生长较薄的部位，直接置于低倍镜或高倍镜下观察；或用接种铲取下一小块带有菌落的一薄层培养基，平置于载玻片上，然后分别在低倍镜和高倍镜下观察。注意放线菌菌丝直径的大小、孢子丝的形状。

4.3.3 营养菌丝的观察

（1）用接种铲取下一小块带有菌落的一薄层培养基置于载玻片中央；

（2）用另一载玻片将其压碎，弃去培养基，制成涂片，干燥、固定；

（3）用美蓝或石炭酸复红染色 0.5～1min，水洗；

（4）干燥后，用油镜观察营养菌丝的形态。

4.3.4 气生菌丝、孢子丝及孢子的观察

（1）将培养 3～4d 的灰色链霉菌的培养皿打开。放在显微镜低倍镜下寻找菌落的边缘。直接观察气生菌丝和孢子丝的形态（分枝情况、卷曲情况等）。

（2）取灰色链霉菌划线培养的平板，用印片法观察孢子及孢子丝。用镊子取一洁净盖片，轻放在菌落表面按压一下，使部分菌丝及孢子贴附于盖片上。在载玻片上加一小滴0.1%美蓝染液，将盖片带有孢子的面向下，盖在染液上，用吸水纸吸去多余的染液，用油镜观察孢子丝及孢子的形态，有些制片也能观察到无隔的气生菌丝。

5 实验结果

5.1 观察并绘制放线菌的孢子丝形态，并指明其着生方式。
5.2 绘图和描述自然生长状态下观察到的放线菌形态。
5.3 比较不同放线菌形态特征的异同。

6 思考题

6.1 在高倍镜或油镜下如何区分放线菌的基内菌丝和气生菌丝？
6.2 比较实验中采用的几种观察方法的优缺点。
6.3 放线菌为何属于原核微生物？
6.4 放线菌与其他细菌菌落最显著的差异是什么？

实验 19　酵母菌细胞的死活鉴别及形态观察

1 实验目的

（1）掌握鉴别酵母细胞死活的染色方法。
（2）观察并掌握酵母菌的菌落特征、个体形态、生长及繁殖方式。了解酵母细胞形态构造。
（3）观察假丝酵母的菌体结构、假菌丝以及繁殖特点。

2 实验原理

真菌是具有真正细胞核的真核生物，包括酵母菌、霉菌和大型真菌三大类型。本部分主要介绍如何观察酵母菌的显微形态结构。

酵母菌是单细胞的真核微生物，酵母菌细胞一般呈卵圆形、圆形、圆柱形或柠檬形。每种酵母细胞有其一定的形态大小。大多数酵母在平板培养基上形成的菌落较大而厚，湿润、较光滑，颜色较单调（多为乳白色，少有红色，偶见黑色）。酵母细胞核与细胞质有明显的分化，个体直径比细菌大几倍到十几倍。繁殖方式也较复杂，酵母菌的无性繁殖有芽殖、裂殖和产生掷孢子，主要是出芽繁殖；酵母菌的有性繁殖形成子囊和子囊孢子。酵母菌母细胞在一系列的芽殖后，如果长大的子细胞与母细胞并不分离，就会形成藕节状的假菌丝。

酵母菌细胞的死活鉴别，是利用美蓝染液。美蓝是一种弱的氧化剂，具有还原后变为无色的特点。如为活的酵母细胞，由于新陈代谢不断进行，能将美蓝还原，但须严格控制染色时间。

观察酵母菌个体形态时，应注意其细胞形状；无性繁殖是芽殖或裂殖，芽体在母体细胞上的位置，有无假菌丝等特征；有性繁殖形成的子囊和子囊孢子的形状及数目。

3 实验材料

3.1 菌种

在肉汤蛋白胨培养基中培养 3d 的酿酒酵母（*Saccharomyces cerevisiae*），在麦芽汁培养基中培养 3d 的假丝酵母（*Candida*）。

3.2 试剂及器材

0.1%美蓝染色液、接种针、接种环、酒精灯、载玻片、盖玻片、吸管、显微镜、镊子、恒温培养箱。

4 实验步骤

基本流程：形态观察→酵母细胞的死活染色鉴别→假丝酵母形态观察→记录绘图。

4.1 形态观察

4.1.1 菌落特征的观察

取少量酵母划线接种在平板培养基上，28～30℃培养 3d。观察菌落表面湿润或干燥、有无光泽、隆起形状、边缘的整齐度、大小、颜色等。

4.1.2 个体形态与出芽繁殖

酵母细胞较大，观察时可不染色，用水浸片法观察，在载片中央滴加一小滴无菌水或滴加 0.1%美蓝液，用接种环取酵母少许（取时注意感觉酵母菌与培养基结合是否紧密），使菌体与其混合均匀，取盖玻片一块，小心地将盖玻片一端与菌液接触，然后缓慢地将盖玻片放下，这样可避免产生气泡。先用低倍镜观察，再用高倍镜观察。观察酵母细胞的形状、构造、有否出芽及出芽方式。

4.2 酵母细胞的死活染色鉴别

取 0.1%美蓝液一滴，置于载玻片中央。用接种环取被鉴别的酵母菌少许，加入美蓝液中，用接种环划动，使其分散均匀，染色 3～5min，将盖玻片由一边向另一边慢慢盖上。在显微镜下观察，无色透明的为活的酵母细胞，被染上蓝色的为死亡的细胞。

4.3 假丝酵母形态观察

用划线法将假丝酵母接种在麦芽汁平板上，在划线部分加无菌盖玻片，于 28～30℃培养 3d。滴加一滴无菌水或美蓝染液于载玻片上，再将盖玻片从平板上轻轻取下，斜置轻放盖在液滴上。用显微镜观察呈分枝状的假菌丝细胞形状及大小，或打开皿盖，在显微镜下直接观察。

5 实验结果

把观察到的酵母绘图，并注明各部分名称。

6 思考题

在酵母菌死活细胞的观察中，使用美蓝液有何作用？

实验 20　霉菌的形态结构观察

1 实验目的

（1）观察霉菌的菌丝以及菌丝体。
（2）观察霉菌营养和气生菌丝体的特化形态。
（3）学会用水浸片法观察霉菌的技术。

2 实验原理

霉菌形态比细菌、酵母菌复杂，个体比较大，具有分枝的菌丝体和分化的繁殖器官。霉菌由许多交织在一起的菌丝体构成。在潮湿条件下，生长繁殖长出丝状、绒毛状或蜘蛛网状的菌丝体，并在形态及功能上分化成多种特化结构。霉菌营养体的基本形态单位是菌丝，包括有隔菌丝和无隔菌丝。营养菌丝分布在营养基质的内部，气生菌丝伸展到空气中。菌丝在显微镜下观察呈管状，无色或有明亮的颜色。有的营养菌丝体有横隔将菌丝分割为多细胞（如青霉、曲霉），有的营养菌丝体没有横隔（如毛霉、根霉）。菌丝的直径比一般细菌和放线菌菌丝大几倍到十几倍。菌落形态较大，质地较疏松，颜色各异。菌丝体经制片后可用低倍或高倍镜观察。观察时要注意菌丝直径的大小，菌丝体有无横隔，营养菌丝有无假根，孢子种类及着生方式。

曲霉的形态：曲霉的营养菌丝体由具横隔的分枝菌丝构成，无色或有明亮的颜色。分生孢子梗是从特化了的厚壁而膨大的菌丝细胞（足细胞）生出，并略垂直于足细胞的长轴。分生孢子梗大都无横隔，常在顶部膨大成可孕性顶。顶囊表面产生小梗，放射生出。分生孢子自小梗顶端相继形成，最后成为不分枝的链。由顶囊、小梗以及分生孢子链构成分生孢子头，具有各种不同的颜色和形状，如球形、放射形、棍棒形或直柱形等。

青霉的形态：青霉的营养菌丝体无色、淡色或鲜明的颜色，具横隔，气生菌丝密毡状、松絮状或部分结成菌丝索。分孢子梗由埋伏型或气生型菌丝生出，稍垂直于该菌丝，其先端生有扫帚状的分枝称为帚状枝。帚状枝由单轮或二次到多次分枝系统构成，对称或不对称，最后一级分枝产生孢子的细胞称为小梗。着生小梗的细胞称为梗基，支持梗基的细胞称为副枝。小梗用断离法产生分生孢子，形成不分枝的链。

3 实验材料

3.1 菌种

黑根霉（*Rhizopus nigricans*）、总状毛霉（*Mucor racemosus*）、产黄青霉（*Penicillum chrysogenum*）、米曲霉（*Aspergillus oryzae*）等斜面菌种。

3.2 试剂其器材

乳酸-石炭酸溶液、PDA 培养基（配方见附录）、显微镜、接种针、接种环、酒精灯、载玻片、盖玻片、吸管。

4 实验步骤

基本流程：倒平板→接种→观察→制片→镜检→描述绘图。

4.1 倒平板

将 PDA 培养基熔化后，倒 15～20mL 于灭菌培养皿内，凝固后使用。

4.2 接种

将青霉、毛霉、曲霉、根霉等接种在不同的平皿中，置于 28～30℃的恒温箱中培养 3～7d。

4.3 观察

4.3.1 霉菌菌落特征的观察

用肉眼观察霉菌在平板中的菌落，描述其菌落特征。注意菌落形态的大小、菌丝的高矮、生长密度、孢子颜色和菌落表面颜色及菌落背面的颜色。

4.3.2 低倍镜观察

用低倍镜（10×）观察气生菌丝和分生孢子或孢囊孢子形态。

4.4 制片、镜检

于洁净的载玻片中央，滴加一小滴乳酸-石炭酸溶液，然后用接种针从菌落边缘挑取少许菌丝体置于其中，使其摊开，轻轻盖上盖片，注意勿出现气泡（用记号笔标记菌株名称），置于低倍镜、高倍镜下观察。

观察产黄青霉菌丝的分隔情况，分生孢子梗及其分枝方式，梗基，小梗及分生孢子的形状、颜色。

观察无花果曲霉菌丝体有无横隔、足细胞，顶囊、小梗以及分生孢子着生状况及形状。

观察黑根霉和毛霉的无隔菌丝，有无假根、匍匐枝，孢子囊柄、孢子囊及孢囊孢子形态。孢囊破裂后能观察到囊托及囊轴。

5 实验结果

5.1 把观察到的各种霉菌绘图，并注明各部分名称。

5.2 列表比较根霉与毛霉、青霉与曲霉在形态结构上的异同。

6 思考题

6.1 为何要用乳酸-石炭酸溶液做霉菌水浸片？

6.2 比较霉菌菌丝与假丝酵母菌丝的区别。

实验 21 微生物细胞大小的测量

1 实验目的

（1）学习目镜测微尺的校正方法。

（2）学习使用显微镜测微尺测定微生物细胞大小。

2 实验原理

微生物细胞的大小是微生物分类鉴定的重要依据之一。微生物个体微小，必须借助于显微镜才能观察到，要测量微生物细胞大小，也必须借助于特殊的测微计在显微镜下进行测量。

微生物的细胞大小可使用测微尺测量。测微尺分为目镜测微尺和镜台测微尺两部分（图21-1）。目镜测微尺是一个可放入目镜内的特制圆玻片，玻片中央是一个带刻度的尺，等分成 50 或 100 小格。镜台测微尺为一载片，上面贴一圆形盖片，中央带有刻度，长度为 1mm，等分为 100 小格，每格长 0.01mm（$10\mu m$）。目镜测微尺每小格大小是随显微镜的不同放大倍数而改变的，在测定时先用镜台测微尺标定，求出在某一放大倍数时目镜测微尺每小格代表的长度，然后用标定好的目镜测微尺测量菌体大小。

3 实验材料

3.1 菌种

培养 48h 的假丝酵母（*Candida*）斜面和菌悬液。

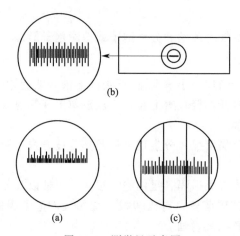

图 21-1 测微尺示意图

（a）目镜测微尺；（b）镜台测微尺；（c）两尺左边刻度重合

3.2 试剂及器材

0.1％美蓝染液、显微镜、目镜测微尺、镜台测微尺，载玻片、盖玻片、擦镜纸、吸水纸、玻片架、肾形盘、洗瓶、接种环、酒精灯、火柴、滴管。

4 实验步骤

基本流程：目镜测微尺的校正→菌体大小的测定→记录结果→用毕保养。

4.1 目镜测微尺的校正

4.1.1 更换目镜镜头

更换目镜测微尺镜头（标记为 PF）；或者取下目镜上部或下部的透镜，在光圈的位置上安装上目镜测微尺，刻度朝下，再装上透镜，制成一个目镜测微尺镜头。

4.1.2 某一倍率下标定目镜刻度

将镜台测微尺置于载物台上，使刻度面朝上，先用低倍镜对准焦距，看清镜台测微尺的刻度后，转动目镜，使目镜测微尺与镜台测微尺的刻度平行，移动推动器使两尺重叠，并使两尺的左边的某一刻度相重合，向右寻找另外两尺相重合的刻度。记录两重叠刻度间的目镜测微尺的格数和镜台测微尺的格数。

4.1.3 计算该倍率下目镜刻度

由于镜台测微尺每格长度为 $10\mu m$，从镜台测微尺格数，求目镜测微尺每格所代表的长度（μm）。由下列公式可以算出所校正的目镜测微尺每格所量的镜台上物体的实际长度：

$$目镜测微尺每格长（\mu m）=\frac{两个重合刻度线间镜台测微尺的格数\times10}{两个重合刻度线间目镜测微尺的格数}$$

例如，目镜测微尺的 5 格等于镜台测微尺 2 格（即 $20\mu m$），则目镜测微尺：

$$1 格=2\times10\mu m\div5=4\mu m$$

4.1.4 标定并计算其他放大倍率下的目镜刻度

以同样方法分别在不同倍率的物镜下测定目镜测微尺每格代表的实际长度。如此测定后的测微尺的长度，仅适用于测定时使用的显微镜以及该目镜与物镜的放大倍率。

4.2 菌体大小的测定

4.2.1 将酵母制成水浸片

在载玻片中央加一滴美蓝染液，取一环酵母菌菌体于染液中，混匀。用镊子取 1 片盖玻片，先将一边与菌液接触，然后以一定的角度缓慢放下盖玻片，以免产生气泡，制成水浸片。

4.2.2　大小换算

目镜测微尺校正好了以后，取下镜台测微尺，换上酵母制片，将标本先在低倍镜下找到目的物，然后在高倍镜下测量 10～20 个酵母细胞的大小。用目镜测微尺测定每个菌体长度和宽度所占的刻度，即可换算成菌体的长和宽（以目镜测微尺来测量细胞占有几格，测出的格数乘上目镜测微尺每格的长度，即等于该微生物之长和宽）。

4.2.3　求平均值

一般测量微生物细胞的大小，用同一放大倍数在同一标本上任意测定 10～20 个菌体后，求出其平均值即可代表该菌的大小。

5　实验结果

5.1　计算出目镜测微尺在低、高倍镜下的刻度值。

5.2　记录菌体大小的测定结果。

在高倍镜下目镜测微尺 1 格＝＿＿＿＿＿μm。

酵母细胞的长（平均值）＝目镜测微尺＿＿＿＿＿＿格＿＿＿＿＿＿μm。

酵母细胞的宽（平均值）＝目镜测微尺＿＿＿＿＿＿格＿＿＿＿＿＿μm。

6　思考题

6.1　为什么随着显微镜放大倍数的改变，目镜测微计每格相对代表的长度也会改变？能找出这种变化的规律吗？

6.2　根据测量结果，为什么同种酵母菌的菌体大小不完全相同？

注：目镜测数尺有两种。一是特制的目镜镜头，镜片上刻有 50 等分或 100 等分的刻度，使用时直接安装在显微镜上，取代没有刻度的目镜镜头；另一种是一块直径大约 17.5mm 的圆玻璃片，其中央刻有 50 等分或 100 等分的刻度，使用时将该玻璃片安装在原来的目镜镜头上即可。由于不同的显微镜放大倍数不同，即使同一显微镜在不同的目镜、物镜组合下其放大倍数也不同，故目镜测微尺每格实际表示的长度随显微镜放大倍数不同而异。也就是说，目镜测微尺上的刻度只代表相对的长度。因此在使用前须用镜台测微尺校正，以确定在一定放大倍数下目镜测微尺的每格长度。

五、微生物的纯培养

实验 22　微生物的分离、纯化与接种技术

1　实验目的

(1) 了解微生物分离与纯化的原理。

(2) 掌握微生物的各种平板分离与纯化方法。

（3）掌握常用的平板划线分离技术和斜面接种技术。

（4）建立无菌操作的概念，掌握稀释菌液、倒平板等无菌操作技术。

2 实验原理

分离纯化技术是微生物学中重要的基本技术之一。从混杂微生物群体中获得只含有某一种或某一株微生物的过程称为微生物的分离与纯化。从食品或其他样品中分离微生物的目的是为了查找与污染有关的微生物，或找出能应用于食品加工的微生物，这对于食品生产和研究很有价值。因此，在分离时应掌握原则，以便指导检出微生物，避免漏查误查。

微生物在固体培养基上生长形成的单个菌落，通常是由一个细胞繁殖而成的集合体。因此可以通过挑取单一菌落而获得一种纯培养物。纯种（纯培养物）是指一株菌种或一个培养物中所有的细胞或孢子都是由一个细胞分裂、繁殖而产生的后代。获取单个菌落的方法可通过稀释倾注平板、稀释涂布平板或平板划线等技术完成。需要指出的是，从微生物群体中分离生长在平板上的单个菌落并不一定保证是纯培养物。因此，纯培养物的确定除观察菌落特征外，还要结合显微镜检测个体形态特征后才能确定，有些微生物的纯培养物要经过一系列分离与纯化过程和多种特征鉴定才能得到。

将微生物的培养物或含有微生物的样品移植到培养基上的操作技术称为接种。接种是微生物实验及科学研究中的一项最基本的操作技术。无论微生物的分离、培养、纯化或鉴定以及有关微生物的形态观察及生理研究都必须进行接种。接种的关键是要严格地进行无菌操作，如果操作不慎引起污染，则会导致实验结果不可靠，继而会影响下一步工作的进行。

3 实验材料

土壤、生理盐水、氯化钠、琼脂粉、胰蛋白胨、酵母浸粉、接种环、涂布棒、培养皿、三角瓶、酒精灯、玻璃试管、橡胶塞、报纸。

4 实验步骤

基本步骤：制备梯度稀释液→倒平板→涂布或划线法→培养→挑取单菌落→斜面接种培养→保存。

4.1 稀释涂布平板法

4.1.1 倒平板

配制 LB 固体培养基，分装于 5 个 250mL 锥形瓶内，将培养基在 121℃，20min 灭菌后，待冷却至 55～60℃时，将培养基倒入培养皿中。

4.1.2 制备土壤稀释液

称取土样 10g，放入盛有 99mL 无菌生理盐水并带有玻璃珠的三角瓶中，振摇约 20min，使土样与水充分混合，将细胞分散，制成 10^{-2} 稀释度的土壤悬液。利用移液枪从三角瓶中吸取 1mL 土壤悬液加入盛有 9mL 无菌生理盐水的试管中，反复吹吸 10 余次，进一步分散菌体，得到 10^{-3} 稀释度的土壤悬液。然后用此无菌吸管从 10^{-3} 稀释度的试管中吸取 1mL 加入另一盛有 9mL 无菌生理盐水的试管中，反复吸打 10 余次，混合均匀。如此重复，连续稀释可依次制成 10^{-3}～10^{-7} 不同稀释度的土壤稀释液。

4.1.3 涂布

将凝固好的平板分别用记号笔做上 10^{-3}～10^{-7} 稀释度的标记，分别吸取不同梯度土壤稀释液 0.2mL，小心滴在培养基表面的中央位置。右手拿无菌涂布棒在平板培养基表面上，将菌悬液沿中间向外扩展，使之分布均匀。室温下静置5min，使菌液浸入培养基。

4.1.4 培养

将平板倒置于37℃培养箱中培养2～3d。

4.2 平板划线分离法

4.2.1 按稀释涂布平板法倒平板，并用记号笔做好标记。

4.2.2 划线

在近火焰处，左手拿皿底，右手拿接种环，挑取菌悬液在平板上划线。划线完毕后，倒置于培养箱中培养。

划线的方法很多，常见的比较容易出现单个菌落的划线方法有斜线法、曲线法、方格法、放射法、四格法等（图22-1）。当接种环在培养基表面上往后移动时，接种环上的菌液逐渐稀释，最后在所划的线上分散着单个细胞，经培养，每一个细胞长成一个菌落。

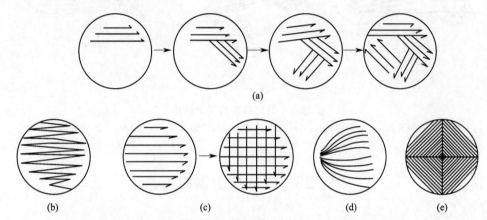

图 22-1 不同划线方法示意图

（a）斜线法；（b）曲线法；（c）方格法；（d）放射法；（e）四格法

4.3 斜面接种法

斜面接种法主要用于接种纯菌，使其增殖后用以鉴定或保存菌种。

将接种环在火焰上充分灼烧（接种柄，一边转动一边慢慢地来回通过火焰三次），待接种环冷却到室温后，从平板培养基上挑取分离的单个菌落，迅速地接种到新的培养基上。然后，将接种环从柄部至环端逐渐通过火焰灭菌，复原。不要直接烧环，以免残留在接种环上的菌体爆溅而污染空间。平板接种时，通常把平板的面倾斜，把培养皿的盖打开一小部分进行接种。在向培养皿内倒培养基或接种时，试管口或瓶壁外面不要接触底皿边，试管或瓶口应倾斜一下在火焰上通过（图22-2）。

5 实验结果

分别记录并描绘平板划线、斜面接种的微生物生长情况和培养特征。

6 思考题

6.1 如何确定平板上某个单菌落是否为纯培养？请写出实验的主要步骤。

6.2 试述如何在接种中贯彻无菌操作的原则？

6.3 以斜面上的菌种接种到新的斜面培养基为例说明操作方法和注意事项。

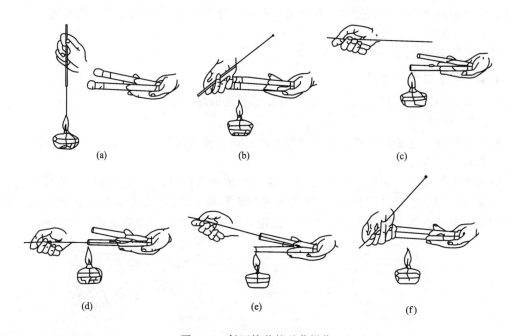

图 22-2　斜面接种的无菌操作

(a) 接种灭菌；(b) 开启棉塞；(c) 管口灭菌；(d) 挑起菌苔；(e) 接种；(f) 塞好棉塞

实验 23　厌氧微生物的培养

1　实验目的

（1）掌握厌氧微生物的培养方法。

（2）掌握没食子酸法的原理。

2　实验原理

厌氧微生物在自然界中分布广泛，种类繁多。由于它们不能代谢氧来进一步生长，且在多数情况下氧分子的存在对其机体有害，所以培养厌氧微生物的技术关键是要使该类微生物处于除去了氧或氧化还原势低的环境中。焦性没食子酸法可用于那些对厌氧要求相对较低的一般厌氧菌的培养。焦性没食子酸与碱溶液作用后形成易被氧化的碱性没食子酸盐，能通过氧化作用而形成黑、褐色的焦性没食子橙从而除掉密封容器中的氧造成厌氧环境。

3　实验材料

牛肉膏蛋白胨琼脂培养基斜面、10％氢氧化钠、焦性没食子酸、棉花、带橡胶塞的大试管。

4　实验步骤

4.1　大管套小管法

在已灭菌的大试管中放入少许棉花和焦性没食子酸，焦性没食子酸的用量按它在过量碱液中能每克吸收 100mL 空气中的氧来估计，本实验用量约 0.5g。接种厌氧菌种（巴氏芽孢梭菌）在牛肉膏蛋白胨琼脂斜面上，同时接种好氧菌（荧光假单胞菌）于另一只牛肉膏蛋白胨琼脂斜面上。迅速滴入 10％的 NaOH 于大试管中，使焦性没食子酸润湿，并立即放入除掉棉塞已接种菌的两只小试管斜面（小试管口朝上），塞上橡皮塞或拧上螺旋帽，置于 30℃ 培养。定期观察斜面上菌种的生长状况。

4.2 培养皿法

取玻璃板一块或用培养皿盖，洗净，干燥后灭菌，铺上一薄层灭菌脱脂棉，将 1g 焦性没食子酸放于其上。用肉膏蛋白胨琼脂培养基倒平板，待凝固稍干燥后，在平板上一半划线接种巴氏芽孢梭菌，下一半划线接种荧光假单胞菌，并在皿底用记号笔做好标记。滴加 10％ NaOH 溶液约 2mL 于焦性没食子酸上，切勿使溶液溢出棉花，立即将已接种的平板覆盖于玻璃板上或培养皿盖上，必须将脱脂棉全部罩住，焦性没食子酸反应物切勿与培养基表面接触，以熔化的石蜡凡士林液密封皿底与玻璃板或皿盖的接触处。置于 30℃ 温箱培养。

由于焦性没食子酸遇到碱性溶液后会迅速发生反应并开始吸氧，所以在采用此法进行厌氧微生物培养时必须注意只有在一切准备工作已齐备后再向焦性没食子酸上滴加氢氧化钠溶液，并迅速封闭大试管或平板。

5 实验结果

记录好氧菌和厌氧菌的生长状况并对培养过程中出现的情况进行分析。

6 思考题

6.1 在进行厌氧培养时为什么每次都要同时设置一个严格好氧的菌作为对照？

6.2 查阅资料，说明厌氧培养方法的优缺点？除本实验所列方法之外，还有哪些厌氧培养技术，简述其特点。

实验 24　病毒的培养

1 实验目的

（1）掌握鸡胚不同途径的接种方法。

（2）了解鸡胚培养病毒的方法。

2 实验原理

实验室培养病毒常使用动物接种和鸡胚培养两种方法，而鸡胚培养更为常见。鸡胚培养方法操作简便，禽病毒病大部分可通过鸡胚培养分离病毒。最常用的鸡胚接种方法有四种，即绒毛尿囊膜接种法、羊膜腔（羊水囊）接种法、尿囊腔接种法和卵黄囊接种法。根据不同病毒和不同实验目的适宜采用不同的接种方法。

3 实验材料

鸡胚〔无特定病原体（SPF）鸡胚或低母源抗体的鸡胚，多采用 9～11 日龄的活胚接种]、3%碘酒、蛋托、石蜡、氧化锌胶布、孵化箱、无菌吸管、无菌试管和无菌平皿。

4 实验步骤

4.1 接种前的准备

主要是鸡胚准备：选择 9~11 日龄的鸡胚，在照蛋时以记号笔勾出气室，于气室稍下方胚胎活跃而血管明显的区域中，在血管之间的间隙划上记号，作为接种部位。用 3%碘酒对接种部位进行消毒，再用 75%乙醇棉球擦一遍，在接种定位处打孔，气室向上竖放于蛋托上。鸡胚的结构模式图如图 24-1 所示。

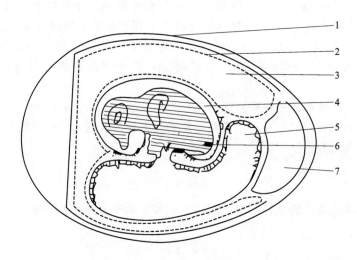

图 24-1　鸡胚的结构模式图
1—卵壳；2—绒毛尿囊膜；3—尿囊腔；4—羊水腔；5—卵黄囊；6—鸡胚胎；7—卵白

4.2 鸡胚的接种

4.2.1 尿囊腔接种

取 9~11 日龄鸡胚，用锥子在酒精灯火焰烧灼消毒后，在气室顶端蛋壳消毒处钻一小孔，针头从小孔处插入深 1.5cm，即已穿过了外壳膜且距胚胎有半指距离，注射量 0.1~0.2mL。注射后以石蜡封闭小孔，置孵育箱中直立孵化。

4.2.2 卵黄囊接种

取 6~8 日龄鸡胚，可从气室顶侧接种（针头插入 3~3.5cm），因胚胎及卵黄囊位置已定，也可从侧面钻孔，将针头插入卵黄囊接种。侧面接种不易伤及鸡胚，但针头拔出后部分接种液有时会外溢，需用酒精棉球擦去。其余同尿囊腔内注射。

4.2.3 尿囊膜接种

取 9~11 日龄鸡胚，先在照蛋灯下划出气室位置，并在尿囊膜接种部位作一"记号"。将胚蛋横卧于蛋座上"记号"朝上。用碘酒消毒记号处及气室部。在气室部位钻一小孔。然后用锥子在记号处蛋壳上部位钻一小孔。并用小镊子剥离轻轻敲一小孔，勿伤壳膜。并用小镊子剥离蛋壳使孔扩大。用吸耳球吸去气室部的空气，随即因上面小孔进入空气而绒尿膜陷下，形成一个人工气室，天然气室消失。用注射器从上面小孔注入 0.1~0.2mL 病毒液于尿囊膜上。接种完毕用熔化石蜡封闭两孔。人工气室向上，横卧于孵化箱中，逐日观察。

4.2.4 羊膜腔接种

取 10～12 日龄鸡胚，消毒气室顶上的蛋壳，将气室顶端的蛋壳锉一三角形的裂痕，从窗口用小镊子剥开蛋膜，一手用镊子夹住羊膜腔并向上提，另一手注射 0.05～0.1mL 病毒液入腔内，然后以氧化锌胶布封闭人工窗口，滴上熔化的固体石蜡，使蛋直立孵化。

4.3 接种后检查

接种后 24h 内死亡的鸡胚，系由于接种时鸡胚受损或其他原因而死亡，应该弃去，24h 后，每天照蛋 2 次，如发现鸡胚死亡立即放入冰箱，于一定时间内不能致死的鸡胚亦放入冰箱冻死。死亡的鸡胚置于冰箱中 1～2h 即可取出收取材料并检查鸡胚病变。

4.4 鸡胚材料的收获

原则上接种什么部位，收获什么部位。尿囊腔接种通常收取尿囊液，用无菌法去气室顶壳，并撕去壳膜，撕破尿囊膜，用镊子轻轻按住胚胎，以无菌吸管吸取尿囊液置于无菌试管中，多时可收获 5～8mL，将收获的材料低温保存。收获时注意将吸管尖置于胚胎对面，管尖放在镊子两头之间。若管尖不放于镊子两头之间，游离的膜便会挡住管尖吸不出液体。收集的液体应清亮，混浊则表示有细菌污染。最后取 2 滴尿囊液滴于斜面培养基上放在温箱培养作无菌检查。无菌检查不合格，收集材料废弃。羊膜腔接种首先收完尿囊液，后用注射器带针头插入羊膜腔内收集，约可收到 1mL 液体，无菌检查合格保存。卵黄囊内接种者，先收掉绒毛尿囊液和羊膜腔液，后用吸管吸卵黄液。无菌检查同上。并将整个内容物倾入无菌平皿中，剪取卵黄膜保存。

4.5 废料处理

操作完毕后，将所有用具煮沸消毒，擦干净后，再以消毒水浸洗，卵壳、卵膜和胚胎等残物煮沸后消毒弃去。

5 实验结果

记录相关实验现象及数据。

6 思考题

6.1 常用的鸡胚接种方法有哪些？

6.2 用鸡胚培养病毒，选用鸡胚时应注意什么问题？

6.3 鸡胚接种时应注意哪些事项？说明鸡胚接种的优缺点。

实验 25 食用真菌的培养

1 实验目的

（1）了解食用菌液体和固体培养的原理。

（2）掌握食用菌的液体或固体培养方法。

2 实验原理

液体培养是研究食用菌很多生化特征及生理代谢的最适方法。高等真菌菌丝体在液体培养基里分散状态好，营养吸收及氧气等气体交换容易，生长快。发育成熟的菌丝体及发酵液可制成药物或饮料和食品添加剂等。在固体栽培时，用液体菌种代替固体原种（由斜面菌种，俗称母种扩大培养而成的菌种）时，由于其流动性大，易分散，很快就能布满整瓶，大大缩短培养时间。培养方法可影响菌丝体的形态和生理特征，菌丝体的多少除与培养基有关外，还与环境条件，尤其是与液体培养时的转速有关。

瓶栽、袋料栽培、室外栽培及段木露天栽培等是食用菌（包括药用真菌）大规模生产的方法，本实验以侧耳为材料，学习真菌的液体培养和固体栽培技术。

3　实验材料

马铃薯培养基、玉米粉蔗糖培养基、玉米粉综合培养基、侧耳（俗称平菇、北风菌等）、接种铲、接种针、棉籽壳。

4　实验步骤

基本流程：

一级种（斜面菌种）→二级种（摇瓶种子）→┬菌丝→固体栽培
　　　　　　　　　　　　　　　　　　　　└发酵培养

4.1　食用真菌的液体培养

4.1.1　一级种培养（斜面菌种，俗称母种，母种斜面移种后称原种）

用无菌接种铲薄薄铲下侧耳斜面菌丝 1 块，接种于马铃薯培养基斜面中部，26～28℃培养 7d。食用菌的细胞分裂仅限于菌丝顶端细胞，若用接种环刮下表面菌苔接种，因切断薄丝，DNA 流失严重，大多生长不好。

4.1.2　二级种培养（摇瓶种子）

将上述一级种用无菌接种铲铲下约 0.5cm^2 的菌块至装有 50mL 玉米粉蔗糖培养基的 250mL 三角瓶中，26～28℃静置培养 2d，再置旋转式摇床，同样温度，150～180r/min，培养 3d。静置培养，促使铲断菌丝的愈合，有利于繁殖。大规模菌丝生产，一般都进行二级摇瓶种子培养。

作为固体栽培的种子，则在菌丝球数量达到最高峰时（3d 左右），放入 10 颗左右灭菌玻璃珠，适度旋转摇动 5min、10min 均质菌丝，将这种均质化的菌丝片段悬液作为接种物（或用匀浆器，均质一定时间）。取 1mL 涂布在酵母膏麦芽汁琼脂平板上，重复 3 份，置于 28℃培养 3d 后计算菌落数。

用摇瓶种子可以直接作固体栽培种，而用均质菌丝悬浮液作栽培种，发育点多、接种效果好。也可以成熟的摇瓶种子接种处理好的麦粒，制成液体-麦粒栽培种，细胞年龄一致，老化菌丝少，用作栽培种，则生产时间缩短，污染率低，可增产 5%～25%。

4.1.3　发酵培养

上述摇瓶种子无杂菌污染即可分别以 10% 接种量接入 3 个玉米粉综合培养基中（250mL 三角瓶），25～28℃培养 3～4d。从第一天起至结束，每天取已知重量的干燥离心管 3 支，分别重复取样 2mL，4000r/min，离心 10min，弃上清液，60～62℃，24h 干燥至恒重。发酵液由稠变稀，菌丝略有自溶即应暂停培养。

4.2　食用菌的固体培养

4.2.1　配料、装瓶和消毒

3 个 550mL 罐头瓶，按比例称好 330g 棉籽壳培养基，依法配制，及时装瓶。底部料压得松一些，瓶口压紧些，中间扎一直径约1.5cm洞穴，用牛皮纸及时封瓶口，高温灭菌1.5～2h。

4.2.2 接种培养

待培养基温度降至20～30℃时，用大口无菌吸管于中部接进摇瓶种子5%或均质悬浮液3%，培养基表面稍留点。扎好牛皮纸移入培养室。

4.2.3 栽培管理

（1）发菌　即菌丝在营养基质中向四周的扩散伸长期。室温控制在20～23℃，相对湿度70%～75%。7d以后菌丝伸长最快，室内CO_2浓度升高。要早晚各通一次风，保持空气新鲜。25～30d菌丝可长满全瓶，及时给予散射光照，继续培养4～5d，让其达到生理成熟。

菌丝繁殖时，瓶内实际温度一般高于室温4～6℃，瓶内温度不应高于29℃。侧耳菌丝在黑暗中能正常生长，有光可使菌丝生长速度减缓。

（2）桑葚期　菌丝成熟后给予200lx左右散射光照，将瓶子移至12～20℃培养室进行周期低温刺激，一般3～5d后瓶口内略见空隙和小水珠，产生瘤状突起，这是子实体原基，叫原基形成期，形似桑葚，故又称桑葚期。适当通风，相对湿度要求80%～85%，低温刺激，促进原基形成，温差达8～10℃，一般可用室内外温差来调节。光照强度必须在50lx以上散射光，一般在200lx左右，凤尾菇要求250～1500lx散射光才能出现原基。

（3）珊瑚期　原基分化，形成菌柄，菌盖尚未形成，小凸起各自伸长，参差不齐，状似珊瑚。条件合适，只要1d桑葚期就能转入珊瑚期，湿度控制90%左右，通气量也要逐步加大。

（4）幼蕾期　菌盖已形成，菌褶开始出现。保持90%左右的湿度，18～20℃温度培育。同上述散射光，通风良好。

（5）成熟期　当菌盖充分展开，菌盖下凹处产生茸毛，即要立即不留茬基采收。从菌蕾发生到采收需7～8d。采收后，瓶口内如有杂物或死菇等要清除掉，再包上牛皮纸，继续培育。约10d，瓶口的料面上又会发出小菇蕾，再打开牛皮纸继续进行湿度、温度、通风和散射光的管理，大约7～10d又会出现一批菇蕾。第二批菇采收后，料内水分、养分消耗太多，此时应补水和追加营养硫酸铵酒石酸溶液，浸没在该溶液中一昼夜，挤干水分，再包上牛皮纸，很快又能出第三茬菇。每次采下鲜菇即称质量，总量按公式计算生物学效率（一定含水量子实体鲜重/基质干重×100）。三茬菇以后，菇潮不能再成批出现，而是变成零星发生了。注意侧耳子实体的分化和发育必须有散射光，黑暗下不产生子实体，直射光不利于子实体的形成与生长。相对湿度在55%时子实体生长缓慢，40%～45%时小菇干缩，高于95%时菌盖易变色腐烂等。适宜的温度范围，子实体发育快、个大、肉质厚；温度低则生长慢、个小、肉质薄。缺氧不利于子实体形成。应适时采收，晚了食品性差，且大量担孢子落到培养料上也影响下茬菇的生长。

5　实验结果

记录不同时期真菌的生长状态。

6　思考题

6.1　简述食用菌液体培养一、二级培养的过程。

6.2　简述菌体在固体培养时各个时期的生长状态。

六、微生物数量的测定

实验 26　郝氏霉菌计数法

1　实验目的

（1）了解郝氏霉菌计测装置。

（2）学习并掌握郝氏霉菌显微镜直接计数法。

2　实验原理

各种加工的水果和蔬菜制品，如番茄酱原料、果酱和果汁等易受霉菌的污染，适宜条件下霉菌不仅能生长，还能繁殖。以番茄制品为例，在加工中若原料处理不当，产品中就会有霉菌残留。因此，利用郝氏霉菌计数法，可通过在一个标准计数玻片上（图26-1）计数含有霉菌菌丝的显微视野，知道番茄中霉菌残留的多少，对番茄制品质量的评定，具有一定的参考价值。番茄制品中霉菌数的多少，可以反映原料番茄的新鲜度、生产车间的卫生状况、生产过程中是否有变质发生。因此控制原料番茄的新鲜度以降低产品中霉菌含量是非常必要的，番茄酱霉菌数的部颁标准为阳性视野不得超过40％。

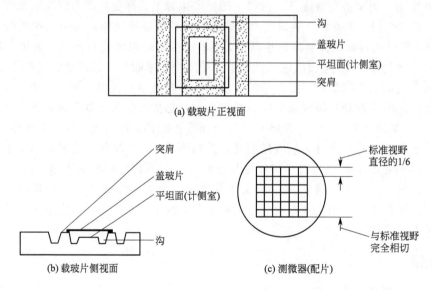

图 26-1　郝氏计数玻片

3　实验材料

番茄酱罐头、烧杯、玻璃杯、折射仪、显微镜、盖玻片、测微器（具标准刻度的玻璃片）、郝氏计测玻璃片（是一特制的、具有标准计测室的玻璃片）。

4 实验步骤

4.1 标准检样的制备

取定量检样，用蒸馏水稀释至浓度为 7.9%～8.8%（折射指数为 1.3447～1.3460），备用。

4.2 显微镜标准视野的校正

将显微镜放大率为 90～125 倍调节标准视野，使其直径为 1.382mm。

4.3 涂片和观测

洗净郝氏计测玻璃片，将制好的标准检样用玻璃棒均匀涂布于计测室内，置于显微镜标准视野下观测 50 个视野。最好同一检样由两人进行观察。

4.4 结果与计算

在显微镜规定的标准视野（直径为 1.382mm）内，如发现有 1 根霉菌的菌丝长度或 3 根菌丝总长度超过标准视野的 1/6（即测微器的 1 格）时，即为阳性（＋），否则为阴性（－）。按 100 个视野计算，其中发现有霉菌菌丝体的视野数，即为霉菌的视野百分数。

5 实验结果

计算番茄酱检样中发现霉菌的视野百分数，并对结果进行误差分析。

6 注意事项

在加样时，如果发现样液涂布不均匀，有气泡，或样液流入沟内、从盖玻片与突肩处流出，盖玻片与载玻片的突肩处不产生牛顿环等，应弃去不用，重新制作。

7 思考题

7.1 郝氏霉菌计测装置的构造？

7.2 郝氏霉菌计测过程中要注意什么？

实验 27 血细胞计数板直接计数法测定微生物生长及酵母发芽率

1 实验目的

学习和掌握用血细胞计数板测定微生物数量的方法。

2 实验原理

血细胞计数板是一块特别厚的玻璃片，玻片上有 4 条沟和 2 条嵴，中央有一短横沟和 2 个平台，2 条嵴的表面比 2 个平台的表面高 0.1mm，每个平台上刻有不同规格的格网，中央有一个方格网是计数室，此室为边长 1mm 的正方形，面积为 1mm^2，上面刻有 400 个小方格。

血细胞计数板的计数室有两种规格：一种是将 1mm^2 面积分为 25 个大格，每个大格再分为 16 个小格；另一种是 16 个大格，每格再分为 25 个小格。两种计数室都有 400 个小格。当专用盖玻片置于两条峭上，从两个平台侧面加入菌液后，400 个小方格计数室上形成 0.1mm³ 的体积。通过对一定数量大格内微生物数量的统计，可计算出 1mL 菌液所含的菌体数。本方法适用于酵母菌和霉菌孢子的数量测定，测定细菌数量时误差较大。本法测得的是菌体总数，不能区分活菌和死菌。

在血细胞计数板上，刻有一些符号和数字，其含义：XB-K-25 为计数板的型号和规格，表示此计数板分 25 大格；0.1mm 为盖上盖玻片后计数室的高；1/400mm² 表示计数室面积是 1mm²，分 400 个小格，每小格面积是 1/400mm²（图 27-1）。

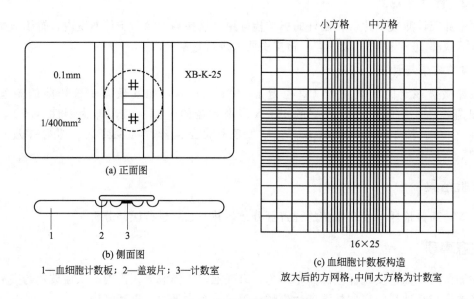

图 27-1　血细胞计数板构造

3　实验材料

3.1　菌种

啤酒酵母菌（*Saccharomyces cerevisiae*）培养液（液体麦芽汁，28℃，90r/min 振荡培养 72h）。

3.2　试剂及器材

血细胞计数板、盖玻片、计数器、显微镜、无菌吸管、滤纸条等。

4　实验步骤

4.1　酵母菌细胞数的测定

4.1.1　检查血细胞计数板

正式计数前，先用显微镜检查计数板的计数室，看其是否有杂质或菌体，若有污物则需用脱脂棉蘸取 95％乙醇轻轻擦洗，然后用蒸馏水冲洗，再用滤纸吸干其上的水分，最后用擦镜纸揩干净。

4.1.2　稀释样品

为了便于计数，稀释样品中的酵母细胞数，以每小格内含有 4～5 个为宜。

4.1.3　加样

先将盖玻片放在计数室上面，用无菌吸管吸取稀释后的酵母菌液，在盖玻片的一侧滴一小滴，让其自行渗入到计数室内（切勿产生气泡），并用滤纸吸去外面多余的菌液。静置2~3min，将计数板置于显微镜下，先用低倍镜找到计数室，再换成高倍镜，此时光线不宜太强。

4.1.4　计数

如果用 16 大格×25 小格规格的计数板，要按对角线方位，计数左上、右上、左下、右下 4 个大格（共 100 个小格）内的酵母菌数。

如果采用 25 大格×16 小格规格的计数板，除计数上述 4 个大格外，还需加计中央一大格（共 80 个小格内）的酵母菌数。

计数时当遇到位于大格线上的酵母菌，一般只计数上方及右方线上的细胞（或只计数下方及左方线上的细胞）。

每个样品重复计数 3 次，取其平均值，按下列公式计算每毫升菌液中所含的酵母菌细胞数。

（1）16 大格×25 小格规格的计数板：

酵母菌细胞数/mL＝100 个小格内酵母细胞数/100×400×10000×菌液稀释倍数

（2）25 大格×16 小格规格的计数板：

酵母菌细胞数/mL＝80 个小格内酵母细胞数/80×400×10000×菌液稀释倍数

4.1.5　冲洗计数板

使用完后，用蒸馏水冲洗，绝不能用硬物洗刷，洗后待自行晾干或用电吹风吹干。

4.2　酵母菌出芽率的测定

方法步骤基本同上。观察酵母菌出芽率并计数时，如遇到芽体大小超过细胞本身50%时，不做芽体计数而作酵母细胞计数。

5　实验结果

5.1　酵母芽体、总酵母数目及出芽率测定

酵母出芽率＝芽体数/总酵母细胞数×100%

将以上结果填入表 27-1 中。

表 27-1　酵母芽体、总酵母数目及出芽率测定

项目	测定样品		
	1	2	3
芽体数			
总酵母细胞数			
酵母出芽率/%			

5.2　酵母菌细胞数测定结果

计算次数	各大格中细胞数					大格中细胞总数	稀释倍数	总菌数/(CFU/mL)
	左上	右上	左下	右下	中间			
1								
2								
3								
平均值								

6 注意事项

6.1 保证计数前计数室是干燥的、洁净的。

6.2 加样位置要准确无误，自然吸进（避免气泡的产生）。

6.3 计上不计下，计左不计右（避免重复及遗漏计数）。

6.4 清洗时，切勿用硬物洗刷。洗完后要自行晾干或用吹风机冷风吹干。

7 思考题

7.1 试述血细胞计数板的计数原理。为什么用两种规格不同的计数板计数同一样品，结果是一样的？

7.2 血细胞计数板计数法测定微生物细胞数量有何优缺点？

实验 28　平板计数法

1 实验目的

（1）学习菌液稀释和浇混接种的方法和步骤。

（2）掌握平板菌落计数的基本原理和方法。

2 实验原理

平板计数法须将待测样品按比例地做一系列的稀释，然后吸取一定量的不同浓度的稀释菌液于无菌培养皿中，再及时倒入熔化并已冷却至45℃左右的培养基，立即轻轻摇匀，让其静置凝固。平板凝固以后，倒置于适当温度的恒温箱中进行培养，待长出清晰可见的单菌落后进行菌落计数。如果一个单菌落是由一个细胞发育而成的，这样经过统计菌落数，根据其稀释倍数和取样接种量即可换算出样品中的含菌数。由于待测样品往往不易分散成单个细胞，所以平板菌落计数法结果往往偏低。现在常使用菌落形成单位（colony-forming unit，CFU）。

这种计数方法的最主要优点是能测出样品中的活菌总数，即能知道样品中的"有效成分"的量。因而常用于选种育种、分离纯化及药效测定等方面。但是此种方法步骤较繁琐，而且常常受到主观、客观等多种因素的影响。

3 实验材料

3.1 菌种

大肠杆菌（*Escherichia coli*）悬液（LB液体培养基，37℃，培养18h）。

3.2 试剂及器材

牛肉膏蛋白胨培养基（营养琼脂培养基）、生理盐水、盐酸、氢氧化钠、蒸馏水、恒温培养箱、高压蒸汽灭菌锅、吸管、烧杯、三角瓶、培养皿、试管架、酒精灯。

4 实验步骤

4.1 熔化培养基

先将牛肉膏蛋白胨固体培养基熔化，然后保温于50℃的恒温水浴锅中。

4.2 编号

取 6 支无菌空试管，依次编号为 10^{-1}、10^{-2}、10^{-3}……10^{-6}；取 9 个无菌培养皿，依次编号为 10^{-4}、10^{-4}、10^{-4}、10^{-5}、10^{-5}、10^{-5}、10^{-6}、10^{-6}、10^{-6}。

4.3 分装无菌水

用 5mL 吸管分别精确吸取 4.5mL 无菌水于已编号的各无菌试管中。

4.4 稀释

稀释前，先摇动菌液试管，然后用 1 支 1mL 无菌吸管在菌液中来回吹洗数次，再精确吸取 0.5mL 大肠杆菌菌液于 10^{-1} 的试管中（注意：这支吸管的尖端不能接触 10^{-1} 试管的菌液）。换 1 支 1mL 无菌吸管，以同样的方式，在 10^{-1} 试管菌液中来回吹洗数次，精确吸取 0.5mL 10^{-1} 的菌液于 10^{-2} 的试管中……其余依次类推，直至稀释到 10^{-6} 时为止。

4.5 取样

分别精确吸取 10^{-4}、10^{-5}、10^{-6} 的稀释液 0.2mL，对号放入已编号的无菌培养皿中。

4.6 倒平板

一旦菌液移至培养皿中，立即倒入培养基。倒入的量 10～15mL。倒好后，迅速轻轻摇匀，然后水平放置静置凝固。

4.7 培养

平板完全凝固后，倒置于 37℃ 恒温箱中培养。

4.8 计数

培养 24h 后，取出平板。在皿底上划分若干区域，用手揿计数机进行计数。

5 实验结果

每毫升活菌数＝同一稀释度 3 个平皿上的菌落平均数×稀释倍数×5

将以上结果填入表 28-1 中。

表 28-1 平板菌落计数

稀释度	平板编号		
	1	2	3
10^{-4}			
10^{-5}			
10^{-6}			

6 注意事项

倒平板时，由于细菌易吸附到玻璃器皿表面，所以菌液加入培养皿后，应尽快倒入熔化并已冷却至 45℃ 左右的培养基，立即摇匀。否则，细菌将不易分散或长成菌落连在一起，影响计数。

7 思考题

7.1 取样后，若不尽快倒平板或倒平板后不立即轻轻摇匀，将会出现什么现象？你的实验中是否出现这种现象？

7.2 试比较显微直接计数与平板菌落计数的优缺点。

7.3 试分析引起本实验误差的来源及改进措施。

实验 29 光电比浊计数法

1 实验目的

（1）了解光电比浊计数法的原理。

（2）学习、掌握光电比浊计数法的操作方法。

2 实验原理

当光线通过微生物菌悬液时，由于菌体的散射及吸收作用使光线的透过量降低。在一定的范围内，微生物细胞浓度与透光度成反比，与光密度成正比，而光密度或透光度可以由光电池精确测出（图 29-1）。因此，可用一系列已知菌数的菌悬液测定光密度，作出光密度-菌数标准曲线。然后，以样品液所测得的光密度，从标准曲线中查出对应的菌数。制作标准曲线时，菌体计数可采用血细胞计数板计数、平板菌落计数或细胞干重测定等方法。本实验采用血细胞计数板计数。

(a)

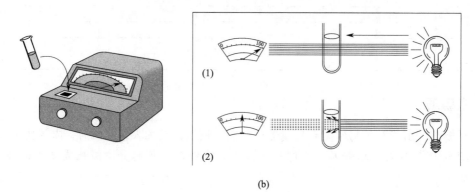

(b)

图 29-1 光电比浊计数法

(a) 实物测试图；(b) 测定流程示意图

光电比浊计数法的优点是简便、迅速，可以连续测定，适合于自动控制。但是，由于光密度或透光度除了受菌体浓度影响之外，还受细胞大小、形态、培养液成分以及所采用的光波长等因素的影响。因此，对于不同微生物的菌悬液进行光电比浊计数应采用与待测微生物相同的菌株和培养条件制作标准曲线。光波的选择通常在 400～700nm 之间，具体到某种微生物采用多少还需要经过最大吸收波长以及稳定性试验来确定。另外，对于颜色太深的样品或在样品中还含有其他干扰物质的悬液不适合用此法进行测定。

3 实验材料

3.1 菌种

酿酒酵母（*Saccharomyces cerevisiae*）培养液（液体麦芽汁，28℃，90r/min 振荡培养 72h）。

3.2 试剂及器材

721 型分光光度计、血细胞计数板、显微镜、试管、吸水纸、无菌吸管、无菌生理盐水等。

4 实验步骤

4.1 标准曲线制作

4.1.1 编号

取无菌试管 7 支，分别用记号笔将试管编号为 1、2、3、4、5、6、7。

4.1.2 调整菌液浓度

用血细胞计数板计数培养 24h 的酿酒酵母菌悬液，并用无菌生理盐水分别稀释调整为 1×10^6 个/mL、2×10^6 个/mL、4×10^6 个/mL、6×10^6 个/mL、8×10^6 个/mL、10×10^6 个/mL、12×10^6 个/mL 含菌数的细胞悬液。再分别装入已编好号的 1 至 7 号无菌试管中。

4.1.3 测 OD 值

将 1 至 7 号不同浓度的菌悬液摇均匀后于 560nm 波长、1cm 比色皿中测定 OD 值。比色测定时，用无菌生理盐水做空白对照。每管菌悬液在测定 OD 值时均必须先摇匀后再倒入比色皿中测定。以光密度（OD）值为纵坐标、以每毫升细胞数为横坐标、绘制标准曲线。

4.2 样品测定

将待测样品用无菌生理盐水适当稀释，摇均匀后，用 560nm 波长、1cm 比色皿测定光密度。测定时用无菌生理盐水做空白对照。

各种操作条件必须与制作标准曲线时的相同，否则，测得值所换算的含菌数就不准确。

4.3 根据所测得的光密度值，从标准曲线查得每毫升的含菌数。

5 实验结果

每毫升样品原液菌数＝从标准曲线查得每毫升菌数×稀释倍数

将以上结果填入表 29-1。

表 29-1 菌液浓度与光密度测定

项目	管数						
	1	2	3	4	5	6	7
菌液浓度/（个/mL）							
OD$_{560}$							

6 思考题

6.1 光电比浊计数的原理是什么？这种计数法有何优缺点？

6.2 光电比浊计数在生产实践中有何应用价值？

实验 30　单细胞微生物生长曲线的制作

1 实验目的

（1）学习酵母菌、细菌等单细胞微生物生长曲线的特点及比浊法测定原理。

（2）掌握比浊法进行计数的操作方法。

2 实验原理

生长曲线是单细胞微生物在一定环境条件下液体培养时所表现出的群体生长规律。测定时一般将一定数量的微生物纯菌种接种到一定体积的已灭菌的新鲜培养液中，在适温条件下培养，定时取样测定培养液中菌的数量，以菌数的对数为纵坐标、生长时间为横坐标、绘制得到曲线。不同的微生物其生长曲线不同，同一微生物在不同培养条件下其生长曲线亦不同。但单细胞微生物的生长曲线规律基本相同，生长曲线一般分为延迟期、对数期、稳定期和衰亡期四个阶段。测定一定培养条件的微生物的生长曲线对科研和实际生产有一定的指导意义。

比浊法的原理：培养液中菌细胞数与浑浊度成正比，当光线通过微生物菌悬液时，由于菌体的散射及吸收作用使光线的透过量降低。在一定浓度范围内，悬液中菌体数量与光密度（即 OD 值）成正比，与透光度成反比，而 OD 值可由光电比色计精确测定。因此，可用一系列已知菌数的菌悬液测定 OD 值，作出 OD 值-菌数的标准曲线，而后将样品液所测得 OD 值从标准曲线中查出对应的菌数。制作标准曲线时，菌体计数可采用血细胞计数板计数或平板菌落计数。

由于 OD 值受菌体浓度（仅在一定范围内与 OD 值呈直线关系）、细胞大小、形态、培养液成分以及所采用的光波长度等因素的影响，因此，要调节好待测菌悬液细胞浓度。对于不同微生物的菌悬液进行比浊计数，应采用与待测微生物相同的菌株和培养条件制作标准曲线。光波长的选择通常在 400～700nm 之间，对某种微生物具体采用多大波长还需要经过最大吸收波长和稳定性试验来确定。另外，还应注意培养基的成分和代谢产物不能在所选用波长范围有吸收。本法优点是简便、快速，可以连续测定，适合于自动控制。常用于跟踪观察培养过程中细菌或酵母细胞数目的消长情况，如生长曲线的测定和工业生产上发酵罐中的细菌或酵母菌的生长情况等。该法不适用于多细胞微生物的生长测定，以及颜色太深的样品或样品中含有颗粒性杂质的悬液测定。

3 实验材料

3.1 菌种

大肠杆菌 （*Escherichia coli*）（LB 液体培养基，37℃，培养 18h）等单细胞微生物培养。

3.2 试剂及器材

营养肉汤培养基、5 倍浓缩的营养肉汤培养液、无菌生理盐水、无菌超净工作台、恒温培养箱 722 分光光度计、灭菌移液管或滴管。

4 实验步骤

4.1 接种

将大肠杆菌菌种接种到营养肉汤培养液中，于 37℃振荡培养 18h 备用。

4.2 培养

取装有 200mL 灭菌营养肉汤培养液的 500mL 三角瓶 6 个，分为 2 组，第 1 组 3 瓶中各接种 20mL 的大肠杆菌种子液，于 37℃振荡培养，分别于 0、1.5h、3h、4h、6h、8h、10h、12h、14h、16h、18h、20h、24h 取出放冰箱中贮存，待测定。第 2 组 3 瓶采用加富营养物处理，区别第一组的是接种培养 6h 后，无菌操作加入浓缩 5 倍的已灭菌的营养肉汤培养液 20mL，摇匀后继续培养，同样条件培养后同样时间间隔取样测定 OD 值。

4.3 比浊

4.3.1 调节分光光度计的波长至 420nm 处，开机预热 10～15min。

4.3.2 以未接种的培养液校正分光光度计的零点（注意以后每次测定均需重新校正零点）。

4.3.3 将培养不同时间、形成不同细胞浓度的细菌培养液从最稀浓度的菌悬液开始，依次在分光光度计上测定 OD_{420} 值。对浓度大的菌悬液用未接种的营养肉汤液体培养基适当稀释后测定，使其 OD 值在 0.10～0.65 之间。经稀释后测得的 OD 值要乘以稀释倍数，才是培养液实际的 OD 值。

5 实验结果

5.1 将测定的 OD 值填入表 30-1。

表 30-1　单细胞微生物生长曲线

培养时间/h	0	1.5	3	4	6	8	10	12	14	16	18	20	24
正常生长 OD 值													
加富培养 OD 值													

5.2 绘制生长曲线

以培养时间为横坐标、大肠杆菌菌悬液的 OD 值为纵坐标，绘出大肠杆菌在正常生长和加富培养两种条件下的生长曲线。如果将上述培养至不同时间的大肠杆菌菌悬液用平板菌落计数法测定其每毫升活菌数，则以菌悬液比浊的 OD 值为横坐标、以每毫升细菌数量的对数值为纵坐标，绘制标准曲线。如此可通过测定任一培养时间的菌悬液 OD 值后，即可在标准曲线上查出含菌数。

6 注意事项

测定 OD 值前，将待测的培养液振荡，使细胞均匀分布。测定 OD 值后，将比色杯中的菌液倾入容器中，用水冲洗比色杯，冲洗水也收集于容器进行灭菌，最后用 75% 乙醇冲洗比色杯。

7 思考题

大肠杆菌在正常生长和补料培养两种条件下的生长曲线有何不同？

实验 31　噬菌体效价的测定

1　实验目的

（1）学习分离纯化噬菌体的基本原理和方法。
（2）掌握噬菌体效价测定的方法。

2　实验原理

噬菌体的效价是指每毫升样品中所含具有感染性噬菌体的粒子数。噬菌体个体极其微小，专营细胞内寄生生活，用常规的微生物计数法无法测得其数量。由于噬菌体对其宿主细胞的裂解，在含有敏感菌株的平板上会出现肉眼可见的噬菌斑，一般一个噬菌体粒子形成一个噬菌斑，因此可根据一定体积样品所形成的噬菌斑数计算出噬菌体的效价。但是，样品中可能会有少数活噬菌体未能引起侵染，使噬菌斑计数结果往往比实际活噬菌体数偏低。因此，噬菌体的效价一般不用噬菌体粒子的绝对数量表示，而是采用噬菌斑形成单位（plaque-forming unit，PFU）表示。

3　实验材料

3.1　菌种

大肠杆菌（*Escherichia coli*）培养液（LB 液体培养基，37℃，培养 18h），λ 噬菌体 EA94。

3.2　试剂及器材

牛肉膏蛋白胨琼脂培养基、牛肉膏蛋白胨琼脂培养基（含琼脂 1.5%～2%）、牛肉膏蛋白胨水培养基、三倍浓缩牛肉膏蛋白胨水培养基、无菌吸管、无菌平皿、三角涂棒、恒温水浴锅、细菌过滤器等。

4　实验步骤

4.1　敏感菌活化

将大肠杆菌接入装有 20mL 牛肉膏蛋白胨水培养基的锥形瓶中，30℃振荡培养 12～16h。

4.2　倒底层培养基

将底层培养基熔化后按每皿 10mL 倒底层平板，共 12 个，分别标记 10^{-7}、10^{-8}、10^{-9} 和对照，每种各 3 皿。

4.3　噬菌体稀释

取 0.5mL 噬菌体浓缩液（增殖液），加到含 4.5mL 牛肉膏蛋白胨水培养基的试管中进行 10 倍系列稀释，依次稀释到 10^{-9} 稀释度。

4.4　噬菌体与菌液混合

取 12 支无菌空试管分别标记为 10^{-7}、10^{-8}、10^{-9} 和对照各 3 支。用无菌吸管分别取 10^{-7}、10^{-8}、10^{-9} 稀释度噬菌体各 0.1mL 加入相应标记的无菌空试管内（每个稀释度 3 个重复），在对照管中加入 0.1mL 无菌水。然后在上述各试管中分别加入 0.2mL 大肠杆菌菌液，振荡试管使之混合，于 37℃水浴中保温 5min。

注意：噬菌体与细胞的比例。测定噬菌体效价应采用低感染复数，指示菌的细胞密度不宜过高，一般控制在 1×10^7 个/mL 为宜。

4.5　加上层培养基

取 50℃保温的上层培养基 5mL 分别加入上述各试管中，立即旋摇混合，再快速倒入相对应编号的底层培养基平板上，放在台面上摇匀，使上层培养基铺满平板，凝固后，于 37℃培养 24h。

注意：倒上层培养基时速度要快。

5　实验结果

统计噬菌斑：仔细观察平板上形成的噬菌斑，记录结果。

6　注意事项

6.1　噬菌体与敏感菌混合后的保温时间不宜过长，否则会导致个别噬菌体裂解敏感菌，引起效价测定值的偏差。

6.2　在噬菌体稀释管中加入敏感菌时，应从稀释度高的管向低的管中加入。

7　思考题

7.1　噬菌体效价的含义是什么？有几种表示方法？用哪一种方法测得效价更准确？为什么？

7.2　要证实获得的噬菌体裂解液中确有噬菌体存在，除用本实验使用的双层平板法观察噬菌斑外，还可以用什么方法予以证实？

七、环境因素对微生物生长的影响

实验 32　化学因素对微生物生长的影响

1　实验目的

（1）了解化学因素对微生物生长的影响。

（2）掌握检测化学药剂对微生物生长影响的方法。

2 实验原理

抑制或杀死微生物的化学因素种类极多，用途广泛，性质各异。其表面消毒剂和化学治疗剂最为常见。表面消毒剂在极低浓度时，常常表现为对微生物细胞的刺激作用，随着浓度的逐渐增加，就相继出现抑菌和杀菌作用，对一切活细胞都表现活性。化学治疗剂主要包括一些抗代谢物，如抗生素等。

3 实验材料

3.1 菌种

大肠杆菌（*Escherichia coli*）、枯草芽孢杆菌（*Staphylococcus aureus*）和金黄色葡萄球菌（*Staphylococcus aureus*）。

3.2 试剂及器材

牛肉膏蛋白胨培养基、青霉素、新洁尔灭、复方新诺明、2.5%碘酒、0.1%升汞水溶液（红药水）、5%石炭酸、0.05%龙胆紫液（紫药水）、75%乙醇、100%乙醇、1%来苏儿、0.2%甲醛、培养皿、无菌圆滤纸片、镊子、无菌水、无菌滴管、水浴锅、振荡器、游标卡尺、分光光度计。

4 实验步骤

基本流程：无菌培养皿→配制菌悬液→滴加菌样→制含菌平板→化学药剂处理→培养→观察结果。

4.1 配制菌悬液

取培养18～20h的大肠杆菌、枯草芽孢杆菌和金黄色葡萄球菌斜面各一支，分别加入4mL无菌水，用接种环将菌苔轻轻刮下，振荡，制成均匀的菌悬液，菌悬液浓度大约为10^6CFU/mL。

4.2 滴加菌样

首先取3个无菌培养皿，每种试验菌一皿，在皿底写明菌名及测试药品名称。然后分别用无菌滴管加4滴（或0.2mL）菌液于相应的无菌培养皿中。

4.3 制含菌平板

将熔化并冷却至40～50℃的牛肉膏蛋白胨培养基倾入皿中12～15mL，迅速与菌液混匀，冷凝备用。

4.4 化学药剂处理

用镊子取分别浸泡在青霉素、新洁尔灭、复方新诺明、2.5%碘酒、0.1%升汞水溶液（红药水）、5%石炭酸、0.05%龙胆紫液（紫药水）、75%乙醇、100%乙醇、1%来苏儿、0.2%甲醛药品溶液中的圆滤纸片各一张，置于同一含菌平板上。

4.5 培养

片刻后，将平板倒置于37℃温箱中，培养24h。

5 实验结果

观察抑菌圈，用游标卡尺测量抑菌圈的直径，并记录入表32-1中。

表 32-1　化学药品对微生物生长的影响接种试验

菌种类型	抑菌圈直径/mm										
	青霉素	新洁尔灭	复方新诺明	2.5%碘酒	0.1%汞水	5%石炭酸	0.05%龙胆紫液	75%酒精	100%酒精	1%来苏儿	0.2%甲醛
金黄色葡萄球菌											
大肠杆菌											
枯草芽孢杆菌											

6　思考题

6.1　说明青霉素和链霉素的作用原理。

6.2　通过实验说明芽孢的存在对消毒灭菌有什么影响?

实验 33　紫外线对微生物生长的影响

1　实验目的

了解紫外线的杀菌作用原理,学习紫外线杀菌试验方法。

2　实验原理

紫外线主要作用于细胞内的 DNA,使同一条链 DNA 相邻嘧啶间形成胸腺嘧啶二聚体,引起双链结构扭曲变形,阻碍碱基正常配对,从而抑制 DNA 的复制,轻则使微生物发生突变,重则造成微生物死亡。紫外线照射的剂量与所用紫外灯的功率(W)、照射距离和照射时间有关。当紫外灯和照射距离固定,照射的时间越长则照射的剂量越高。紫外线透过物质的能力较弱,一层黑纸足以挡住紫外线的通过。本实验验证紫外线的杀菌作用及不同微生物对紫外线的抵抗能力。

3　实验材料

3.1　菌种

大肠杆菌(*Escherichia coli*)、枯草芽孢杆菌(*Staphylococcus aureus*)、金黄色葡萄球菌(*Staphylococcus aureus*)和牛肉膏蛋白胨斜面培养物。

3.2　试剂及器材

牛肉膏蛋白胨琼脂培养基和液体培养基(5mL/管)、0.85%无菌生理盐水、灭菌吸管(1mL)、玻璃涂布棒、三角形黑纸、紫外灯(15W,距离 30cm)。

4　实验步骤

4.1　制备菌种培养液

取大肠杆菌、枯草杆菌、金黄色葡萄球菌斜面原菌种 1～2 环接种于牛肉膏蛋白胨液体培养基试管中,37℃培养 18～20h。

4.2 涂布平板接种

用灭菌吸管分别吸取已培养好的三种菌培养液 0.2mL 注入相应的牛肉膏蛋白胨琼脂平板上，用灭菌涂布棒将菌液涂布均匀，再以无菌三角形黑纸遮盖培养基的中央部分。

4.3 紫外线照射

紫外灯预热 10～15min 后，将有黑纸的平皿置紫外灯下，打开皿盖，照射 20～30min（照射剂量以平板没有被黑纸遮盖的部位有少量菌落出现为宜）。照射完毕，取去黑纸，盖上皿盖。

4.4 培养

用黑纸包裹平皿，倒置于 37℃温箱中培养 24h 后，观察实验结果，比较三种菌对紫外线的抵抗力。紫外线对微生物生长的影响如图 33-1 所示。

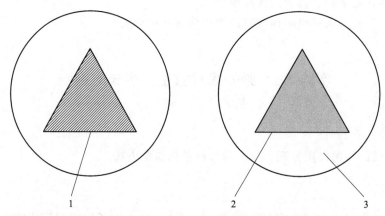

图 33-1 紫外线对微生物生长的影响

1—黑纸；2—贴黑纸处有细菌生长；3—紫外线照射处有少量菌生长

5 实验结果

5.1 比较紫外线照射平板加黑纸处与未加黑纸处的长菌情况。

5.2 记录并比较大肠杆菌、枯草杆菌和金黄色葡萄球菌对紫外线的抵抗能力。

6 思考题

6.1 说明紫外线杀菌的作用原理？

6.2 通过实验说明大肠杆菌、枯草杆菌和金黄色葡萄球菌对紫外线抵抗能力的差异？

实验 34 温度对微生物生长的影响

1 实验目的

(1) 了解温度对微生物生长的影响，学习微生物生长的最适温度测定及对高温的抗性试验。

(2) 了解微生物耐热性大小的几种表示方法，学习 D 值与 Z 值的测定方法。

2 实验原理

微生物群体生长繁殖最快的温度为其最适生长温度，但它并不等于其发酵最适温度，也不等于积累某一代谢产物的最适温度。不同的微生物生长繁殖所要求的最适温度不同，根据微生物生长的最适温度范围，可分为高温菌、中温菌和低温菌，自然界中绝大部分微生物属中温菌。

不同微生物对高温的抵抗力不同，芽孢杆菌的芽孢对高温有较强的抵抗能力。

不同微生物群体因细胞结构的特点和细胞组成性质的差异，它们的致死温度各不相同，即它们的耐热性不同。食品工业中，微生物耐热性的大小常用以下几种数值表示：热至死温度（TDP）、热力致死时间（TDT）、D 值和 Z 值等。

D 值和 Z 值的测定是分别通过绘制热致死速度曲线和热致死时间曲线求得。D 值是指在一定温度下，加热杀死活菌，活菌减少 90% （或减少一个对数周期）所需要的时间。Z 值是指在热致死时间曲线中，缩短 90% （或减少一个对数周期）热致死时间所需要升高的温度（℃）。热力致死时间（TDT）是指在特定条件和特定温度下，杀死样品中 99.99% 微生物所需要的最短时间。

3 实验材料

3.1 菌种

大肠杆菌（*Escherichia coli*）、枯草芽孢杆菌（*Staphylococcus aureus*）、金黄色葡萄球菌（*Staphylococcus aureus*）、牛肉膏蛋白胨斜面培养物、啤酒酵母、青霉菌 PDA 斜面培养物。

3.2 试剂及器材

牛肉膏蛋白胨液体培养基（5mL/管）、斜面培养基（5mL/管）、琼脂平板培养基、PDA 液体培养基（5mL/管）、9mL 无菌生理盐水、9mL 无菌 pH7.0 的磷酸盐缓冲液、灭菌平皿、1mL 灭菌吸管、灭菌空试管、镊子、无菌圆滤纸片（ϕ5mm）、毛细管（ϕ1.0mm×150mm）、干燥箱、电热恒温水浴槽。

4 实验步骤

4.1 微生物生长的最适温度的测定

4.1.1 青霉菌生长的最适温度

（1）制备菌悬液 取青霉菌斜面原菌种划线接种于 PDA 试管斜面上，28℃培养 3～5d，用 5～10mL 灭菌生理盐水洗下菌苔，制成浓度为 10^8 个/mL 孢子悬液。

（2）标记 取 PDA 琼脂平板 8 个，分别在底部标注 20℃、28℃、37℃、45℃四种温度，每种温度两个平板。

（3）接种与培养 用灭菌镊子将无菌圆滤纸片浸入青霉菌孢子悬液中，取出放于上述平板中央。按平板所标注温度培养 2d 后，测量菌落直径，取平均值，直径最大的即为该菌最适温度，以此判定青霉菌的最适生长温度。

4.1.2 大肠杆菌生长的最适温度

（1）制备菌种培养液 取大肠杆菌斜面原菌种 1～2 环接种于牛肉膏蛋白胨液体培养基试管中，37℃培养 18～20h。

（2）标记　取牛肉膏蛋白胨培养液试管 8 支，分别标明 20℃、28℃、37℃、45℃四种温度，每种温度 2 管。

（3）接种与培养　向每管接入培养好的大肠杆菌液体培养物 0.1mL，混匀。按试管标注温度振荡培养 24h 后，根据菌液的浑浊度判断大肠杆菌生长的最适温度。

4.1.3　啤酒酵母生长的最适温度

（1）制备菌种培养液　取啤酒酵母斜面原菌种 1～2 环接种于 PDA 液体培养基试管中，28℃培养 18～20h。

（2）标记　取 PDA 液体培养基试管 8 支，分别标明 20℃、28℃、37℃、45℃四种温度，每种温度 2 管。

（3）接种与培养　向每管接入上述培养好的啤酒酵母液体培养物 0.1mL，混匀。按试管标注温度振荡培养 24h 后，根据菌液的浑浊度判断啤酒酵母菌生长的最适温度。

4.2　微生物对高温的抗性试验

4.2.1　微生物对湿热的抗性试验

（1）编号　取牛肉膏蛋白胨液体培养基试管 16 支，从 1～16 编号。

（2）接种　在 1、3、5、7 等单号管中接种 1 环培养 48h 的大肠杆菌斜面培养物，在 2、4、6、8 等双号管中接种 1 环培养 48h 的枯草杆菌斜面培养物。

（3）湿热处理　将 1～8 号的 8 支管放入 50℃恒温水浴中，10min 后取出 1～4 管，再隔 10min 后取出另外 4 管；同样将 9～16 号的 8 支管放入 100℃水浴中 10min 后，取出 9～12 号管，再过 10min 后，取另外 4 管。

（4）培养　将经上述温度处理过的试管置于 37℃温箱中培养 24h 后，观察培养基浑浊长菌情况，记录实验结果。

4.2.2　微生物的干热的抗性试验

（1）制备菌悬液　取大肠杆菌、枯草杆菌斜面原菌种划线接种于牛肉膏蛋白胨试管斜面上，37℃培养 1～2d，用 5～10 mL 灭菌生理盐水洗下菌苔，制成浓度为 10^8 个/mL 菌悬液。

（2）编号　取 16 支灭菌空试管，分别标注 1～16 号。

（3）接种　用灭菌镊子将无菌圆滤纸片分别浸入大肠杆菌和枯草杆菌的菌悬液内，将大肠杆菌悬液中取出的滤纸片分别放入 1、3、5、7 等单号试管中，在枯草杆菌悬液中取出的滤纸片分别放入 2、4、6、8 等双号试管中。

（4）干热处理　将 1～8 号管放入 50℃干燥箱中，10min 后取出 1～4 号管，再隔 10min 后，取出 5～8 号管；同样将 9～16 号管放入 100℃干燥箱中，10min 后取出 9～12 号管，再隔 10min 后，取出 13～16 号的 4 支管。

（5）培养　以无菌操作将牛肉膏蛋白胨液体培养基分别注入上述试管各 3～5mL，将带菌的滤纸片冲下，另取 1 支不带菌的液体培养基试管作为对照，置于 37℃温箱中培养 2d 后，观察培养基浑浊长菌情况，记录实验结果。

4.3　微生物耐热性 D 值与 Z 值的测定方法

4.3.1　D 值的测定方法

（1）制备菌悬液　取枯草杆菌斜面原菌种划线接种于牛肉膏蛋白胨试管斜面上，37℃培养 7d，革兰氏染色镜检芽孢数为 85% 以上，用 5～10mL 无菌 pH7.0 的磷酸盐缓冲液洗下斜面菌苔，制成浓度为 10^8 个/mL 芽孢悬浮液。同法用无菌 pH7.0 的磷酸盐缓冲液制得大肠杆菌、金黄色葡萄球菌的菌悬液。

（2）水浴或油浴热处理　将枯草杆菌芽孢悬浮液置于盛 pH7.0 的磷酸盐缓冲液的试管中，取 12 支毛细管置于上述悬浮液试管中，待吸入菌液后（注意：每支毛细管所吸菌液应定量一致），用火焰封口后，置于 100℃ 恒温水浴槽内加热（大肠杆菌和金黄色葡萄球菌采用 63℃ 恒温水浴加热），如果超过 100℃，则采用油浴加热，每隔 5min 取出 2 支毛细管，迅速于冷水中冷却。

（3）倾注平板培养　分别将上述原孢子悬浮液及不同时间加热的孢子悬浮液以 9mL 无菌生理盐水按 10 倍稀释法进行适当稀释，用无菌吸管各吸取其中 2～3 个稀释度的稀释液 1mL 注入灭菌平皿内，每个稀释度做 2 个重复，倒入冷至 45～50℃ 的牛肉膏蛋白胨琼脂培养基约 15mL，摇匀，待凝固，置于 37℃ 温箱中培养 1～2d，观察是否长出菌落。

（4）菌落计数　对长出菌落的同一稀释度的平皿进行计数，取平均值，按下列公式计算每毫升处理液的残存活菌数：

$$残存活菌数（CFU/mL）＝平均菌落数×稀释倍数$$

（5）绘制热致死速度曲线求 D 值和热力致死时间　以加热时间为横坐标（min）、残存活菌数的对数为纵坐标（CFU/mL），在半对数坐标纸上绘制 100℃ 温度条件下，枯草杆菌的芽孢热致死速度曲线，并找出在此温度下，活菌数减少一个对数周期所需要的时间即为 D_{100} 值。对未长出菌落的平皿可确定热致死时间，即加热处理菌液所需的时间，为该菌在一定温度下的热致死时间。

4.3.2　Z 值的测定方法

用上述方法测定不同温度下（可间隔 5℃）的热致死时间，而后以温度为横坐标（℃）、热致死时间的对数为纵坐标（min），在半对数坐标纸上绘制热致死时间曲线，求出减少一个对数周期热致死时间所需升高的温度（℃）即为 Z 值。

5　实验结果

5.1　比较三种微生物在不同温度下的生长状况，结果填入表 34-1 中，并找出其生长的最适温度。

表 34-1　三种微生物在不同温度下的生长状况

菌落状况	生长温度/℃			
	20	28	37	45
青霉菌平均菌落直径/mm				
大肠杆菌长菌状况				
啤酒酵母菌长菌状况				

注：长菌（浑浊）以"＋"表示，不生长（澄清）以"－"表示，并以"＋""＋＋""＋＋＋"表示不同生长量。

5.2　将大肠杆菌和枯草杆菌对高温的抗性试验结果用注解符号填入表 34-2 中。

表 34-2　大肠杆菌和枯草杆菌对高温的抗性试验

菌种	50℃湿热处理		100℃湿热处理		50℃干热处理		100℃干热处理	
	10min	20min	10min	20min	10min	20min	10min	20min
大肠杆菌								
枯草杆菌								

注："＋"表示生长，"－"表示不生长，并以"＋""＋＋""＋＋＋"表示不同生长量。

5.3　将实验测得的枯草杆菌、大肠杆菌、金黄色葡萄球菌 D 值与 Z 值填入表 34-3 中。

表 34-3　枯草杆菌、大肠杆菌、金黄色葡萄球菌的 D 值与 Z 值

枯草杆菌		大肠杆菌		金黄色葡萄球菌	
D_{100} 值/min	Z 值/℃	D_{63} 值/min	Z 值/℃	D_{63} 值/min	Z 值/℃

6　思考题

6.1　说明 D 值与 Z 值的微生物学意义？

6.2　说明芽孢的存在对高温灭菌有什么影响？

实验 35　渗透压及 pH 对微生物生长的影响

1　实验目的

（1）了解不同盐浓度对微生物生长的影响。

（2）了解 pH 对微生物生长的影响及其实验方法，确定微生物生长所需最适 pH 条件。

2　实验原理

在等渗溶液中，微生物正常生长繁殖；在高渗溶液（例如高盐、高糖溶液）中，细胞脱水收缩而发生质壁分离现象，造成细胞代谢活动呈抑制状态甚至死亡；在低渗溶液中，细胞吸水膨胀，但有细胞壁的保护，很少发生细胞破裂。不同类型微生物对渗透压变化的适应能力不尽相同，多数微生物在 0.5%～3.0% 的盐浓度范围内可正常生长，10%～15% 的盐浓度能抑制多数微生物的生长。但对嗜盐细菌而言，在低于 15% 的盐浓度环境中不能生长，而某些极端嗜盐菌，如盐杆菌属、盐球菌属和微球菌属中的一些种，可在盐浓度高达 20%～30% 的食品中生长良好，常引起腌制鱼、肉、菜发生变质。

pH 对微生物生长的影响主要通过以下几方面实现：①引起细胞膜电荷的变化，导致微生物细胞吸收营养物质能力改变；②使蛋白质、酶、核酸等生物大分子所带电荷发生变化，从而影响其生物活性，尤其影响各种酶的活性，从而影响微生物的正常代谢活动；③改变环境中营养物质的可给性及有害物质的毒性。

不同微生物对 pH 要求各不相同，它们只能在一定的 pH 范围内生长。多数细菌生长最适 pH 一般为 6.5～7.5，多数真菌生长最适 pH 一般为 5.0～6.0，多数放线菌 pH 一般为 7.5～8.5。因此，在实验室条件下，可根据不同类型微生物对 pH 要求的差异来选择性地分离某种微生物，例如在 pH10.0～12.0 的高盐培养基上可分离到嗜盐嗜碱细菌，分离真菌则一般用酸性培养基等。

在实验室条件下，人们常将培养基 pH 调至接近于中性，而微生物在生长过程中常由于糖的降解产酸及蛋白质降解产碱而使环境 pH 发生变化，从而影响微生物生长。因此，人们常在培养基中加入缓冲系统，如 K_2HPO_4/KH_2PO_4 系统。大多数培养基富含氨基酸、肽类、蛋白质，这些物质可作为天然 pH 缓冲系统。

3　实验材料

3.1　菌种

大肠杆菌（*Escherichia coli*）、金黄色葡萄球菌（*Staphylococcus aureus*）、盐沼盐杆菌

（*Halobacterium salinarum*）、牛肉膏蛋白胨斜面培养物、酿酒酵母（*Saccharomyces cerevisiae*）、PDA 斜面培养物。

3.2 试剂及器材

分别含 0.85％、5％、10％、15％及 25％NaCl 的牛肉膏蛋白胨琼脂和液体培养基，牛肉膏蛋白胨液体培养基和豆芽汁葡萄糖液体培养基（用 1mol/L NaOH 和 1mol/L HCl 将其 pH 分别调至 3.0、5.0、7.0、9.0 和 11.0，每种 2 管，每管 10mL），0.85％生理盐水，无菌平皿，无菌吸管，接种环，培养箱，振荡培养箱，721 型分光光度计，大试管，1cm 比色杯，722 型分光光度计。

4 实验步骤

4.1 渗透压对微生物生长的影响

4.1.1 平板培养法

（1）倒平板　将含不同浓度 NaCl 的牛肉膏蛋白胨琼脂培养基熔化，倒平板，每一浓度倒两个平板。

（2）标记　在已凝固的平板皿底用记号笔画成三部分，分别标记上述三种菌名。

（3）平板划线接种　在平板相应区域分别划线接种金黄色葡萄球菌、大肠杆菌及盐沼盐杆菌，注意避免污染杂菌或相互污染。

（4）培养　将上述平板分别置于 28℃、37℃温箱中培养 2～4d 后，观察并记录含不同浓度 NaCl 的平板上三种菌的生长状况。

4.1.2 试管培养法

（1）标记　取含 0.85％、5％、10％、15％及 25％NaCl 的牛肉膏蛋白胨液体试管，5mL/管，做好标记，同时以无 NaCl 的牛肉膏蛋白胨液体试管为对照。

（2）接种　将金黄色葡萄球菌、大肠杆菌、盐沼盐杆菌牛肉膏蛋白胨斜面菌种用生理盐水制成菌悬液，每一菌悬液以无菌吸管各吸取 0.1mL 分别接种于（1）标记的液体培养基中，每一浓度做一重复。

（3）培养　接种完毕，将试管分别置于 28℃、37℃振荡培养箱（转速 180r/min）中培养 24h 后，观察试管长菌情况，并测定培养物的 OD_{420} 值，确定每种菌的最高耐盐能力。

4.2 pH 对微生物生长的影响

4.2.1 制备菌悬液

菌悬液取培养 18～20h 的大肠杆菌和酿酒酵母斜面各 1 支，加入无菌生理盐水 5mL，制成菌悬液。

4.2.2 接种

无菌操作分别吸取 0.2mL 上述两种菌悬液，分别接种于 5 种不同 pH 的牛肉膏蛋白胨液体培养基和豆芽汁葡萄糖液体培养基试管中。注意：吸取菌液时要将菌液摇匀，保证各管中接入的菌液浓度一致。

4.2.3 培养

接种完毕，将大肠杆菌试管置于 37℃培养 24～48h，将酿酒酵母试管置于 28℃培养 48～72h。观察试管长菌情况，根据菌液的浑浊程度判定微生物在不同 pH 下的生长情况，并测定培养物的 OD_{420} 值，确定每种菌的最适生长 pH。

5 实验结果

5.1 将渗透压对微生物生长影响的实验结果用注解符号填入表 35-1 中。

表 35-1　渗透压对微生物生长的影响

菌种名称	NaCl 浓度/%				
	0.85	5	10	15	25
金黄色葡萄球菌					
大肠杆菌					
盐沼盐杆菌					

注："－"表示不生长，"＋"表示生长，"＋＋"表示生长良好。

5.2　将 pH 对微生物生长影响的测定结果填入表 35-2，说明两种微生物各自的生长 pH 范围及最适 pH。

表 35-2　pH 对微生物生长的影响

菌种名称	OD$_{420}$ 值				
	pH3.0	pH5.0	pH7.0	pH9.0	pH11.0
大肠杆菌					
酿酒酵母					

6　思考题

6.1　盐沼盐杆菌在哪种 NaCl，浓度条件下生长最好，其他浓度条件下是否生长？说明原因。

6.2　金黄色葡萄球菌和大肠杆菌在不同 NaCl 浓度条件下生长状况有何区别？解释原因。

实验 36　抑菌剂对微生物生长的影响

1　实验目的

（1）学会利用滤纸片法比较不同抑菌剂对某些微生物的抑菌效果。
（2）学会利用管碟法（牛津杯法）比较不同抑菌剂对某些微生物抑菌效果。

2　实验原理

在食品中使用的抑菌剂种类颇多，主要有化学合成抑菌剂与天然抑菌剂。其抑菌效果随着抑菌剂的使用浓度（添加量）、基质的 pH、不同热处理温度、与其他物质的复合作用，尤其是微生物种类和数量的不同而有较大差异。为此，要求我们在不同条件下测试各种防腐剂的最佳抑菌效果，并以此作为确定食品防腐剂添加量的依据，使其用量限制在国家规定的安全范围内，同时又具有显著的抑菌作用。本实验分别采用滤纸片法和管碟法分析比较脱氢醋酸钠、山梨酸钾、乳链球菌素（Nisin）、纳它霉素等食品防腐剂对哪类微生物有显著的抑菌活性，并确定其最小抑菌浓度。

3　实验材料

3.1　菌种

大肠杆菌（*Escherichia coli*）、金黄色葡萄球菌（*Staphylococcus aureus*）、沙门氏菌（*Salmonella typhimurium*）、微球菌（*Micrococcaceae*）、枯草芽孢杆菌（*Staphylococcus aureus*）、蜡样芽孢杆菌（*Bacillus cereus*）、保加利亚乳杆菌（*Lactobacillus bulgaricus*）、嗜热链球菌（*Streptococcus thermophilus*）、酿酒酵母（*Saccharomyces cerevisiae*）、黑曲霉（*Aspergillus niger*）等。

3.2 试剂

（1）葡萄糖蛋白胨琼脂培养基、PDA 琼脂培养基（在 PDA 培养基中加入 0.1％吐温，调 pH5.5～6.0，分装试管与三角瓶，0.07MPa 灭菌 20min 备用）、乳清琼脂培养基（于乳清培养基中加入 0.1％吐温，调 pH 6.5，0.07MPa 灭菌 20min 备用）、胰化大豆肉汤培养基、脱脂乳试管培养基。

（2）脱氢醋酸钠溶液用蒸馏水分别配成浓度为 0.025％、0.050％、0.100％、0.150％的药液。

（3）山梨酸钾溶液用蒸馏水分别配成浓度为 0.10％、0.15％、0.20％、0.25％的药液。

（4）乳链球菌素溶液先用少量 0.02mo/L 的 HCl 溶液溶解后，再分别配成浓度为 0.01％、0.02％、0.03％、0.04％的药液。

（5）纳它霉素溶液先用 0.1mol/L 的 NaOH 2mL 溶液溶解后，再分别配成浓度为 0.05％、0.10％、0.15％、0.20％的药液。

（6）取盛有 10mL 0.15％脱氢醋酸钠溶液、0.25％山梨酸钾溶液、0.04％乳链球菌素溶液、0.20％纳它霉素溶液试管各 4 支，分别以 120℃ 10min、100℃ 10min、63℃ 10min 热处理备用，其中 1 支作为对照，不进行热处理。

（7）5mL 和 10mL 容量的无菌生理盐水试管、革兰氏染色液。

3.3 器材

圆滤纸片（φ10mm，干热灭菌）、灭菌牛津杯、灭菌平皿、1mL 灭菌吸管、铂耳接种环、酒精灯、镊子、游标卡尺、无菌超净工作台、陶瓦圆盖等。

4 实验步骤

4.1 食品防腐剂抑菌效果实验

4.1.1 制备菌悬液

取微球菌原菌种，划线接种于葡萄糖蛋白胨琼脂斜面上，37℃培养 20～22h，用 5～10mL 灭菌生理盐水洗下菌苔，制成浓度为 10^9 个/mL 菌悬液。对沙门氏菌、大肠杆菌和葡萄球菌的培养与菌悬液的制备同上所述。对枯草芽孢杆菌和蜡样芽孢杆菌应 37℃培养 7d，革兰氏染色镜检芽孢数为 85％以上，洗下斜面菌苔于 65℃加热 30min 即得菌悬液。对于保加利亚乳杆菌和嗜热链球菌应分别接种于 5mL 脱脂牛乳中，37℃培养 8～12h 至牛乳凝固，以 5mL 生理盐水稀释即得菌悬液。对于酵母菌和霉菌可分别接种于 PDA 琼脂斜面上，25～28℃培养 1～2d，以 5mL 灭菌生理盐水洗下菌苔，制成浓度为 10^9 个/mL 菌悬液。

4.1.2 滤纸片法

（1）加菌悬液 用 1mL 无菌吸管取 0.2mL 菌悬液于相应的灭菌平皿中。

（2）倒平板 将熔化并冷却至 50℃左右的不同琼脂培养基倒入上述平板内约 20mL，迅速与菌液混匀，待凝固，制成含菌平板。

（3）加无菌圆滤纸药片 用无菌镊子将蘸有不同浓度药液的圆滤纸片，以无菌操作放入含菌平板的不同区域培养基表面，并标记药液浓度。

注：事先将圆滤纸片 4 层叠为一组蘸取药液，沥去多余药液，并置于无菌超净工作台内，在自然干燥的同时紫外线杀菌 20～30min。

4.1.3 管碟法

（1）倒平板　将熔化并冷却至 50℃的不同琼脂培养基倒入平板内约 15mL，置水平位置凝固后即为底层培养基；再取 0.3～0.4mL 菌悬液迅速与 10mL 相同琼脂培养基（50℃左右）混匀，注入底层培养基上均匀分布，置水平位置凝固。注意：控制菌悬液浓度为 10^9 个/mL，以免其影响抑菌圈的大小。一般情况下，100mL 培养基中加入菌悬液 0.3～0.4mL 较好。

（2）加牛津杯和药液　在每个双层平皿中以无菌镊子等距离均匀放置 6 个牛津杯，并标记药液浓度，加入不同浓度的药液 0.2mL，每一浓度做 3 个平行样。注意：每加一次稀释药液应更换 1 支吸管，加样量与杯口水平，勿外溢。

4.1.4 培养

细菌用葡萄糖蛋白胨琼脂平板，正立于 37℃温箱中培养 16～18h；乳酸菌用乳清琼脂平板于 37℃培养 1～2d；真菌用 PDA 琼脂平板于 25～28℃培养 1～2d。培养后，以游标卡尺精密测量抑菌圈直径（mm），列表记录结果，并求出每种浓度的药液抑菌圈的平均值。根据其直径的大小，可初步测试防腐剂的抑菌效能。注意：管碟法要求平皿底部非常平整，为特制的平皿。培养前，应先将陶瓦圆盖盖于平皿之上，再放入温箱培养。

4.2　食品防腐剂耐高温实验

4.2.1 菌悬液的制备与倒平板

操作方法同 4.1 中的 4.1.1、4.1.2（1）、4.1.2（2）、4.1.3（1）步骤。

4.2.2 抑菌效果测定

选用一定浓度经热处理的药液测试，同时以未加热处理的药液作对照。操作方法同 4.1 中的 4.1.2（3）、4.1.3（2）步骤。

4.3　pH 对防腐剂抑菌效果的影响

4.3.1 制备敏感菌株菌悬液

取微球菌斜面培养物试管 1 支，用灭菌生理盐水洗下菌苔，使其菌数在 10^4 个/mL。

4.3.2 接种

取盛有 9mL pH 分别为 4、5、6、7 的胰化大豆肉汤培养基试管各 1 支，分别加入 10^4 个/mL 微球菌的菌悬液 1mL，另取上述不同 pH 培养基，于试管中分别加入 1mL 菌悬液和 1mL 一定浓度的药液；再取上述一组培养基试管做空白对照。

4.3.3 培养

将上述三组试管于 37℃培养，并在第 0、3、6、9 天做平板活菌计数，记录结果。

5　实验结果

5.1　列出不同浓度的一种食品防腐剂对不同菌株的抑菌结果表，根据实验结果分析不同防腐剂对各种微生物最佳抑菌的浓度范围，并对抑菌效果进行讨论。

5.2　列出不同热处理后的一定浓度防腐剂对敏感菌株的抑制结果表，分析不同防腐剂对热是否稳定。

5.3　列出不同 pH 条件下的一定浓度防腐剂对敏感菌株的抑制结果表，并分析确定各种防腐剂抑菌较适宜的 pH 范围。

6 思考题

6.1 采用滤纸片法和管碟法操作时应分别注意哪些问题？

6.2 请分析比较滤纸片法和管碟法操作的不同之处。

6.3 用管碟法测定时，为什么不用玻璃皿盖而用陶瓦盖？

八、微生物对含碳化合物的分解和利用

实验 37　唯一碳源实验

1 实验目的

（1）掌握唯一碳源实验的基本原理及其检测方法。

（2）了解细菌对单一来源的碳源利用情况。

2 实验原理

自然界含碳化合物种类繁多，细菌能否利用某些含碳化合物作为唯一碳源可作为分类鉴定的特征。在基础培养基中添加一种有机碳源，接种后观察细菌能否生长，就可以判断该细菌是否以此碳源进行生长。

3 实验材料

3.1 菌种

大肠杆菌（*Escherichia coli*）、枯草芽孢杆菌（*Bacillus subtilis*）。

3.2 试剂及器材

基础培养基、待测底物（包括糖类、醇类、脂肪酸类、双羧酸类、有机酸类和氨基酸类等）、接种环。

注：一般底物要求过滤除菌，糖醇类浓度为 0.5%～1%，其他为 0.1%～0.2%。

4 实验步骤

4.1 菌悬液的制备

为了使接种量均一，可将待测菌先制成菌悬液，方法是取少量菌苔放入无菌水中，充分混匀即可。

4.2 接种

以菌悬液接种，接种量 0.2 mL，连续移种三代。

4.3 培养

根据测试微生物种类不同，提供合适的培养条件，细菌一般培养 48 h，培养后观察是否生长，生长者为阳性。

5 实验结果

5.1 记录大肠杆菌与枯草芽孢杆菌在不同碳源上的生长情况。

5.2 总结实验中出现的问题并讨论。

6 思考题

维生素是否可以作为微生物生长的唯一碳源？

实验 38 糖、醇、糖苷类碳源的分解实验

1 实验目的

（1）掌握糖、醇、糖苷类碳源分解实验的基本原理及检测方法。

（2）理解不同的微生物具有利用不同碳源的酶系能力。

2 实验原理

不同种类的微生物含有利用不同糖、醇、糖苷类物质的酶，对各种糖、醇、糖苷类物质的代谢方式不相同，因此即使同样能分解某种糖、醇、糖苷类物质，其代谢产物也因菌种不同而异。细菌在分解糖或醇（如葡萄糖、乳糖、甘露醇、甘油）的能力上有很大的差异。发酵后产生各种有机酸（如乳酸、乙酸、甲酸、琥珀酸）及各种气体（H_2、CO_2、CH_4）。酸的产生可以利用指示剂来指示。在配制培养基时可预先加入溴甲酚紫［pH 5（黄）～pH 7（紫）］。当细菌发酵产酸时，可使培养基由紫色变为黄色。气体的产生则可由糖发酵管中倒立的杜氏小管中气泡的有无来证明。

3 实验材料

3.1 菌种

大肠杆菌（*Escherichia coli*）、产气肠杆菌（*Enterobacter aerogenes*）。

3.2 试剂及器材

休和利夫森二氏培养基、芽孢菌培养基、乳酸菌培养基、接种环、平皿、培养箱、试管、超净工作台、高压灭菌锅。

注：休和利夫森二氏培养基要求分装试管，装量 4～5 cm 高，每管倒立杜氏小管一支，115℃灭菌 20min。

4 实验步骤

4.1 按无菌操作将待鉴定的纯培养菌株以 1％接种量接入糖发酵培养基中，在 30～37℃培养箱内培养数小时到两周。保留一支不接种的培养基作对照。

4.2 测定 OD_{600}，确定菌株对糖、醇的利用情况（以未接种的培养基作为对照，分别测定加底物与不加底物的培养管）。

4.3 培养 1 d、3 d、5 d 后观察，如指示剂变黄，表示产酸，为阳性；不变或变蓝

（紫）则为阴性。倒立的杜氏小管如有气泡，上浮，表示代谢产气。

5 实验结果

记录实验结果，产酸又产气的用"⊙"表示，只产酸的用"＋"表示，不产酸不产气的用"－"表示。

6 思考题

糖、醇、糖苷类发酵试验中是否会出现假阳性？分析其可能的原因。

实验 39 淀粉水解实验

1 实验目的

（1）掌握淀粉水解实验基本原理及检测方法。
（2）熟悉微生物点种接种法。
（3）了解细菌是否具有产生淀粉酶并利用淀粉的能力。

2 实验原理

有些细菌可以产生分解淀粉的酶，即胞外淀粉酶（α-amylase），产生淀粉酶的细菌能将培养基中的淀粉水解为麦芽糖、葡萄糖和糊精等小分子化合物，再被细菌吸收利用。淀粉遇碘液会产生蓝紫色，而随着降解产物的分子量的下降，颜色会变成棕红色直至无色，因此淀粉平板上的菌落周围若出现无色透明圈，则表明细菌产生淀粉酶。

3 实验材料

3.1 菌种

大肠埃希菌（*Escherichia coli*）、枯草芽孢杆菌（*Bacillus subtilis*）、链球菌（*Streptomyces*）。

3.2 试剂及器材

细菌淀粉培养基、链霉菌淀粉水解培养基、卢戈碘液、高压灭菌锅、恒温培养箱、平皿、接种针、酒精灯等。

4 实验步骤

4.1 配制淀粉琼脂培养基，灭菌后，倒入无菌平皿中，待凝固后制成无菌平板备用。

4.2 以无菌操作按点种法将大肠埃希菌、枯草芽孢杆菌、链霉菌分别接入淀粉培养基中，可以每个平板接一种菌，也可以一个平板分区接两种不同的菌。

4.3 将已接细菌的各平板置 37℃ 恒温培养箱培养 24 h，链霉菌平板生长繁殖速度缓慢，置 28℃ 恒温箱培养 3～5 d。

4.4 取出培养后的平皿，打开平皿盖，滴加少量碘液于平板上，轻轻转动使碘液均匀铺满整个平板，观察现象。

5 实验结果

记录实验结果，加入碘液后，菌落周围出现无色透明圈，则说明此菌可产生淀粉酶，为阳性，反之为阴性。

6 思考题

淀粉水解实验的基本生化原理是什么？

实验 40　纤维素水解实验

1 实验目的

（1）掌握纤维素水解实验的基本原理及检测方法。
（2）了解不同菌种对纤维素的水解能力不同。

2 实验原理

纤维素是自然界存在数量最多的有机物，每年都有大量的纤维素类物质进入土壤中。纤维素的分解是自然界碳素循环的重要过程。有些细菌具有分解纤维素的能力，可以分泌纤维素酶，使纤维素水解。测定细菌对纤维素的水解常采用纤维滤纸，通过液体培养或固体培养进行实验。在液体培养基中的滤纸条被分解后发生断裂或失去原有物理性状；在固体培养基上，细菌降解滤纸可以形成水解斑，从而可以判断细菌是否分解纤维素。

3 实验材料

3.1 菌种

大肠杆菌（*Escherichia coli*）、枯草杆菌（*Bacillus subtilis*）。

3.2 试剂及器材

无机盐基础培养基、羧甲基纤维素钠（CMC）、滤纸、培养箱、试管、接种环、培养皿、高压灭菌锅。

4 实验步骤

4.1 液体培养法

4.1.1　将无机盐基础培养基分装试管，在培养基中浸泡一条 5～7cm 优质滤纸，如新华一号滤纸，或者在无机盐基础培养基中加 1％CMC。

4.1.2　接种后，放入 35～37℃条件下培养 10～15 d。

4.1.3　取出试管观察培养液中滤纸有无分解而透空的地方，如有空洞或滤纸边缘有破碎现象，表示纤维素分解细菌已大量繁殖，否则继续培养。对于含有羧甲基纤维素钠的培养基则观察颗粒物质有无减少。

4.2 固体培养基

4.2.1　无机盐基础培养基加 0.4％CMC 倒制平板。

4.2.2 接种或点种培养，应设置不接种的空白对照。

4.2.3 放入 35～37℃条件下培养 10～15 d。

4.2.4 取出平皿，用 0.1‰ 刚果红试剂平铺检测，若菌落周围出现透明圈则为阳性。

5 实验结果

记录实验结果。

6 思考题

查阅有关资料，设计一个从沼气发酵料（牛粪）中分离厌氧纤维素分解菌的实验方案。

实验 41 果胶分解实验

1 实验目的

（1）掌握果胶分解实验的基本原理及检测方法。
（2）了解不同菌种对果胶的分解能力不同。

2 实验原理

很多植物材料中含有果胶类物质，有些细菌可以产生果胶酶分解果胶。果胶可以使液体培养基胨化，一旦果胶被分解，胨状培养基被液化，培养基表面会出现下凹，可以指示测试菌是否产生果胶酶水解果胶。

3 实验材料

3.1 菌种

胡萝卜欧文氏菌（*Erwinia carotovora*）、枯草芽孢杆菌（*Bacillus subtilis*）。

3.2 试剂及器材

果胶水解培养基、无菌平皿、接种环、酒精灯。

4 实验步骤

4.1 将培养基配好，0.1 MPa 灭菌 5min 倒平板。

4.2 接种：每个平板点种 2 个（或多个）菌株。

4.3 培养：28℃倒置培养 2～4 d。

4.4 结果观察：在菌落周围的培养基有下凹者为阳性，不下凹者为阴性。

注意：为了湿润果胶酸盐应充分搅拌，在沸水中加热，尽可能溶解各成分。每个三角瓶分装 100 mL，121℃高压灭菌不超过 5min。

5 实验结果

记录实验结果。

6 思考题

可否从土壤中分离筛选出能够分泌果胶分解酶的细菌？

实验 42 油脂水解实验

1 实验目的

（1）了解脂肪分解实验的原理及应用。

（2）学习脂肪分解实验的操作技术。

2 实验原理

细菌产生的脂肪酶能分解脂肪生成甘油及脂肪酸。脂肪酸可以使培养基 pH 下降，可通过在油脂培养基中加入中性红作指示剂进行测试。中性红指示范围 pH 6.8（红）～8.0（黄）。当细菌分解脂肪产生脂肪酸时，则菌落周围培养基中出现红色斑点。

3 实验材料

3.1 菌种

金黄色葡萄球菌（*Staphylococcus aureus*）、枯草芽孢杆菌（*Bacillus subtilis*）。

3.2 试剂及器材

油脂培养基、平皿、接种环、酒精灯。

4 实验步骤

4.1 将装有油脂的培养基的三角瓶置于水浴中熔化，取出后充分振荡，再倒入无菌平皿中。

4.2 划线接种同一平皿的两边（其中一种是金黄色葡萄球菌作为对照菌）。置于 37℃ 恒温培养箱中培养 24h，取出后观察平板长菌的地方，如出现红色斑点，即说明脂肪被水解了，为阳性反应，反之为阴性。

5 实验结果

观察记录结果。

6 注意事项

6.1 该实验需在无菌条件下操作。

6.2 实验进行时需做平行实验。

7 思考题

在酸性或碱性条件下，油脂水解产物有何不同？

实验 43 甲基红（M. R.）实验

1 实验目的

（1）掌握甲基红实验的基本原理及其检测方法。

（2）了解不同细菌分解葡萄糖产酸的能力。

2 实验原理

某些细菌如大肠杆菌科各菌属在糖代谢过程中能分解葡萄糖产生丙酮酸，而在丙酮酸的进一步分解中，由于糖代谢的途径不同，可产生乳酸、琥珀酸、乙酸和甲酸等大量酸性产物，使培养基 pH 值下降至 4.5 以下，加入甲基红指示剂呈红色。因为甲基红的变色范围为 pH 4.4（红色）～pH 6.2（黄色），所以如果细菌分解葡萄糖产酸量少，或产生的酸进一步转化为其他物质（如醇、醛、酮、气体和水），培养基 pH 在 6.2 以上，加入甲基红指示剂呈橘黄色。

3 实验材料

3.1 菌种

大肠杆菌（*Escherichia coli*）、产气肠杆菌（*Enterobacter aerogenes*）。

3.2 试剂及器材

葡萄糖蛋白胨水培养基、甲基红 0.02 g、95％乙醇 60 mL、蒸馏水 40 mL、恒温培养箱、试管、滴管、接种环、酒精灯。

4 实验步骤

4.1 挑取新鲜菌液以 1％接种量接种于葡萄糖蛋白胨水溶液，30～37℃培养 24～48h。

4.2 取培养液 1mL，加甲基红指示剂 1～2 滴。

4.3 立即观察结果：阳性呈鲜红色；弱阳性呈淡红色；阴性为橘黄色。

4.4 至发现阳性或至第 5 天仍为阴性，即可结束实验。

5 实验结果

记录实验结果。

6 思考题

6.1 此实验为什么用甲基红作指示剂？

6.2 用一般酸碱指示剂如溴麝香草酚蓝可以吗？为什么？

实验 44 乙酰甲基甲醇实验

1 实验目的

（1）掌握乙酰甲基甲醇（V.P）实验的基本原理及其检测方法。

（2）了解不同细菌分解葡萄糖产生乙酰甲基甲醇的能力。

2 实验原理

本实验检测不同细菌分解葡萄糖产生乙酰甲基甲醇的能力。某些细菌在糖代谢过程中，经糖酵解途径产生丙酮酸，因不同细菌所含酶不同，进一步对丙酮酸的代谢也不同。产气肠杆菌分解葡萄糖产生丙酮酸后，可将两分子丙酮酸脱羧生成一分子的乙酰甲基甲醇，乙酰甲基甲醇在碱性溶液中被空气中的氧气氧化，生成二乙酰，二乙酰和培养液中含胍基的化合物反应，生成红色化合物，称为 V.P 实验阳性。大肠埃希菌分解葡萄糖不生成乙酰甲基甲醇，故 V.P 实验阴性。

3 实验材料

3.1 菌种

大肠杆菌（*Escherichia coli*）、产气肠杆菌（*Enterobacter aerogenes*）肉汤琼脂 18～20h 斜面培养物。

3.2 试剂及器材

葡萄糖蛋白胨水培养基、40%KOH、6%α-萘酚溶液、恒温培养箱、试管、移液管、接种环、酒精灯。

4 实验步骤

4.1 在 2 支装有实验用培养基的试管上标记好实验菌名称，另一管作为对照。

4.2 按照无菌操作，接种于实验菌培养基中。

4.3 37℃培养48h后，取出实验管。加入 0.5mL α-萘酚溶液以及 0.5mL 40% KOH，静置 5min，若管内颜色转为红色为 V.P 实验阳性（＋）。如果所有试管均无红色产生，应稍微加热后，再看实验结果。

5 实验结果

记录实验结果。

6 思考题

6.1 甲基红实验和 V.P 实验的最终产物有何异同？

6.2 为什么会出现不同的最终代谢产物？

实验 45 柠檬酸盐实验

1 实验目的

（1）掌握柠檬酸盐实验的基本原理、检测方法与结果。

（2）了解不同细菌利用柠檬酸盐的能力。

2 实验原理

肠杆菌科各属利用柠檬酸的能力不同，有的菌可利用柠檬酸作为碳源，有的则不能。某些菌分解柠檬酸形成 CO_2，由于培养基中钠离子的存在而形成苯酚钠，使培养基碱性增加，根据培养基中的指示剂变色情况来判断实验结果。指示剂可用 1% 的溴麝香草酚蓝乙醇溶液，变色范围为 pH 6.3（黄）～7.6（蓝）；也可以用酚红水溶液作为指示剂，其变色范围为 pH 6.3（黄）～8.0（红）。

3 实验材料

3.1 菌种

大肠杆菌（*Escherichia coli*）、产气肠杆菌（*Enterobacter aerogenes*）。

3.2 试剂及器材

柠檬酸盐培养基、平皿、接种环、酒精灯。

4 实验步骤

4.1　以无菌操作技术将细菌分别接入柠檬酸盐培养基中（接菌前注意观察未接菌的培养基状况：斜面无菌生长时，颜色为绿色，pH 呈中性。并同时保留一支未接菌的培养基斜面做同步对照实验）。

4.2　将已接菌的各试管和未接菌的对照管置 37℃ 恒温箱培养 24 h 后观察结果。经观察结果，如试管斜面上未有菌生长，培养基颜色仍为绿色，证明该菌不能利用柠檬酸盐，为阴性，反之为阳性。

5 实验结果

记录实验结果。

6 思考题

为什么在鉴定大肠埃希氏菌时要伴随着鉴定产气肠杆菌？

九、微生物对含氮化合物的分解和利用

实验 46　氮源同化实验

1 实验目的

（1）了解氮源同化实验的原理及应用。
（2）学习氮源同化实验的操作技术。

2 实验原理

酵母菌氮源多为蛋白质的低级分解物与铵盐，较易同化的含氮物质为尿素、铵盐及酰胺。其原因是一般酵母含有的蛋白酶不分泌于体外。

3 实验材料

3.1 菌种

酿酒酵母（*Saccharomyces cerevisiae*）、热带假丝酵母（*Candida trpicalis*）。

3.2 试剂及器材

同化氮源基础培养基、酒精灯、恒温培养箱、接种环。

4 实验步骤

将酵母无氮基础培养基熔化，取无菌试管 4 支，每支加入培养基 5 mL，然后向其中两管中加入供试氮源，灭菌，制成斜面。将四支斜面中都接入供试菌（两支没有加氮源的斜面作为对照），置于 28℃ 下恒温培养一周，观察现象。

5 实验结果

记录实验结果。

6 思考题

分别举例常用的有机及无机氮源种类？

实验 47　明胶液化实验

1 实验目的

(1) 掌握明胶液化实验的原理及检测方法。
(2) 了解细菌对明胶分解和利用的情况。

2 实验原理

明胶是一种动物蛋白，为胶原蛋白水解产物。明胶在 25℃ 以下呈固态，25℃ 以上则呈液状。有些细菌分泌胞外蛋白水解酶——明胶酶，能将明胶先水解为多肽，再进一步水解为氨基酸，使其失去原有的凝固能力，从而使半固体的明胶培养基变成流动的液体培养基，即使在 4℃ 放置，也不会凝固。

3 实验材料

3.1 菌种

大肠杆菌（*Escherichia coli*）、产气肠杆菌（*Enterobacter aerogenes*）。

3.2 试剂及器材

明胶水解培养基、试管、接种针。

4 实验步骤

将供试菌种穿刺接种于明胶培养基中，置 25℃ 恒温箱中培养 1～3 周，观察结果。因明胶在低于 20℃ 时凝固，高于 25℃ 时自行液化，若是在高于 20℃ 培养的细菌，应放在冰浴中观察。若明胶被液化，即使在低温下明胶也不会再凝固。

5 实验结果

记录实验结果：如培养基液化，以毫米为单位测量液化层的深度；如不分解，则为实验阴性。

6 思考题

接种后的明胶试管为什么选择 25℃ 培养？也可以在 35℃ 培养，在培养后必须做什么才能证明水解的存在？

实验 48 石蕊牛乳实验

1 实验目的

（1）了解石蕊牛乳实验的原理及应用。

（2）利用石蕊试剂检查微生物在脱脂牛奶中的反应情况。

2 实验原理

细菌对牛奶的利用主要是指对乳糖及酪蛋白的分解利用。牛乳中常加入石蕊作为酸碱指示剂和氧化还原指示剂。石蕊在中性时呈淡紫色，酸性时呈粉红色，碱性时呈蓝色，还原时则自上而下地褪色变白。

（1）酸凝固作用：细菌发酵乳糖后，产生许多酸，使石蕊牛乳变红，当酸度很高时，可使牛乳凝固，此称为酸凝固。

（2）凝乳酶凝固作用：某些细菌能分泌凝乳酶，使牛乳中的酪蛋白凝固，这种凝固在中性环境中发生。通常这种细菌还具有水解蛋白质的能力，因而产生一些碱性物质，使石蕊变蓝。

（3）胨化作用：酪蛋白被水解，使牛乳变成清亮透明的液体。胨化作用可以在酸性条件下或碱性条件下进行，一般石蕊色素被还原褪色。

3 实验材料

3.1 菌种

大肠杆菌（*Escherichia coli*）、黏乳产碱杆菌（*Alcaligenes viscolactis*）、铜绿假单胞菌（*Pseudomonas aeruginosa*）。

3.2 试剂及器材

石蕊牛乳培养基、试管、三角瓶、移液管、接种环、培养皿、超净台、高压灭菌锅。

4 实验步骤

4.1 配制石蕊培养基灭菌后备用。

4.2 标记 3 种细菌培养物。

4.3 分别接种于石蕊牛乳培养基，放置培养。

4.4 培养 48h 及 5d 后记录反应情况。

5 实验结果

记录实验结果。

6 思考题

石蕊牛乳实验的基本生化原理是什么？

实验 49　尿素实验

1 实验目的

（1）了解尿素分解实验的原理及应用。
（2）学习尿素分解实验的操作技术。

2 实验原理

某些细菌能使氨基酸等含氮有机化合物在一定条件下脱去氨基，生成氨和各种有机酸。氨的产生可以用纳氏试剂进行测定。氨与纳氏试剂反应产生棕红色化合物。另外氨溶解于培养基，可使培养基 pH 上升，呈碱性。

3 实验材料

3.1　菌种

大肠杆菌（*Escherichia coli*）、产气肠杆菌（*Enterobacter aerogenes*）。

3.2　试剂及器材

蛋白胨氨化培养基、纳氏试剂、酒精棉球、酒精灯、接种针、恒温箱。

4 实验步骤

将菌种接于蛋白胨氨化培养基中，置于 37℃培养箱内培养，每天观察情况。

5 实验结果

记录实验结果。

6 思考题

为什么尿素实验可用于鉴定变性杆菌属细菌？

实验 50　产硫化氢实验

1 实验目的

（1）掌握产硫化氢实验的实验原理。
（2）熟悉细菌分解利用氨源并释放出硫化氢的检测方法。

2 实验原理

有些细菌能分解培养基中的含硫氨基酸或含硫化合物，如半胱氨酸与硫代硫酸盐等，从而产生硫化氢气体。而硫化氢遇铅离子或亚铁离子，则形成硫化铅或硫化铁黑色沉淀物。

3 实验材料

3.1 菌种

大肠杆菌（*Escherichia coli*）、普通变形杆菌（*Proteus vulgaris*）。

3.2 试剂及器材

硫化氢实验培养基 Ⅰ、硫化氢实验培养基 Ⅱ。

4 实验步骤

4.1 纸条法

用新鲜的培养基斜面培养物接种硫化氢实验培养基 Ⅰ，接种后用无菌镊子夹取一条醋酸铅纸条用棉塞塞紧，使其悬挂于试管中，下端接近培养基表面，但不得接触液面，保留一支未接菌的培养基试管作为对照同步培养，37℃培养 24h。接种后 3d、7d、14d 分别观察培养物的生长情况及纸条颜色的变化。

4.2 穿刺接种法

取硫化氢实验培养基 Ⅱ，分别穿刺接种大肠杆菌和普通变形杆菌，保留一支未接菌的培养基试管作为对照同步培养，37℃培养 24h。观察培养基试管中菌种的生长情况及颜色变化，并与未接菌的对照管相比较。

5 实验结果

记录实验结果。

6 思考题

纸条法与穿刺接种法的阳性反应现象是什么？并说明反应原理。

实验 51　吲哚实验

1 实验目的

（1）掌握吲哚实验的基本原理及其检测方法。
（2）了解不同细菌利用氮源的能力。

2 实验原理

吲哚实验也称靛基质实验，某些细菌具有色氨酸酶，能分解蛋白胨中色氨酸，生成吲哚、丙酮酸与氨。吲哚的存在可用显色反应表现出来，即吲哚与对二甲基氨基苯甲醛结合，形成玫瑰吲哚化合物而呈红色。有些细菌产生吲哚量较少，需要用乙醚或甲基苯萃取后才能和试剂起反应，颜色明显。

3 实验材料

3.1 菌种

大肠杆菌（*E. coli*）、产气肠杆菌（*Enterobacter aerogenes*）。

3.2 试剂及器材

蛋白胨培养基、恒温培养箱、试管、滴管、接种环、酒精灯等。

4 实验步骤

4.1 将大肠杆菌、产气肠杆菌分别接种于蛋白胨培养基。

4.2 将接种后的试管放 37℃恒温培养箱内恒温培养 24 h。

4.3 在培养液中加入乙醚约 1 mL（使呈明显乙醚层），充分振荡使吲哚溶于乙醚，静置片刻，待乙醚层浮于培养基上面时，沿管壁慢慢加入吲哚试剂 10 滴。如吲哚存在，乙醚层呈现玫瑰红色。

注意：加入试剂后，不许摇动，否则红色不明显。

5 实验结果

记录实验结果。

6 思考题

吲哚实验的基本原理是什么？

实验 52 过氧化氢酶实验

1 实验目的

(1) 了解过氧化氢酶实验的用途与原理。

(2) 学习过氧化氢酶实验的操作技术。

2 实验原理

许多好氧和兼性厌氧细菌都具有分解过氧化氢的活性，当它们遇到大量过氧化氢溶液时，可以产生大量氧气，形成气泡。厌氧菌不具有过氧化氢酶活性。

3 实验材料

3.1 菌种

大肠杆菌（*Escherichia coil*）、产气肠杆菌（*Enterobacter aerogenes*）。

3.2 试剂及器材

牛肉膏蛋白胨斜面、5%过氧化氢、酒精棉球、酒精灯、洁净小试管、接种环等。

4 实验步骤

4.1 将菌种接种于斜面培养基，28℃培养 24 h。

4.2 用接种环取一小环涂抹于已滴有 5%过氧化氢的玻片上，如有气泡产生则为阳性，无气泡则为阴性。

5 实验结果

记录实验结果。

6 思考题

为什么厌氧菌在有氧条件下不能生存？

十、微生物基因突变及基因转移

实验 53 微生物的诱发突变

1 实验目的

(1) 通过实验观察紫外线和亚硝基胍等理化因素对枯草芽孢杆菌的诱变效应，掌握基本诱变方法。

(2) 学习和掌握体外诱变的基本原理。

2 实验原理

紫外线（UV）是一种最常用的物理诱变因素，它的主要作用是使 DNA 双链之间或同一条链上两个相邻的胸腺嘧啶形成二聚体，阻碍双链的分开、复制和碱基的正常配对，从而引起突变。紫外线照射引起的 DNA 损伤，可由光复活酶的作用进行修复，使胸腺嘧啶二聚体解开恢复原状。因此，为了避免光复活作用，用紫外线照射处理时以及处理后的操作应在红光下进行，并且将照射处理后的微生物放在暗处培养。

亚硝基胍（NTG，N-甲基-N'-硝基-N-亚硝基胍）是一种有效的化学诱变剂，在低致死率的情况下也有很强的诱变作用，故有超诱变剂之称。它的主要作用是引起 DNA 链中 GC→AT 的转换。亚硝基胍也是一种致癌因子，在操作中要特别小心，切勿与皮肤直接接触。凡沾有亚硝基胍的器皿，都要用 1 mol/L 的 NaOH 溶液浸泡，使残余的亚硝基胍分解破坏。

3 实验材料

3.1 菌株

枯草芽孢杆菌（*Bacillus subtilis*）。

3.2 试剂及器材

淀粉培养基、LB 液体培养基、无菌生理盐水、碘液、亚硝基胍、振荡混合器、显微镜、紫外灯（15 W）、磁力搅拌器、玻璃涂棒、血细胞计数板。

4 实验步骤

4.1 紫外线诱变法

4.1.1 菌悬液的制备

（1）取培养48h生长丰满的枯草芽孢杆菌斜面4～5支。用10mL左右的无菌生理盐水将菌苔洗下，倒入一支无菌大试管中，将试管在振荡混合器上振荡30s，以打散菌块。

（2）将上述菌液离心（3000r/min，10min），弃去上清液，用无菌生理盐水将菌体洗涤2～3次，制成菌悬液。

（3）用显微镜直接计数法计数，调整细胞浓度为10^3个/mL。

4.1.2 平板制作

将淀粉琼脂培养基熔化，倒平板27套，凝固后待用。

4.1.3 紫外线处理

（1）将紫外灯开关打开预热约20min。

（2）取直径6cm无菌平皿2套，分别加入上述调整好细胞浓度的菌悬液3mL，并放入一根无菌搅拌棒或大头针。

（3）将上述2套平皿先后置于磁力搅拌器上，打开板盖，在距离为30cm、功率为15W的紫外灯下分别搅拌照射1min和3min。盖上皿盖，关闭紫外灯。

照射计时从开盖起，加盖止。先开磁力搅拌器开关，再开盖照射，使菌悬液中的细菌接受照射均等。操作者应戴上玻璃眼镜，以防紫外线伤眼睛。

4.1.4 稀释

用10倍稀释法把经过照射的菌悬液在无菌水中稀释成10^{-1}～10^{-6}。

4.1.5 涂平板

取10^{-4}、10^{-5}和10^{-6}三个稀释度涂平板，每个稀释度涂3套平板，每套平板加稀释菌液0.1mL，用无菌玻璃涂棒均匀地涂满整个平板表面。以同样的操作，取未经紫外线处理的菌液稀释涂平板作为对照。

从紫外线照射处理，直到涂布完平板的几个操作步骤都需在红光下进行。

4.1.6 培养

将上述涂匀的平板，用黑色的布或纸包好，置37℃培养48h。注意每个平板背面要事先标明处理时间和稀释度。

4.1.7 计数

将培养好的平板取出进行细菌计数。根据对照平板上CFU，计算出每毫升菌液中的CFU。同样计算出紫外线处理1min和3min后的CFU及致死率。

$$存活率 = \frac{处理后每毫升CFU}{对照每毫升CFU} \times 100\%$$

$$致死率 = \frac{对照每毫升CFU - 处理后每毫升CFU}{对照每毫升CFU} \times 100\%$$

4.1.8 观察诱变效应

选取CFU在5～6个的处理后涂布的平板观察诱变效应：分别向平板内加碘液数滴，在菌落周围将出现透明圈。分别测量透明圈直径与菌落直径并计算其比值（HC比值）。与对照平板相比较，观察诱变效应，并选取HC比值大的菌落移接到试管斜面上培养。此斜面可作复筛用。

4.2 亚硝基胍诱变法

4.2.1 菌悬液制备

（1）将试验菌斜面菌种挑取一环接种到含5mL淀粉培养液的试管中，置37℃振荡培养过夜。

（2）取 0.25mL 过夜培养液至另一支含 5mL 淀粉培养液的试管中，置 37℃振荡培养 6～7h。

4.2.2　平板制作

将淀粉琼脂培养基熔化，倒平板 10 套，凝固后待用。

4.2.3　涂平板

取 0.2mL 上述菌液放到一套淀粉培养基平板上，用无菌玻璃涂棒将菌液均匀地涂满整个平板表面。

4.2.4　诱变

（1）在上述平板稍靠边的一个位点上放少许亚硝基胍结晶，然后将平板倒置于 37℃恒温箱中培养 24h。

（2）放亚硝基胍的位置周围将出现抑菌圈（图 53-1）。

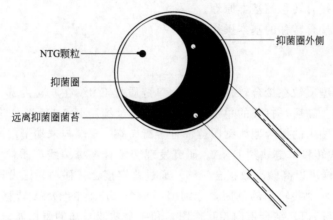

NTG颗粒
抑菌圈外侧
抑菌圈
远离抑菌圈菌苔

图 53-1　亚硝基胍平板诱变

4.2.5　增殖培养

（1）挑取紧靠抑菌圈外侧的少许菌苔到盛有 20mL LB 液体培养基的三角瓶中，摇匀，制成处理后菌悬液；同时挑取远离抑菌圈的少许菌苔到另一盛有 20mL LB 液体培养基的三角瓶中，摇匀，制成对照菌悬液。

（2）将上述 2 只三角瓶置于 37℃振荡培养过夜。

4.2.6　涂布平板

分别取上述两种培养过夜的菌悬液 0.1mL 涂布淀粉培养基平板。处理后悬液涂布 6 套平板，对照菌悬液涂布 3 套平板。涂布后的平板，置 37℃恒温箱中培养 48h。实际操作中可根据两种菌液的浓度适当地用无菌生理盐水稀释。注意每套平板背面做好标记，以区别经处理的和对照。

4.2.7　观察诱变效应

分别向 CFU 在 5～6 个的处理后涂布的平板内加碘液数滴，在菌落周围将出现透明圈。分别测量透明圈直径与菌落直径并计算其比值（HC 比值）。与对照平板相比较，观察诱变效应，并选取 HC 比值大的菌落移接到试管斜面上培养。此斜面可作复筛用。

凡沾有亚硝基胍的器皿，都要置于通风处用 1mol/L NaOH 溶液浸泡，使残余的亚硝基胍分解破坏，然后清洗。

5　实验结果

5.1　比较紫外线和亚硝基胍的诱变效率。

5.2 挑选淀粉水解圈明显增大的突变子。

6 思考题

6.1 紫外线和亚硝基胍诱变的基本原理是什么？

6.2 常见的其他诱变方法有哪些？

实验 54　细菌的接合作用

1 实验目的

（1）学习细菌接合转移的基本原理。

（2）掌握细菌接合转移的基本操作。

2 实验原理

通常细菌间环型质粒在接合转移过程中，单链质粒 DNA 在质粒内部"oriT"接合转移起始位点发生缺刻。随后，打开的单链质粒 DNA 通过细胞膜 N1V 型分泌系统转移到受体菌中。但是，链霉菌中的接合型线型质粒带有游离 3′端，5′端与末端蛋白质结合，因而不能以细胞-细胞间方式转移单链缺刻 DNA。研究发现变铅青链霉菌线型质粒 SLP2 衍生的环型质粒，与 SLP2 一样可以高频高效接合转移。通过鉴定接合转移功能区发现，质粒有效的接合转移功能区包含 6 个共转录的基因，分别编码一个 Tra 样的 DNA 转移酶、胞壁水解酶、2 个膜蛋白（可以与 ATP 结合蛋白相互作用）和一个功能未知的蛋白质。从 SalIR⁻/M⁻向 SalIR/M 宿主转移的质粒频率下降表明，线型和环型的质粒都是以双链的形式转移的。上述研究结果表明 SLP2 衍生的线型质粒和环型质粒以相似的与细胞膜/细胞壁功能相关的机理进行接合转移。

在自然条件下，很多质粒都可通过细菌接合作用转移到新的宿主内，但在人工构建的质粒载体中，一般缺乏此种转移所必需的 *mob* 基因，因此不能自行完成从一个细胞到另一个细胞的接合转移。如需将质粒载体转移进受体细菌，需诱导受体细菌产生一种短暂的感受态以摄取外源 DNA。

本实验采用的供体菌是大肠杆菌野生型 Hfr 菌株，对链霉素呈敏感性，受体菌为大肠杆菌营养缺陷型突变体（Thr⁻Leu⁻Thi⁻），需要苏氨酸、亮氨酸和硫胺素，对链霉素呈抗性。短期接合配对以后，在含有链霉素和硫胺素的基本培养基上只能分离到苏氨酸和亮氨酸的重组子（Thr⁺Leu⁺Thi⁻），硫胺素标记位于转移染色体的末端，在短期配对过程中因配对中断难以转移到受体细胞，因此硫胺素是 Thr⁺Leu⁺Thi⁻重组子的必需生长因子。

3 实验材料

3.1 菌种

大肠杆菌（*Escherichia coli*）。

3.2 试剂及器材

LB 液体培养基、链霉素硫胺素基本固体培养基平板、无菌试管、1 mL 无菌吸管、盛有 70％乙醇的烧杯、玻璃涂棒、振荡混合器。

4 实验步骤

4.1 分别将供体菌和受体菌接种在 2 支盛有 5mL LB 液的试管中。37℃振荡培养 12h。

4.2 分别用不同的 1mL 无菌吸管吸取 0.3mL 供体菌培养液和 1mL 受体菌培养液至同一无菌试管中。

受体菌是过量的，这样可以保证每一个供体菌有相同的机会和受体菌接合。

4.3 用两只手掌轻轻搓转试管，使试管内供、受体菌混匀。

动作要轻柔，使供体菌和受体菌充分接触，同时避免刚接触的配对又被分开。

4.4 将供、受体菌混合培养物置 37℃保温 30min。

4.5 倒 3 个链霉素硫胺素基本固体培养基平板，冷凝后，用记号笔分别做好标记，2 个平板分别用于供体菌和受体菌作为对照，第 3 个平板用于供、受体菌混合培养物。

4.6 吸取 0.1mL 供体菌放到一个做好标记的对照平板上，用无菌的玻璃涂棒将平板上的供体菌液涂布到整个平板表面，同样吸取 0.1mL 受体菌涂布到另一个做好标记的对照平板上。

4.7 供、受体菌混合培养物保温 30min 后，将这支试管剧烈振荡。动作要剧烈，可用振荡混合器振荡几秒，使供体菌和受体菌之间的性菌毛断开，从而中止基因的转移。

4.8 吸取 0.1 mL 混合培养物，如上述方法涂布到做好标记的平板上。

4.9 将所有的平板倒置于 37℃ 培养 48 h。

5 实验结果

观察平板，将结果记录于表 54-1，"＋"表示生长，"－"表示不生长。

表 54-1 细菌的结合作用

	供体菌	受体菌	混合培养物
生长情况			

进行平板菌落计数，计算接合转移的效率。

6 思考题

6.1 接合转移必须要通过性菌毛进行吗？性菌毛的作用是什么？

6.2 细菌间基因转移的其他方式有哪些？

实验 55　Ames 致突变和致癌试验

1 实验目的

（1）了解 Ames 致突变和致癌试验的基本原理。

（2）掌握通过 Ames 试验评估污染物的致突变和致癌性能的方法。

2 实验原理

本试验所用鼠伤寒沙门氏菌（*Salmonella typhimurium*）为突变株，其不能合成组氨酸，必须由外界提供，这种菌株被称为营养缺陷型或突变型（his⁻）。其原始菌株体内的组氨酸是通过自身一系列酶催化反应合成的，这种能自身合成所需营养成分的菌株叫作野生型菌株（his⁺）。当诱变剂作用于菌株后，在菌株遗传物质的特定位点发生基因的回复突变，成为野生型（his⁺），故在缺乏组氨酸的培养基上，只存在少数自发回复突变菌落生长，而能诱发细菌回复突变的致突变物可使细菌生长增多，从而可判断被测药物是否具有致突变性。

3 实验材料

3.1 菌种

鼠伤寒沙门氏菌 TA97、TA98、TA100、TA102。

3.2 试剂及器材

3.2.1 试剂和培养基

（1）Vogel-Bonner 液 10×（VB 液 10 倍浓缩），用于配制底层基本培养基。

配制方法：硫酸镁（$MgSO_4 \cdot 7H_2O$）1g，柠檬酸（$C_6H_8O_7 \cdot H_2O$）10g，磷酸氢二钾（$K_2HPO_4 \cdot 3H_2O$）65.5g，磷酸氢铵钠（$NaNH_4HPO_4 \cdot 4H_2O$）17.5g。将上述成分依次用蒸馏水溶解、混匀，然后加蒸馏水至 500mL，置 4℃ 冰箱保存。

（2）底层基本培养基 取 VB 液（10 倍）100mL，加入蒸馏水 800mL，用 1mol/L NaOH 调 pH 至 7.0，然后加入琼脂 12～15g，经 121℃ 20min 高压灭菌。待冷至 80℃ 左右时，加入 100mL 已经 112℃ 20min 高压灭菌的 20% 葡萄糖液，混匀后浇制平板。

（3）上层培养基 D-生物素 12.4mg，L-盐酸组氨酸 9.5mg，NaCl 5g，琼脂 6g，上述成分依次加热溶解，混合，然后加蒸馏水至 1000mL。分装后经 121℃ 15min 高压灭菌备用。

3.2.2 实验器材

恒温培养箱、干燥箱、高压消毒锅、水溶锅、紫外灯（15W）、药物天平、分析天平、酒精灯、滤纸片、平皿、试管、烧杯、吸管。

4 实验步骤

4.1 药物的剂量选择

对于易溶解的药物，实验最高剂量可采用抑菌浓度下的最大剂量，或以最大溶解度为最高剂量和 5mg/皿 为最高剂量，下设 5 个剂量（即 500μg/皿、50μg/皿、5μg/皿、0.5μg/皿、0.1μg/皿）。溶剂：药物是水溶性，可用灭菌蒸馏水，如非水溶性可选二甲亚砜为溶剂。

4.2 平板掺入法

每皿加底层基本培养基 20～25mL，待凝固。取熔化并保温于 45℃ 的上层培养基，分装于 5mL 试管中，每支试管 2mL，依次加入新鲜菌液 0.1mL、药物 0.1mL，需加 S9 时则加入 S9 混合液 0.3mL，混匀，迅速倒在底层基本培养基上，使之分布均匀。待上层琼脂凝固后，翻转平板置 37℃ 培养 48h 后，观察结果。

5 实验结果

首先，观察各实验组和阴性对照的背景菌苔的生长情况。在肯定背景菌苔与阴性对照相差不多后，再比较各剂量组的回复突变菌落数。若回复突变落数的出现有剂量反应关系，回复突变菌落数大于自发对照的 2 倍或以上，结果具有重现性，并有统计学意义的增加，可判断为阳性，反之为阴性（表 55-1）。

表 55-1　Ames 试验记录

诱变剂	剂量/μg	S9	TA97	TA98	TA100	TA102
柔毛霉素	6	—	124	3123	47	592
叠氮化钠	1.5	—	76	3	3000	188
ICR-191	1	—	1640	63	185	0
链霉黑素	0.25	—	inh	inh	inh	2230
丝裂霉素 C	0.5	—	inh	inh	inh	2772
2,4,7-三硝基-9-芴酮	0.2	—	8377	8244	400	16
4-硝基-O-次苯二胺	20	—	2160	1599	798	0
4-硝基喹啉-N-氧化物	0.5	—	528	292	4220	287
甲基磺酸甲酯	1	—	174	23	2730	6586
2-氨基芴(2-AF)	10	+	1742	6194	3026	261
苯并(a)芘	1	+	337	143	937	255

注：inh 表示抑菌。表中数值均已扣除溶剂对照回变菌落数。

6　思考题

6.1　用 Ames 法检测微量致癌、致突变、致畸变物质的方法要点和理论依据是什么？

6.2　对致癌物质检测为什么选用回复突变基因做标记？

6.3　为什么可以用细菌检测致癌物质？

附：对所用菌株进行鉴定

1. 组氨酸营养缺陷（his¯）鉴定

取两块底层葡萄糖琼脂平板，其中一块加入 0.1mol/L L-组氨酸 0.1mL 和 0.5mmol/L 生物素 0.1 mL，另一块（对照）只加入生物素。用白金耳先在生物素对照平板上划线，然后再在组氨酸/生物素平板上划线，四种菌株可划在同一平板上。在培养皿底部用标记笔注明每一菌株划痕。翻转平板，37℃培养 24～48 h，观察细菌生长情况。对照平板无细菌生长，含组氨酸平板应有细菌生长。

2. 深粗糙突变（rfa）鉴定——结晶紫抑菌试验

加 0.1mL 待测菌液于装有 2mL 上层培养基（熔化后保持在 45℃）的试管中，旋摇混匀后倾倒于营养琼脂平板上，倾斜旋转平板使之分布均匀。凝固后，将一灭菌滤纸片放在平板上，于纸片中心滴加 1mg/mL 结晶紫 10μL，或先用灭菌滤纸片蘸取结晶紫液，再放置平板上。倒置平板，在 37℃培养 12～24h。如在纸片周围出现明显的抑菌带（约 10mm），则表明有 rfa 突变存在。

3. uvrB 鉴定——紫外线敏感试验

用灭菌拭子蘸取测试菌株在营养琼脂平板上做平行划线。

有 R 因子的菌株（TA97、TA98、TA100 等）划线在另外的平板上。用黑纸遮住无盖平板的一半，另一半在距离 33cm 处，用一个 15W 紫外灯照射，有 R 因子菌株照射 8s。在同一平板上，应用切除修复功能的菌株（如 TA102）作为对照。平板照射后，在 37℃培养 1～24h，具有 uvrB 缺陷的菌株，只在未经照射的一侧平板上生长。

4. R因子（pKM101质粒）鉴定——抗氨苄青霉素试验

用10μL左右氨苄青霉素（8mg/mL，0.02mol/L NaOH）在营养琼脂平板上划线，同时用等待测菌液在同一平板上与氨苄青霉素交叉划线。在同一平板上可鉴定几种菌株，其中包括一种没有R因子的对照菌株（如野生型），用以说明氨苄青霉素的效力。在37℃培养12～24h，无R因子者在两线交叉处出现抑菌，有R因子者则无抑菌现象。亦可仿照鉴定rfa突变的方法，用浸有氨苄青霉素的滤纸片贴在已接种R因子待测菌株的平板上。若纸片周围无抑菌圈，则表明对氨苄青霉素有抗性，即R因子存在。

5. pAQ1质粒鉴定——抗四环素试验

方法类似R因子鉴定，四环素浓度为8mg/mL，0.02mol/L HCl，用量10μL。

6. 自发回复突变鉴定

加0.1mL待测菌液于含有2mL上层培养基的试管中，混匀后铺倒在底层基本培养基上。37℃培养24h，计数每皿自发的回复突变菌落数。

十一、微生物的菌种保藏、复壮及育种技术

纯培养所得到的菌种，每个菌种都具有自己的特性，例如形态、生理、生化、血清学和遗传特性等。因此，无论研究工作或实际生产，只有每次使用同一菌种，才能得到同样的结果，这就需要将菌种（纯培养物）保藏起来，以备每次使用。这也说明菌种保藏工作是整个微生物学工作的基础，是一项很重要的工作。其任务首先是使菌种不致死亡，同时还要尽可能设法把菌种的优良特性保持下来而不致向坏的方面转化。

菌种经过长期的人工培养，或者保藏，由于自发突变等作用，引起菌株某些优良特性弱化或者消失的现象称为菌种的衰退（degeneration）。菌种衰退包括菌落和细胞形态改变、生长速度变慢、产孢子数减少、代谢产物生产能力下降、对外界不良环境抵抗能力下降等方面。

复壮是微生物学工作另一项重要工作。狭义的菌种复壮仅是一种消极的措施，它指的是在菌种已发生衰退的情况下，通过纯种分离和测定生产性能等方法，从衰退的群体中找出少数尚未衰退的个体，以达到恢复该菌原有典型性状的一种措施；而广义的菌种复壮则应是一项积极的措施，即在菌种的生产性能尚未衰退前就经常有意识地进行纯种分离和生产性能的测定工作，以期菌种的生产性能逐步提高。因此，这实际上是一种利用自发突变（正变）不断从生产中进行选种的工作。

微生物与酿造工业、食品工业、生物制品工业等的关系非常密切，其菌株的优良与否直接关系到多种工业产品的好坏，甚至影响人们的日常生活质量，因此培育优质、高产的微生物菌株十分必要。微生物育种的目的就是要把生物合成的代谢途径朝人们所希望的方向加以引导，或者促使细胞内发生基因的重新组合优化遗传性状，人为地使某些代谢产物过量积累，获得所需要的高产、优质和低耗的菌种。微生物菌种选育技术在现代生物技术中具有十分重要的地位，通常分为自然选育和人工选育两类，经历了自然选育、诱变育种、杂交育种、代谢控制育种和基因工程育种等五个阶段，各个阶段并不孤立存在，而是相互交叉，相互联系。新的育种技术的发展和应用促进了生产的发展。

实验 56 微生物的菌种保藏技术

1 实验目的

（1）学习和掌握四大类微生物的菌种保藏基本原理。

（2）掌握四大类微生物的常规保藏方法。

2 实验原理

微生物的菌种保藏是为了保持微生物菌种原有的各种优良特征及活力，使其存活，不丢失，不污染，不发生变异。根据微生物自身的生物学特点，通过人为创造条件，使微生物处于低温、干燥、缺氧的环境中，以使微生物的生长受到抑制，新陈代谢作用限制在最低范围内，生命活动基本处于休眠状态，从而达到保藏的目的。

保藏方法大致可分为以下几种。

（1）传代培养保藏法 又有斜面培养、穿刺培养、疱肉培养基培养（作保藏厌氧细菌用）等，培养后于 4～6℃ 冰箱内保存。

（2）液体石蜡覆盖保藏法 是传代培养的变相方法，能够适当延长保藏时间，它是在斜面培养物和穿刺培养物上面覆盖灭菌的液体石蜡，一方面可防止因培养基水分蒸发而引起菌种死亡，另一方面可阻止氧气进入，以减弱代谢作用。

（3）载体保藏法 是将微生物吸附在适当的载体，如土壤、沙子、硅胶、滤纸上，而后进行干燥的保藏法，例如沙土保藏法和滤纸保藏法应用相当广泛。

（4）寄主保藏法 用于目前尚不能在人工培养基上生长的微生物，如病毒、立克次氏体、螺旋体等，它们必须在生活的动物、昆虫、鸡胚内感染并传代，此法相当于一般微生物的传代培养保藏法。病毒等微生物亦可用其他方法如液氮保藏法与冷冻干燥保藏法进行保藏。

（5）冷冻保藏法 可分低温冰箱（$-20 \sim -30℃$，$-50 \sim -80℃$）、干冰酒精快速冻结（约 $-70℃$）和液氮（$-196℃$）等保藏法。

（6）冷冻干燥保藏法 先使微生物在极低温度（$-70℃$ 左右）下快速冷冻，然后在减压下利用升华现象除去水分（真空干燥）。

有些方法如滤纸保藏法、液氮保藏法和冷冻干燥保藏法等均需使用保护剂来制备细胞悬液，以防止因冷冻或水分不断升华对细胞的损害。保护性溶质可通过氢键和离子键对水和细胞所产生的亲和力来稳定细胞成分的构型。保护剂有牛乳、血清、糖类、甘油、二甲亚砜等。

3 实验材料

3.1 菌种

待保存的细菌、酵母菌、放线菌和霉菌菌种。

3.2 试剂及器材

肉膏蛋白胨斜面培养基、灭菌脱脂牛乳、灭菌水、化学纯的液体石蜡、甘油、五氧化二磷、河沙、瘦黄土或红土、冰块、食盐、干冰、95%乙醇、10%盐酸、无水氯化钙、灭菌吸管、灭菌滴管、灭菌培养皿、管形安瓿管、泪滴形安瓿管（长颈球形底）、40目与100目筛子、油纸、滤纸条（0.5cm×1.2cm）、干燥器、真空泵、真空压力表、喷灯、L形五通管、冰箱、低温冰箱（−30℃）、液氮冷冻保藏器。

4 实验步骤

4.1 斜面低温保藏法

将菌种接种在适宜的固体斜面培养基上，待菌充分生长后，棉塞部分用油纸包扎好，移至 2～8℃的冰箱中保藏。

注：保藏时间依微生物的种类而有不同，霉菌、放线菌及有芽孢的细菌保存 2～4 个月，移种一次。酵母菌两个月移种一次。细菌最好每月移种一次。

此法为实验室和工厂菌种室常用的保藏法，优点是操作简单，使用方便，不需特殊设备，能随时检查所保藏的菌株是否死亡、变异与污染杂菌等。缺点是容易变异，因为培养基的物理、化学特性不是严格恒定的，屡次传代会使微生物的代谢改变而影响微生物的性状；污染杂菌的机会亦较多。

4.2 液体石蜡保藏法

4.2.1 将液体石蜡分装于三角烧瓶内，塞上棉塞，并用牛皮纸包扎，1.05kgf/cm²[❶]，121℃灭菌 30min，然后放在 40℃温箱中，使水汽蒸发掉，备用。

4.2.2 将需要保藏的菌种，在最适宜的斜面培养基中培养，使得到健壮的菌体或孢子。

4.2.3 用灭菌吸管吸取灭菌的液体石蜡，注入已长好菌的斜面上，其用量以高出斜面顶端 1cm 为准，使菌种与空气隔绝。

4.2.4 将试管直立，置低温或室温下保存（有的微生物在室温下比冰箱中保存的时间还要长）。

注：此法实用而效果好。霉菌、放线菌、芽孢细菌可保藏 2 年以上不死，酵母菌可保藏 1～2 年，一般无芽孢细菌也可保藏 1 年左右，甚至用一般方法很难保藏的脑膜炎球菌，在 37℃温箱内，亦可保藏 3 个月之久。此法的优点是制作简单，不需特殊设备，且不需经常移种。缺点是保存时必须直立放置，所占位置较大，同时也不便携带。从液体石蜡下面取培养物移种后，接种环在火焰上烧灼时，培养物容易与残留的液体石蜡一起飞溅，应特别注意。

4.3 滤纸保藏法

4.3.1 将滤纸剪成 0.5cm×1.2cm 的小条，装入 0.6cm×8cm 的安瓿管中，每管 1～2 张，塞以棉塞，1.05kgf/cm²，121℃灭菌 30min。

4.3.2 将需要保存的菌种，在适宜的斜面培养基上培养，使充分生长。

4.3.3 取灭菌脱脂牛乳 1～2mL 滴加在灭菌培养皿或试管内，取数环菌苔在牛乳内混匀，制成浓菌悬液。

4.3.4 用灭菌镊子自安瓿管取滤纸条浸入菌悬液内，使其吸饱，再放回至安瓿管中，塞上棉塞。

4.3.5 将安瓿管放入内有五氧化二磷作吸水剂的干燥器中，用真空泵抽气至干。

4.3.6 将棉花塞入管内，用火焰熔封，保存于低温下。

4.3.7 需要使用菌种，复活培养时，可将安瓿管口在火焰上烧热，滴一滴冷水在烧热

---

❶ 1kgf/cm²＝98.0665kPa。

的部位，使玻璃破裂，再用镊子敲掉口端的玻璃，待安瓿管开启后，取出滤纸，放入液体培养基内，置温箱中培养。

注：细菌、酵母菌、丝状真菌均可用此法保藏，前两者可保藏 2 年左右，有些丝状真菌甚至可保藏 14～17 年之久。此法较液氮、冷冻干燥法简便，不需要特殊设备。

4.4 沙土保藏法

4.4.1 取河沙加入 10％稀盐酸，加热煮沸 30min，以去除其中的有机质。

4.4.2 倒去酸水，用自来水冲洗至中性。

4.4.3 烘干，用 40 目筛子过筛，以去掉粗颗粒，备用。

4.4.4 另取非耕作层的不含腐殖质的瘦黄土或红土，加自来水浸泡洗涤数次，直至中性。

4.4.5 烘干，碾碎，通过 100 目筛子过筛，以去除粗颗粒。

4.4.6 按一份黄土、三份沙的比例（或根据需要而用其他比例，甚至可全部用沙或全部用土）掺合均匀，装入 10mm×100mm 的小试管或安瓿管中，每管装 1g 左右，塞上棉塞，进行灭菌，烘干。

4.4.7 抽样进行无菌检查，每 10 支沙土管抽一支，将沙土倒入肉汤培养基中，37℃培养 48h，若仍有杂菌，则需全部重新灭菌，再做无菌实验，直至证明无菌，方可备用。

4.4.8 选择培养成熟的（一般指孢子层生长丰满的，营养细胞用此法效果不好）优良菌种，以无菌水洗下，制成孢子悬液。

4.4.9 于每支沙土管中加入约 0.5mL（一般以刚刚使沙土润湿为宜）孢子悬液，以接种针拌匀。

4.4.10 放入真空干燥器内，用真空泵抽干水分，抽干时间越短越好，务使在 12h 内抽干。

4.4.11 每 10 支抽取一支，用接种环取出少数沙粒，接种于斜面培养基上，进行培养，观察生长情况和有无杂菌生长，如出现杂菌或菌落数很少或根本不长，则说明制作的沙土管有问题，尚须进一步抽样检查。

4.4.12 若经检查没有问题，用火焰熔封管口，放冰箱或室内干燥处保存。每半年检查一次活力和杂菌情况。

4.4.13 需要使用菌种，复活培养时，取沙土少许移入液体培养基内，置温箱培养。

注：此法多用于能产生孢子的微生物如霉菌、放线菌，因此在抗生素工业生产中应用最广，效果亦好，可保存 2 年左右，但应用于营养细胞效果不佳。

4.5 液氮冷冻保藏法

4.5.1 准备安瓿管。用于液氮保藏的安瓿管，要求能耐受温度突然变化而不致破裂，因此，需要采用硼硅酸盐玻璃制造的安瓿管，安瓿管的大小通常使用 75mm×10mm 的。

4.5.2 加保护剂与灭菌。保存细菌、酵母菌或霉菌孢子等容易分散的细胞时，则将空安瓿管塞上棉塞，$1.05kgf/cm^2$，121℃灭菌 15min。若作保存霉菌菌丝体用，则需在安瓿管内预先加入保护剂如 10％的甘油蒸馏水溶液或 10％二甲亚砜蒸馏水溶液，加入量以能浸没以后加入的菌落圆块为限，而后再用 $1.05kgf/cm^2$，121℃灭菌 15min。

4.5.3 接入菌种。将菌种用 10％的甘油蒸馏水溶液制成菌悬液，装入已灭菌的安瓿管；霉菌菌丝体则可用灭菌打孔器，从平板内切取菌落圆块，放入含有保护剂的安瓿管内，然后用火焰熔封。浸入水中检查有无漏洞。

4.5.4 冻结。再将已封口的安瓿管以每分钟下降 1℃的慢速冻结至 -30℃。若细胞急剧冷冻，则在细胞内会形成冰的结晶，因而降低存活率。

4.5.5　保藏。经冻结至−30℃的安瓿管立即放入液氮冷冻保藏器的小圆筒内，然后再将小圆筒放入液氮冷冻保藏器内。液氮冷冻保藏器内的气相为−150℃，液态氮内为−196℃。

4.5.6　恢复培养。保藏的菌种需要用时，将安瓿管取出，立即放入38～40℃的水浴中进行急剧解冻，直到全部融化为止。再打开安瓿管，将内容物移入适宜的培养基上培养。

注：此法除适宜于一般微生物的保藏外，对一些用冷冻干燥法都难以保存的微生物如支原体、衣原体、氢细菌、难以形成孢子的霉菌、噬菌体及动物细胞均可长期保藏，而且性状不变异。缺点是需要特殊设备。

4.6　冷冻干燥保藏法

4.6.1　准备安瓿管。用于冷冻干燥菌种保藏的安瓿管宜采用中性玻璃制造，形状可用长颈球形底的泪滴形安瓿管，大小要求外径6～7.5mm，长105mm，球部直径9～11mm，壁厚0.6～1.2mm。也可用没有球部的管形安瓿管。塞好棉塞，121℃灭菌30min，备用。

4.6.2　准备菌种。用冷冻干燥法保藏的菌种，其保藏期可达数年至十余年，为了在许多年后不出差错，故所用菌种要特别注意其纯度，即不能有杂菌污染，然后在最适培养基中用最适温度培养，以培养出良好的培养物。细菌和酵母的菌龄要求超过对数生长期，若用对数生长期的菌种进行保藏，其存活率反而降低。一般，细菌要求24～48h的培养物；酵母需培养3d；形成孢子的微生物则宜保存孢子；放线菌与丝状真菌则培养7～10d。

4.6.3　菌悬液制备与分装。以细菌斜面为例，用脱脂牛乳2mL左右加入斜面试管中，制成浓菌悬液，每支安瓿管分装0.2mL。

4.6.4　冷冻干燥。将分装好的安瓿管放低温冰箱中冷冻，无低温冰箱可用冷冻剂如干冰（固体CO_2）乙醇液或干冰丙酮液，温度可达−70℃。将安瓿管插入冷冻剂，只需冷冻4～5min，即可使菌悬液结冰。

4.6.5　真空干燥。为在真空干燥时使样品保持冻结状态，需准备冷冻槽，槽内放碎冰块与食盐，混合均匀，可冷至−15℃。安瓿管放入冷冻槽中的干燥瓶内。

抽气一般若在30min内能达到93.3Pa（0.7mmHg）真空度时，则干燥物不致熔化，以后再继续抽气，几小时内，肉眼可观察到被干燥物已趋干燥。一般抽到真空度26.7Pa（0.2mmHg），保持压力6～8h即可。

4.6.6　封口。抽真空干燥后，取出安瓿管，接在封口用的玻璃管上，可用L形五通管继续抽气，约10min即可达到26.7Pa（0.2mmHg）。于真空状态下，以煤气喷灯的细火焰在安瓿管颈中央进行封口。封口以后，保存于冰箱或室温暗处。

注：此法为菌种保藏方法中最有效的方法之一，对一般生活力强的微生物及其孢子以及无芽孢菌都适用，即使对一些很难保存的致病菌，如脑膜炎球菌与淋病球菌等亦能保存。适用于菌种长期保存，一般可保存数年至十余年，但设备和操作都比较复杂。

5　实验结果

利用微生物的常规保藏方法保藏细菌、酵母菌、放线菌和霉菌的菌种。

6 思考题

6.1 经常使用的细菌菌种，应用哪一种方法保藏既好又简便？

6.2 细菌用什么方法保藏的时间长而又不易变异？

6.3 产孢子的微生物常用哪一种方法保藏？

实验 57　微生物菌种的复壮技术

1 实验目的

（1）学习和掌握微生物复壮的基本原理。

（2）掌握常见微生物的复壮技术。

2 实验原理

　　菌种在长期保存过程中会出现部分菌种退化现象。"退化"是一个群体概念，即菌种中有少数个体发生变异，不能算退化，只有相当一部分乃至大部分个体的性状都明显变劣，群体生长性能显著下降时，才能视为菌种退化。菌种退化往往是一个渐变的过程，菌种退化只有在发生有害变异的个体在群体中显著增多以至占据优势时才会显露出来。因此，尽管个体的变异可能是一个瞬时的过程，但菌种呈现"退化"却需要较长的时间。菌种退化的原因是有关基因的负突变。菌种退化是一个从量变到质变的过程。最初，在群体中只有个别细胞发生负突变，这时如不及时发现并采取有效措施而一味地传代，就会造成群体中负突变个体的比例逐渐增高，最后占优势，从而使整个群体表现出严重的退化现象。菌种衰退最易察觉到的是菌落和细胞形态的改变，菌种衰退会出现生长速度慢，代谢产物生产能力减弱或其对宿主寄生能力明显下降。因此，在使用菌种前需对菌种进行复壮。

　　复壮就是通过分离纯化，把细胞群体中一部分仍保持原有典型性状的细胞分离出来，经过扩大培养，最终恢复菌株的典型性状，但这是一种消极的复壮措施；广义的复壮即在菌株的生产性能尚未退化前就经常有意识地进行纯种分离和生产性能的测定，保证生产性能的稳定或逐步提高。常用的菌种分离纯化方法很多，大体上可分为三种。第一种分为两类，一类较粗放，一般只能达到菌落纯的水平，即从种的水平上来说是纯的，例如在琼脂平板上进行划线分离、表面涂布或与尚未凝固的琼脂培养基混匀后再倾注并铺成平板等方法获得单菌落；另一类较精细，是单细胞或单孢子水平上的分离方法，它可达到细胞纯的水平。第二种是通过宿主体内进行复壮，对于寄生性微生物退化菌株，可直接接种到相应的动植物体内，通过寄主体内的作用来提高菌株的活性或提高它的某一性状。第三种方法是淘汰已衰退的个体，通过物理、化学的方法处理菌体（孢子）使其死亡率达到 80% 以上或更高一些，存活的菌株，一般是比较健壮的，从中可以挑选出优良菌种，达到复壮的目的。食品微生物菌种的复壮主要是采用第一种方法。

3 实验材料

3.1 菌种

保加利亚乳杆菌（*Lactobacillus bulgaricus*）（要求接种奶管已在冰箱中保藏两周）。

3.2 试剂及器材

MRS 培养基、标准 NaOH 溶液、无菌移液管、旋涡振荡器、无菌培养皿、含 9mL 无菌生理盐水试管及接种针等。

4 实验步骤

4.1 编号

取盛有 9mL 无菌水的试管排列于试管架上，依次标明 10^{-1}、10^{-2}～10^{-6}。取无菌平皿 3 套，分别用记号笔标明 10^{-4}、10^{-5}、10^{-6}。

4.2 稀释

待复壮菌种培养液在旋涡振荡器上混合均匀，用 1mL 无菌吸管精确地吸取 1mL 菌悬液于 10^{-1} 试管中，振荡混合均匀，然后另取一支吸管自 10^{-1} 试管内吸 1mL 移入 10^{-2} 试管内，依此方法进行系列稀释至 10^{-6}。

4.3 倒平板

用 3 支 1mL 无菌吸管分别吸取 10^{-4}、10^{-5}、10^{-6} 的稀释液各 0.1mL 对号放入已编号的无菌培养皿中。无菌操作倒入熔化后冷却至 45℃左右的 MRS 固体培养基 10～15mL，置水平位置，按同一方向，迅速混匀，待凝固后置于 40℃培养箱中培养。

4.4 分离

取出培养 48h 的培养皿，在无菌工作台上，用接种针挑取 10 个成棉花状较大的菌落，分别接种于液体 MRS 培养基中，置 40℃培养箱中培养 24h。

4.5 接种

按 1%的接种量将纯化的培养物接种于已灭菌的复原脱脂乳中，同时接种具有较高活力的保加利亚乳杆菌于复原脱脂乳中作为对照。

4.6 活力测定

4.6.1 观察：观察复原脱脂乳的凝乳时间。

4.6.2 酸度：采用 NaOH 滴定法测定发酵乳液的酸度。

4.6.3 计数：采用倾注平板法，测定活菌菌落数量。

5 实验结果

描述保加利亚乳杆菌菌落形态及单个保加利亚乳杆菌的形态。根据凝乳时间最短、酸度最高、活菌数最大挑选出优良菌株。

6 注意事项

6.1 在用吸管吸取稀释液时，吸管尖端不要碰到液面，以免吹出时管内液体外溢。

6.2 在使用吸管抽吸时吸管深入管底，吹时离开液面，使其混合均匀。

7 思考题

7.1 为什么要将培养皿倒置培养？

7.2 倾注法倒平板有什么优点？

实验 58　微生物的人工诱变育种技术

（一）紫外线诱变筛选淀粉酶活力高的菌株

1　实验目的

(1) 学习并掌握紫外线物理诱变育种的原理与方法。

(2) 观察紫外线对枯草芽孢杆菌产生淀粉酶的诱变效应。

2　实验原理

诱变育种是指利用物理、化学等各种诱变剂处理均匀而分散的微生物细胞，显著提高基因的随机突变频率，而后采用简便、快速、高效的筛选方法，从中挑选出少数符合育种目的的优良突变株，以供科学实验或生产实践使用。诱变育种主要环节：一是选择合适的出发菌株，制备单孢子（或单细胞）悬浮液；二是选择简便有效的诱变剂，确定最适的诱变剂量；三是设计高效率的筛选方案和筛选方法，即利用和创造形态变异、生理变异与产量间的相关指标进行初筛，再通过初筛的比较进行复筛，精确测定少量潜力大的菌株的代谢产物量，从中选出最好的菌株。常采用摇瓶或台式发酵罐放大实验，以进一步接近生产条件的生产性能测定。

本实验采用最常用且简便有效的紫外线（简称 UV）物理诱变剂筛选淀粉酶活力高的菌株。紫外线诱变最有效的波长为 $250\sim270nm$，在 260nm 左右的紫外线被核酸强烈吸收，引起 DNA 结构变化。一般紫外线杀菌灯所发射的紫外线大约有 80% 是 254nm。紫外线引起 DNA 结构变化的形式很多，如引起 DNA 链或氢键的断裂、DNA 分子内或分子间的交联、核酸与蛋白质的交联、胞嘧啶的水合物作用。但其最主要的作用是形成胸腺嘧啶二聚体。若在同链 DNA 的相邻嘧啶间形成胸腺嘧啶二聚体，将阻碍碱基间的正常配对；若在两条DNA 链之间形成胸腺嘧啶二聚体，将阻碍 DNA 的复制，或引起碱基序列的变化。最终导致复制突然停止或错误复制，轻者引起基因突变，重者造成死亡。

经紫外线损伤的 DNA，能被可见光复活。因此，经紫外线照射后的菌液必须在暗室或红光下进行操作或处理，培养时需用黑纸或黑布包裹，避免可见光的照射。此外，照射处理后的菌液不要贮放太久，以免突变在黑暗中修复。

3　实验材料

3.1　菌种

枯草芽孢杆菌（*Bacillus subtilis*）BF 7658 牛肉膏蛋白胨斜面培养物。

3.2　试剂及器材

牛肉膏蛋白胨斜面培养基、牛肉膏蛋白胨液体培养基（装 20mL/250mL 三角瓶，用纱布塞）、淀粉琼脂培养基、碘液、无菌 0.85% 生理盐水（9mL/管，装 20mL/100mL 三角瓶，带适量玻璃珠）、无菌平皿（φ6cm 2 套、φ9cm 40 套）、无菌离心管（10mL）、无菌吸管（1mL、5mL）、三角瓶、试管、量筒、烧杯、紫外灯箱（紫外灯 15W，距离 30cm）、磁力搅拌器、无菌磁力搅拌棒、台式离心机、培养箱、振荡培养箱、接种环、玻璃涂布棒、酒精灯、火柴、记号笔、黑布或黑纸、红光灯等。

4 实验步骤

4.1 菌悬液的制备

挑取枯草芽孢杆菌 BF7658 斜面原菌转接于新鲜牛肉膏蛋白胨斜面上，经30℃活化培养24h后，取一环接种于盛 20mL 牛肉膏蛋白胨液体培养基的三角瓶中，30℃摇瓶培养 14～16h（为该菌的对数期）后，倒入无菌离心管，以 3000r/min 离心 15min，弃上清液，将菌体用无菌生理盐水离心洗涤 2 次后，转入盛有 20mL 生理盐水带玻璃珠的三角瓶中，强烈振荡 20min 或在旋涡混合器上振荡 30s，以打散菌团，用显微镜直接涂片计数法计数，调整菌悬液的细胞浓度为 10^8 个/mL。

4.2 菌悬液的活菌计数

取菌悬液 1mL 按 10 倍稀释法逐级稀释至 10^{-7}。取 10^{-5}、10^{-6}、10^{-7} 三个稀释度各 0.1mL 移入淀粉琼脂培养基平板上（作为对照平板），用无菌玻璃涂布棒涂布均匀，每个稀释度涂 2 个平板，置30℃培养 48h 后进行菌落计数。根据平均菌落数计算诱变处理前 1mL 菌悬液内的活菌数，据此数再计算诱变处理后的存活率和致死率。

4.3 紫外线诱变处理

打开紫外灯预热约 20 min。分别吸取菌悬液 5mL 移入 2 套 6cm 的无菌培养皿中，放入无菌磁力搅拌棒，置磁力搅拌器上，距 15W 紫外灯下 30cm 处。打开磁力搅拌器，再打开皿盖，开始计时，边搅拌边照射，照射剂量分别为 3min、5min。盖上皿盖，关闭紫外灯。所有操作必须在红光灯下进行。

4.4 稀释涂平板

在红光灯下分别取 3min 和 5min 诱变处理菌悬液 1mL 于装有 9mL 无菌生理盐水的试管中，按 10 倍稀释法逐级稀释至 10^{-4}。取 10^{-2}、10^{-3}、10^{-4} 三个稀释度（3min 和 5min 处理）各 0.1mL 移入淀粉琼脂培养基平板上，用无菌玻璃涂布棒涂布均匀，每个稀释度涂 2 个平板。用黑布或黑纸包好平板，于 30℃避光培养 48h 后进行菌落计数。根据平均菌落数计算诱变处理后的 1mL 菌液内的活菌数。注意：在每个平板背后要标明处理时间、稀释度、组别。

4.5 观察诱变效应（初筛）

枯草芽孢杆菌能分泌淀粉酶，分解周围基质中的淀粉产生透明圈。分别向菌落数在 5～6 个的平板内加数滴碘液，在菌落周围将出现透明圈，分别测量平板上透明圈直径与菌落直径，并计算两者之比值（HC 比值），与对照平板进行比较。一般透明圈越大，淀粉酶活性越高；透明圈越小，则酶活性越低。根据 HC 比值作为鉴定高产淀粉酶菌株的指标。挑取HC 比值大且菌落直径也大的单菌落 40～50 个移接到新鲜牛肉膏蛋白胨斜面上，30℃培养24h 后，留待进一步复筛用。

5 实验结果

5.1 计算存活率和致死率

将培养好的平板取出进行菌落计数。根据对照平板上菌落数，计算出每毫升菌液中的活菌数。同样计算出紫外线处理 3 min 和 5min 后每毫升菌液中的活菌数。

$$存活率＝处理后每毫升活菌数/处理前每毫升活菌数×100\%$$
$$致死率＝(处理前每毫升活菌数－处理后每毫升活菌数)/处理前每毫升活菌数×100\%$$

将实验结果填入表 58-1 中。

表 58-1　紫外线诱变枯草芽孢杆菌的存活率和致死率

项目	UV 处理前的菌液			UV 处理 3min 菌液			UV 处理 5min 菌液		
	10^{-5}	10^{-6}	10^{-7}	10^{-2}	10^{-3}	10^{-4}	10^{-2}	10^{-3}	10^{-4}
平板 1 上的活菌数/(CFU/mL)									
平板 2 上的活菌数/(CFU/mL)									
平均活菌数/(CFU/mL)									
存活率/%									
致死率/%									

5.2　测量经 UV 处理后的枯草芽孢杆菌菌落周围的透明圈直径与菌落直径，并计算两者之比值（HC 比值），与对照菌株进行比较。

6　注意事项

6.1　紫外线照射时注意保护眼睛和皮肤。应戴防护眼镜，以防紫外线灼伤眼睛。

6.2　诱变过程及诱变后的稀释操作均在红光灯下进行，并在黑暗中培养。

7　思考题

7.1　紫外线诱变处理过程中，为什么在红光灯下进行操作？

7.2　紫外线照射时，为何要打开皿盖？照射处理后的平板为何要置于黑暗中培养？

（二）紫外线诱变筛选高产酸的酸乳发酵菌株

1　实验目的

（1）学习并掌握紫外线物理诱变育种的原理和方法。

（2）观察紫外线对乳杆菌高产乳酸的诱变效应。

2　实验原理

酸乳质量的好坏，决定于菌种的性能；筛选出产酸力、感官、黏度等性能指标优良的菌株，对生产高质量的酸乳意义重大。

3　实验材料

3.1　菌种

德氏乳杆菌保加利亚亚种（*Lactobacillus delbrueckii* subsp. *bulgaricus*. Lb）。

3.2　试剂及器材

脱脂乳培养基（培养基 18）、MRS 培养基（培养基 14）、无菌平皿（ϕ6cm 2 套、ϕ9cm 40 套）、无菌离心管（10mL）、无菌吸管（1mL、5mL）、三角瓶、试管、量筒、烧杯、紫外灯箱（紫外灯 15W，距离 30cm）、磁力搅拌器、无菌磁力搅拌棒、台式离心机、培养箱、振荡培养箱、接种环、玻璃涂布棒、酒精灯、火柴、记号笔、黑布或黑纸、红光灯等。

4 实验步骤

4.1 菌悬液的制备

挑取德氏乳杆菌保加利亚亚种原种转接于新鲜 MRS 斜面上，经 40℃ 活化培养 24h 后，加入无菌水 5mL，刮下表面培养物制成菌悬液，在旋涡混合器上振荡 30s，以打散菌团，用显微镜直接涂片计数法计数，调整菌悬液的细胞浓度为 10^8 个/mL。

4.2 菌悬液的活菌计数

取菌悬液 1mL 按 10 倍稀释法逐级稀释至 10^{-7}。取 10^{-5}、10^{-6}、10^{-7} 三个稀释度各 0.1mL 移入 MRS 琼脂培养基平板上（作为对照平板），用无菌玻璃涂布棒涂布均匀，每个稀释度涂 2 个平板，置 40℃ 培养 48h 后进行菌落计数。根据平均菌落数计算诱变处理前 1mL 菌悬液内的活菌数，据此数再计算诱变处理后的存活率和致死率。

4.3 紫外线诱变处理

打开紫外灯预热约 2min。分别吸取菌悬液 5mL 移入 2 套 6cm 的无菌培养皿中，放入无菌磁力搅拌棒，置磁力搅拌器上，距 15W 紫外灯下 30cm 处。打开磁力搅拌器，再打开皿盖，开始计时，边搅拌边照射，照射剂量分别为 150s、300s。盖上皿盖，关闭紫外灯。所有操作须在红光灯下进行。

4.4 稀释涂平板

在红光灯下分别取 150s 和 300s 诱变处理菌悬液 1mL 于装有 9mL 无菌生理盐水的试管中，按 10 倍稀释法逐级稀释至 10^{-4}。取 10^{-2}、10^{-3}、10^{-4} 三个稀释度（150s 和 300s 处理）各 0.1mL 移入 MRS 琼脂培养基平板上，用无菌玻璃涂布棒涂布均匀，每个稀释度涂 2 个平板。用黑布或黑纸包好平板，于 40℃ 避光培养 48h 后进行菌落计数。根据平均菌落数计算诱变处理后的 1mL 菌液内的活菌数。注意：在每个平板背后要标明处理时间、稀释度、组别。

4.5 筛选方法

4.5.1 初筛

挑取筛选培养皿中黄色的、生长较快的菌株，接种于脱脂乳试管中，每株 1 支。再取凝乳较快的菌株，进行酸乳摇瓶发酵实验，菌株按 3% 接种量接入到固形物为 11% 的灭菌乳中，42℃ 培养，重点观察凝乳时间、乳清析出情况、组织状态。经过多次实验，最终淘汰凝乳时间长、乳清析出严重、凝乳不良的菌株。

4.5.2 复筛

选取初筛产酸活力较高的菌株，接种到脱脂乳中，每株 3 支，精确测定产酸能力和产乳糖酶能力，选出高产酸菌株。

4.6 诱变效应的测定

本实验采用直接测定各变异菌株产酸性、乳糖酶活性、pH 变化的方法，检测其诱变效应。

4.7　高产酸菌株的稳定性实验

将诱变菌株连续传代发酵，每次传代都要进行酸度的测定，观察产酸稳定性。

5　实验结果

计算存活率和致死率。将培养好的平板取出进行菌落计数。根据对照平板上菌落数，计算出每毫升菌液中的活菌数。同样计算出紫外线处理 150s 和 300s 后每毫升菌液中的活菌数。

$$存活率＝处理后每毫升活菌数/处理前每毫升活菌数×100\%$$

$$致死率＝（处理前每毫升活菌数－处理后每毫升活菌数）/处理前每毫升活菌数×100\%$$

将实验结果填入表 58-2。

表 58-2　紫外线诱变乳杆菌的存活率和致死率

项目	UV 处理前的菌液			UV 处理 150s 的菌液			UV 处理 300s 的菌液		
	10^{-5}	10^{-6}	10^{-7}	10^{-2}	10^{-3}	10^{-4}	10^{-2}	10^{-3}	10^{-4}
平板 1 上的活菌数/(CFU/mL)									
平板 2 上的活菌数/(CFU/mL)									
平均活菌数/(CFU/mL)									
存活率/%									
致死率/%									

6　注意事项

6.1　紫外线照射时注意保护眼睛和皮肤。应戴防护眼镜，以防紫外线灼伤眼睛。

6.2　诱变过程及诱变后的稀释操作均在红光灯下进行，并在黑暗中培养。

7　思考题

7.1　紫外诱变处理中，为什么在红光灯下进行操作？

7.2　紫外照射时，为什么要打开平皿盖？照射处理后的平板为何要置黑暗中培养？

（三）亚硝基胍诱变筛选高产丁二酮的乳酸乳球菌菌株

1　实验目的

（1）学习并掌握亚硝基胍化学诱变育种的原理和方法。

（2）观察亚硝基胍对乳球菌高产丁二酮的诱变效应。

2　实验原理

许多化学因素如亚硝基胍（NTG）、亚硝酸（HNO_2）和硫酸二乙酯（DES）等，对微生物都有诱变作用。其中亚硝基胍（NTG）是一种烷化剂，能直接与 DNA 中的碱基发生化学反应，从而引起 DNA 复制时碱基的颠换，进一步使微生物发生变异，引起遗传性状的改变。

乳酸乳球菌乳酸亚种丁二酮变种可以利用柠檬酸盐产生一些代谢产物，其中包括丁二酮（双乙酰）。丁二酮是许多乳制品中的重要风味物质，在乳品工业中具有很重要的应用价值。但野生菌株或常用于乳制品的菌株在生产过程中丁二酮产量较低，满足不了生产要求。为了提高丁二酮的产量，本实验以乳酸乳球菌乳酸亚种丁二酮变种为出发菌株，以亚硝基胍（NTC）为诱变剂筛选高产丁二酮的乳酸乳球菌菌株，并计算丁二酮的产量。

3 实验材料

3.1 菌种

乳酸乳球菌乳酸亚种丁二酮变种（*Lactococcus lactis* subsp. *lactis* biovar *diacetyl*）。

3.2 试剂及器材

3.2.1 试剂

（1）GM17 培养基（M17 培养基＋0.5％葡萄糖）。

（2）亚硝基胍（NTG）溶液：在通风橱中称取 25mg NTG 于棕色瓶中，加 2.5mL 丙酮使其溶解，溶解后加水 10mL，配制成 2.5mg/mL NTG 溶液。

（3）丙酮-磷酸盐缓冲溶液：K_2HPO_4 150g/L，丙酮 200mL/L。

（4）$FeSO_4$ 溶液：$FeSO_4 \cdot 7H_2O$ 50g/L，H_2SO_4 10g/L。

（5）酒石酸钾钠-氨水溶液：$NH_3 \cdot H_2O$ 300mL/L，酒石酸钾钠 375g/L。

（6）丁二酮标准溶液：称取 500.0mg 丁二酮，溶于 1000mL 双蒸水中，用棕色瓶储于冰箱内，临用前吸取 5.00mL，稀释成 1000mL，浓度为 0.25mg/mL。

3.2.2 器材

无菌平皿、无菌离心管（10mL）、无菌吸管（1mL、5mL）、三角瓶、试管、台式离心机、培养箱、振荡培养箱、恒温培养箱、接种环、玻璃涂布棒、记号笔等。

4 实验步骤

4.1 菌悬液的制备

挑取乳酸乳球菌乳酸亚种丁二酮变种活化后，在 5mL GM17 培养基中 30℃培养 18～24h，6000r/min 离心 10min，收集菌体，用 PBS（100mmol/L，pH7）冲洗 1 次，加入 0.5mL PBS 制成菌悬液，在旋涡混合器上振荡 30s，以打散菌团，用显微镜直接涂片计数法计数，调整菌悬液的细胞浓度为 10^8 个/mL。

4.2 菌悬液的活菌计数

取菌悬液 1mL 按 10 倍稀释法逐级稀释至 10^{-7}。取 10^{-5}、10^{-6}、10^{-7} 三个稀释度各 0.1mL 移入 GM17 琼脂培养基平板上（作为对照平板），用无菌玻璃涂布棒涂布均匀，每个稀释度涂 2 个平板，置 40℃培养 48h 后进行菌落计数。根据平均菌落数计算诱变处理前 1mL 菌悬液内的活菌数，据此数再计算诱变处理后的存活率和致死率。

4.3 NTG 诱变处理

加入 0.5mL NTG 溶液，置 30℃分别摇床振荡处理 30min 和 60min，NTG 浓度调整为致死率 75％左右。

4.4 中止反应

将 NTG 处理过的菌体离心，用 PBS 冲洗 3 次以除去 NTG 残留。

4.5 稀释涂平板

使菌体悬浮于 5mL GM17 液体培养基中，30℃培养 60min，最后将菌悬液振荡 2min，稀释到 10^{-4}。取 10^{-2}、10^{-3}、10^{-4} 三个稀释度（30min 和 60min 处理）各 0.1mL 移入 GM17 琼脂培养基平板上，用无菌玻璃涂布棒涂布均匀，每个稀释度涂 2 个平板，30℃培养 60h。注意：为了便于筛选，平板中的琼脂层较薄为好（约 12mL），培养的菌落较大而且分散要好（每个平板中菌落数约 60 个，直径约 2mm）。

4.6 筛选方法

由于筛选过程会使菌体死亡，所以需要把长好菌落的平板先用绒布影印培养，向每个平板中添加 60℃的 3mL 琼脂（50g/L）、3mL 盐酸羟氨溶液（210g/L），待琼脂层凝固后置于 75℃，30min，以形成丁二酮肟盐，然后向平板中添加 8mL 丙酮-磷酸盐缓冲溶液，15min 后将液体倒掉，在暗处向平板中加入 8mL $FeSO_4$ 溶液和 1mL 酒石酸钾钠-氨水溶液，检查平板，在菌落周围形成红色圆圈（丁二酮肟铁酸盐）的为高产丁二酮菌株，显色反应可保持 1h，10min 时最为明显。

4.7 诱变效应

将菌种活化后，取 0.1mL 菌液接种于 5mL 12％脱脂乳中，在振荡培养箱中 30℃振荡培养（100r/min）24h 后，测定丁二酮产量（邻苯二胺比色法）。

4.8 菌株稳定性实验

对挑选出的菌株传代 5 次，分别进行脱脂乳发酵 24h，检测丁二酮产量。

5 实验结果

计算存活率和致死率。将培养好的平板取出进行菌落计数。根据对照平板上菌落数，计算出每毫升菌液中的活菌数。同样计算出 NTG 处理 30min 和 60min 后每毫升菌液中的活菌数。

$$存活率＝处理后每毫升活菌数/处理前每毫升活菌数×100％$$

$$致死率＝（处理前每毫升活菌数－处理后每毫升活菌数）/处理前每毫升活菌数×100％$$

将实验结果填入表 58-3。

表 58-3　亚硝基胍诱变乳酸乳球菌的存活率和致死率

项目	NTG 处理前菌液			NTG 处理 30min 菌液			NTG 处理 60min 菌液		
	10^{-5}	10^{-6}	10^{-7}	10^{-2}	10^{-3}	10^{-4}	10^{-2}	10^{-3}	10^{-4}
平板 1 上的活菌数/(CFU/mL)									
平板 2 上的活菌数/(CFU/mL)									
平均活菌数/(CFU/mL)									
存活率/%									
致死率/%									

6 思考题

6.1 用化学诱变处理细菌时，其菌悬液为什么要用缓冲液制备？

6.2 倾注法倒平板有什么优点？

（四）硫酸二乙酯诱变筛选蛋白酶活力高的菌株

1 实验目的

（1）学习并掌握硫酸二乙酯化学诱变育种的原理与方法。
（2）观察硫酸二乙酯对枯草芽孢杆菌产生蛋白酶的诱变效应。

2 实验原理

许多化学因素如硫酸二乙酯、亚硝酸、亚硝基胍等，对微生物都有诱变作用。其中硫酸二乙酯（DES）是一种烷化剂，操作简便，诱变效果好。硫酸二乙酯能直接与DNA中碱基发生化学反应，从而引起DNA复制时碱基配对的转换或颠换，进一步使微生物发生变异，引起遗传性状的改变。本实验以产生蛋白酶的枯草芽孢杆菌As1.398为出发菌株，以硫酸二乙酯为诱变剂。根据枯草芽孢杆菌诱变后在酪蛋白培养基上出现的透明圈直径大小来指示诱变效应。

3 实验材料

3.1 菌种

枯草芽孢杆菌（*Bacillus subtilis*）As1.398、牛肉膏蛋白胨斜面培养物。

3.2 试剂及器材

牛肉膏蛋白胨斜面培养基、牛肉膏蛋白胨液体培养基（装20mL/250mL三角瓶，用纱布塞）、酪蛋白琼脂培养基、酪素胰蛋白酶水解液、硫酸二乙酯 $[(C_2H_5)_2SO_4]$、25%硫代硫酸钠溶液、无菌0.1mol/L pH 7.0磷酸盐缓冲液（9mL/管，装20mL/100mL三角瓶，带适量玻璃珠）、灭菌平皿、无菌试管、无菌吸管（1mL、5mL）、三角瓶、离心管、玻璃涂布棒、量筒、烧杯、培养箱、振荡培养箱等。

4 实验步骤

4.1 菌悬液的制备

挑取枯草芽孢杆菌As1.398斜面原菌转接于新鲜牛肉膏蛋白胨斜面上，经30℃活化培养24h后，取一环接种于盛20mL牛肉膏蛋白胨液体培养基的三角瓶中（每组学生2瓶），30℃摇瓶培养14~16h（为该菌的对数期）后，倒入无菌离心管，以3000r/min离心15min，弃上清液，将菌体用无菌0.1mol/L磷酸盐缓冲液（pH 7.0）离心洗涤2次后，转入盛有20mL 0.1mol/L pH 7.0磷酸盐缓冲液带玻璃珠的三角瓶中（每组学生2瓶），强烈振荡20min或在旋涡混合器上振荡30s，以打散菌团，用显微镜直接涂片计数法计数，调整菌悬液的细胞浓度为10^8个/mL。

4.2 菌悬液的活菌计数

取菌悬液1mL按10倍稀释法逐级稀释至10^{-7}。取10^{-5}、10^{-6}、10^{-7}三个稀释度各0.1mL移入酪蛋白琼脂培养基平板上（作为对照平板），用无菌玻璃涂布棒涂布均匀，每个稀释度涂2个平板，置30℃培养48h后进行菌落计数。根据平均菌落数计算诱变处理前1mL菌悬液内的活菌数，据此数再计算诱变处理后的存活率和致死率。

4.3　硫酸二乙酯诱变处理

在上述 2 瓶 20mL 菌悬液带玻璃珠三角瓶中，分别加入 0.2mL 硫酸二乙酯原液，使硫酸二乙酯在菌悬液中的量为 1％（体积分数），置 30℃摇床分别振荡处理 30min 和 60min。

4.4　中止反应

振荡处理到时间后，立即分别取 5mL 处理液（用吸耳球吸）于无菌试管中，加入 1mL 的 25％硫代硫酸钠溶液中止反应。

4.5　稀释涂平板

中止反应后，分别取 30min 和 60min 诱变处理菌悬液 1mL 于装有 9mL 无菌生理盐水的试管中，按 10 倍稀释法逐级稀释至 10^{-4}（具体可按估计的存活率进行稀释）。取 10^{-2}、10^{-3}、10^{-4} 三个稀释度（30min 和 60min 处理）各 0.1mL 移入酪蛋白琼脂培养基平板上，用无菌玻璃涂布棒涂布均匀，每个稀释度涂 2 个平板，于 30℃培养 48h 后进行菌落计数。根据平均菌落数计算诱变处理后的 1mL 菌液内的活菌数。注意：在每个平板背后标明处理时间、稀释度、组别。

4.6　观察诱变效应（初筛）

枯草芽孢杆菌能分泌蛋白酶，分解周围基质中的酪蛋白产生透明圈。分别测量平板上透明圈直径与菌落直径，并计算两者之比值（HC 比值），与对照平板进行比较。一般透明圈越大，蛋白酶活性越高；透明圈越小，则酶活性越低。

根据 HC 比值作为鉴定高产蛋白酶菌株的指标。挑取 HC 比值大且菌落直径也大的单菌落 40～50 个移接到新鲜牛肉膏蛋白胨斜面上，30℃培养 24h 后，留待进一步复筛用。

4.7　摇瓶复筛

将初筛得到的各菌株和原菌株分别接种于酪素胰蛋白酶水解液中，30℃摇瓶培养 44h，测定蛋白酶活力。将产蛋白酶高的菌株转接于新鲜牛肉膏蛋白胨斜面上培养纯化，进一步做产酶实验比较，选择酶活力高的纯培养菌株，再做各种发酵条件实验比较进行复筛选。

5　实验结果

5.1　计算存活率及致死率。将培养好的平板取出进行菌落计数。根据对照平板上菌落数，计算出每毫升菌液中的活菌数。同样计算出 DES 处理 30min 和 60min 后的每毫升菌液中的活菌数。计算公式与实验（一）紫外线诱变筛选淀粉酶活力高的菌株相同。

将实验结果填入表 58-4。

表 58-4　硫酸二乙酯诱变枯草芽孢杆菌的存活率和致死率

项目	DES 处理前的菌液			DES 处理 30min 菌液			DES 处理 60min 菌液		
	10^{-5}	10^{-6}	10^{-7}	10^{-2}	10^{-3}	10^{-4}	10^{-2}	10^{-3}	10^{-4}
平板 1 上的活菌数/(CFU/mL)									
平板 2 上的活菌数/(CFU/mL)									

项目	DES 处理前的菌液			DES 处理 30min 菌液			DES 处理 60min 菌液		
	10^{-5}	10^{-6}	10^{-7}	10^{-2}	10^{-3}	10^{-4}	10^{-2}	10^{-3}	10^{-4}
平均活菌数/(CFU/mL)									
存活率/%									
致死率/%									

5.2 测量经 DES 处理后的枯草芽孢杆菌菌落周围的透明圈直径与菌落直径，并计算两者之比值（HC 比值），与对照菌株进行比较。

6 注意事项

由于多数化学诱变剂具有致癌作用，故操作时避免试剂直接接触皮肤，用吸管吸取试剂时切忌吸入口中。解毒时可以加入硫代硫酸钠中止硫酸二乙酯的反应。

7 思考题

用化学诱变剂处理细菌时，其菌悬液为什么要用缓冲液制备？

（五）营养缺陷型突变株的筛选与鉴定

1 实验目的

（1）了解选育营养缺陷型突变株的原理。
（2）掌握营养缺陷型突变株诱变、筛选与鉴定方法。

2 实验原理

营养缺陷型突变株是指野生型菌株用某些物理或化学诱变剂处理，使编码合成代谢途径中某些酶的基因突变，随之丧失了合成某种（或某些）生长因子（如氨基酸、维生素或碱基）的能力，因而它们在基本培养基上不能生长，必须在基本培养基中补充相应的营养成分才能正常生长的一类突变株。营养缺陷型突变株筛选一般分四个环节，即诱变剂处理、营养缺陷型浓缩（淘汰野生型）、检出和鉴定营养缺陷型。

诱变处理突变频率较低，只有淘汰野生型，才能浓缩营养缺陷型而选出少数突变株。浓缩营养缺陷型有青霉素法、菌丝过滤法、差别杀菌法和饥饿法四种。采用紫外线或以 DES 为诱变剂处理野生型细菌，利用青霉素能抑制细菌细胞壁的生物合成，以杀死正常生长繁殖的野生型细菌，但不能杀死正处于停止发育状态的营养缺陷型细菌，从而达到"浓缩"缺陷型菌株的目的。如果选用亚硝基胍（NTG）为超诱变剂时，因其诱变频率较高，可使百分之几十的细菌发生营养缺陷型突变，故筛选营养缺陷型时可省去浓缩营养缺陷型这一环节。

检出营养缺陷型有逐个检出法、影印培养法、夹层培养法和限量补充培养法四种。鉴定营养缺陷型一般采用生长谱法。该法是在混有营养缺陷型突变株的平板表面点加微量营养物，视某营养物的周围有否长菌，来确定该菌株的营养要求。

本实验以紫外线作为诱变因素，照射剂量 3min，用青霉素法浓缩营养缺陷型。再根据营养缺陷型在基本培养基上不能生长，只能在完全培养基或基本培养基中补加它所缺陷的营养物质才能生长的原理，采用逐个检出法将营养缺陷型检出，然后用生长谱法将营养缺陷型加以鉴定。

3 实验材料

3.1 菌种

野生型枯草芽孢杆菌（*Bacillus subtilis*）、牛肉膏蛋白胨斜面培养物。

3.2 试剂及器材

3.2.1 试剂

牛肉膏蛋白胨斜面培养基、牛肉膏蛋白胨液体培养基（装 20mL/250mL 三角瓶，用纱布塞）、细菌完全培养基（固体，简称 CM）、细菌基本培养基（固体，简称 MM）、细菌补充（限制）培养基（固体，简称 SM）、无氮基本培养基（装 10mL/100mL 三角瓶）、氮源加富培养基（装 10mL/100mL 三角瓶）、无菌 0.85％ 生理盐水（9mL/管，装 20mL/100mL 三角瓶，带玻璃珠）、青霉素钠盐（配成 2000U/mL 的母液，过滤除菌）等。

3.2.1.1 氨基酸混合液的配制

称取 15 种氨基酸，每种 10mg，按表 58-5 组合 5 组氨基酸，混合研磨后，装入小管，于干燥器中避光保存。用时配成溶液，过滤除菌，用于生长谱测定。

表 58-5　5 组混合氨基酸

组别	氨基酸种类				
A	组氨酸	苏氨酸	谷氨酸	天冬氨酸	亮氨酸
B	精氨酸	苏氨酸	赖氨酸	甲硫氨酸	苯丙氨酸
C	酪氨酸	谷氨酸	赖氨酸	色氨酸	丙氨酸
D	甘氨酸	天冬氨酸	甲硫氨酸	色氨酸	丝氨酸
E	胱氨酸	亮氨酸	苯丙氨酸	丙氨酸	丝氨酸

3.2.1.2 维生素混合液的配制

按表 58-6 称取各种维生素，混合装入小管，于干燥器中避光保存。临用时配成溶液，过滤除菌，用于生长谱测定。

表 58-6　维生素混合液组成

维生素	称量/mg	维生素	称量/mg
维生素 B_1（硫胺素）	0.001	对氨基苯甲酸	0.1
维生素 B_2（核黄素）	0.5	肌醇	1.0
维生素 B_6（吡多酸）	0.1	烟酰胺	0.1
泛酸	0.1	胆碱	2.0
生物素	0.001		

3.2.1.3 核酸碱基混合液的配制

称取腺嘌呤、次黄嘌呤、鸟嘌呤、胸腺嘧啶、尿嘧啶、胞嘧啶各 10mg，混合研磨，装入小管，于干燥器中避光保存。临用时配成溶液，过滤除菌，用于生长谱测定。

3.2.2 器材

无菌平皿（$\phi6cm$ 2 套、$\phi9cm$ 40 套）、无菌离心管（10mL）、无菌吸管（1mL、5mL、10mL）、三角瓶、无菌试管、量筒、烧杯、紫外灯箱（紫外灯 15W，距离 30cm）、磁力搅拌器、无菌磁力搅拌棒、台式离心机、培养箱、振荡培养箱、接种环、玻璃涂布棒、无菌牙签（1 包）、无菌圆形滤纸片（$\phi10mm$）、酒精灯、火柴、记号笔、黑布或黑纸、红光灯等。

4 实验步骤

4.1 菌悬液的制备

与实验（一）紫外线诱变筛选淀粉酶活力高的菌株 4.1 操作步骤相同。

4.2 菌悬液的活菌计数

与实验（一）紫外线诱变筛选淀粉酶活力高的菌株 4.2 操作步骤相同，所用平板改为完全培养基。计算出每毫升处理前的菌悬液中的活菌数。

4.3 紫外线诱变处理

与实验（一）紫外线诱变筛选淀粉酶活力高的菌株 4.3 操作步骤相同，照射剂量为 3min。

4.4 中间培养

取紫外线诱变处理 3min 的菌液 1mL 移入盛 20mL 牛肉膏蛋白胨培养基的 250mL 三角瓶中，30℃避光振荡培养 6～8h。中间培养的目的是使突变株的变异性状充分表达，但培养时间不宜太长，否则同一种突变株增殖过多。

4.5 青霉素法淘汰野生型

4.5.1 无氮饥饿培养

取中间培养液 10mL 于无菌离心管中，以 3000r/min 离心 15min，弃上清液，打匀沉淀，加入无菌生理盐水，离心洗涤 3 次，最后悬浮于 1mL 无菌生理盐水中，全部转入盛 10mL 无氮基本培养基的三角瓶中，30℃摇床振荡培养 4～6h。无氮饥饿培养的目的是使营养缺陷型细胞中的氮源消耗殆尽，以避免加青霉素时被杀死。

4.5.2 氮源加富＋青霉素培养

将上述 10mL 无氮基本培养液全部转入装 10mL 氮源加富培养基的三角瓶中，再加入 1mL 2000U/mL 青霉素钠盐，使青霉素在菌液中的最终浓度为 100U/mL（若是 G^- 菌加入青霉素的最终浓度为 500U/mL），于 30℃培养 12～16h，达到淘汰野生型、浓缩营养缺陷型的目的。

4.5.3 稀释涂平板

取上述氮源加富培养液 1mL 于 9mL 无菌生理盐水试管中，按 10 倍稀释法逐级稀释至 10^{-4}。而后取 10^{-2}、10^{-3}、10^{-4} 三个稀释度各 0.1mL 移入补充培养基平板上，用无菌玻璃涂布棒涂布均匀，每个稀释度涂 2 个平板，于 30℃培养 36～48h 后对大小菌落进行计数，计算出每毫升处理后菌悬液中的活菌数，并计算存活率和致死率。

4.6 营养缺陷型的检出（逐个检出对照培养法）

4.6.1 制平板

熔化完全和基本培养基各制备 3 个平板，划 36 个小方格，做好方位标记（图 58-1）。

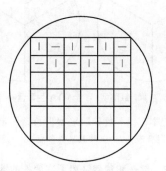

图 58-1　平板点种示意图

4.6.2　逐个点种

在补充培养基上生长的大菌落为野生型，小菌落可能为营养缺陷型。用无菌牙签挑取在补充培养基上长出的小菌落 100 个，分别对应点种于基本培养基和完全培养基平板上（注意：先接种基本培养基平板，后接种完全培养基平板，接种量应少些），30℃ 培养 48h。

4.6.3　检出营养缺陷型菌株

凡是在完全培养基平板上生长，而在基本培养基平板的对应部位不长的菌落，可能是营养缺陷型突变株。将其用接种环小心接种于完全培养基斜面试管 10～15 支中，30℃ 培养 24h，作为营养缺陷型鉴定菌株。

如用影印法检出营养缺陷型时，完全或补充培养基平板上的菌落最好控制在 30～60 个/皿，用影印法分别影印接种到基本培养基平板和完全培养基平板上。

4.7　营养缺陷型生长谱鉴定法

4.7.1　制备菌悬液

将可能是营养缺陷型的突变株接种于盛有 5mL 完全培养基的离心管中，30℃ 振荡培养 14～16h 后，以 3000r/min 离心 15min，弃上清液，打匀沉淀，用无菌生理盐水洗涤离心 3 次后，加入 5mL 生理盐水制成菌悬液。

4.7.2　鉴定

吸取 1mL 菌悬液于无菌培养皿中，倒入约 15mL 已熔化并冷却至 45～50℃ 的基本培养基，摇匀待凝固。在平板底部划分三个区域，标记各营养物的位置（贴标签法）。用消毒镊子夹取灭菌的分别浸有混合氨基酸、混合核酸碱基和混合维生素溶液的圆形滤纸片，分别贴放于平皿的三个区域，注意勿使营养液流动，置于 30℃ 培养 24h 后观察生长情况。如某一类营养物质滤纸片的周围长出整齐的菌圈，即为该类营养物质的营养缺陷型突变株（图 58-2）。有的菌株是双重营养缺陷型，可在两类营养物质扩散圈交叉处有生长区。

5　实验结果

将营养缺陷型突变株的鉴定结果填入表 58-7 中，并计算氨基酸营养缺陷型的突变率。

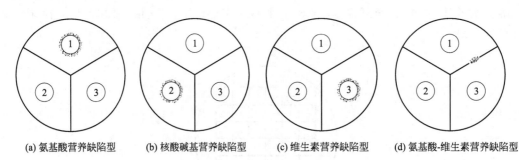

(a) 氨基酸营养缺陷型　　　(b) 核酸碱基营养缺陷型　　　(c) 维生素营养缺陷型　　　(d) 氨基酸-维生素营养缺陷型

图 58-2　营养缺陷型生长谱测定

1—氨基酸混合液；2—核酸碱基混合液；3—维生素混合液

表 58-7　氨基酸营养缺陷型突变株的鉴定结果

突变株号	缺陷型类型	生长区

缺陷型突变率计算公式：

缺陷型突变率＝缺陷型菌株数/被检测的菌落总数（点种总数）×100%

6　思考题

6.1　试述青霉素淘汰野生型、浓缩营养缺陷型机理，为何 G^+ 菌和 G^- 菌采用不同浓度的青霉素？

6.2　挑选营养缺陷型时应注意哪些问题？

十二、分子微生物学基础技术操作

实验 59　聚合酶链反应（PCR）技术体外扩增 DNA

1　实验目的

（1）了解聚合酶链反应的基本原理。

（2）掌握聚合酶链反应的操作方法。

2　实验原理

聚合酶链反应（polymerase chain reaction，PCR）是体外酶促合成特异 DNA 片段的一种技术。利用 PCR 技术可在数小时之内大量扩增目的基因或 DNA 片段，从而免除基因重组等一系列繁琐操作。由于这种方法操作简单、实用性强、灵敏度高并可自动化，因而在分子生物学、基因工程研究及对遗传病、传染病和恶性肿瘤等基因诊断和研究中得到广泛应用。

PCR 进行的基本条件是：

（1）以 DNA 为模板（在 RT-PCR 中模板是 RNA）；

（2）以寡核苷酸为引物；

（3）需要 4 种 dNTP 作为底物；

（4）有 Taq DNA 聚合酶。

PCR 每一个循环由三个步骤组成：

（1）变性，加热模板 DNA，使其解离成单链；

（2）退火，降低温度，使人工合成的寡聚核苷酸引物在低温条件下与模板 DNA 所需扩增序列结合；

（3）延伸，在适宜温度下，Taq DNA 聚合酶利用 dNTP 使引物端向前延伸，合成与模板碱基序列完全互补的 DNA 链。

每一个循环产物可作为下一个循环的模板，因此通过 35 个循环后，可以得到大量的目标 DNA 片段。

PCR 的影响因素如下：

（1）模板。单、双链 DNA 或 RNA 都可作为 PCR 的模板，若起始材料是 RNA，需先通过逆转录反应得到一条 cDNA。为提高 PCR 反应的特异性，所加 DNA 模板量应作相应的调整，如质粒 DNA（ng）、染色体 DNA（μg）、待扩增片段（10^4 拷贝数量）来作起始材料。起始材料可以是粗制品，但不能混有蛋白酶、核酸酶、Taq DNA 聚合酶抑制剂以及任何能结合 DNA 的蛋白质。

（2）引物。引物是决定 PCR 结果的关键。引物的设计应遵循以下原则：

① 引物的长度一般为 18～25 个碱基；

② G+C 含量一般为 40%～60%；

③ 碱基的随机分布。

（3）反应温度和时间。PCR 涉及变性、退火、延伸三个不同温度和时间。通常变性温度和时间为 95℃，45s 至 1min，过高温度或持续时间过长会降低 Taq DNA 聚合酶活性和破坏 dNTP 分子。退火温度可选择比变性温度（T_m）低 2～3℃，变性温度按 $T_m = 4(G+C)\% + 2(A+T)\%$ 计算。在 T_m 值允许的范围内，较高的退火温度有利于提高 PCR 特异性。退火时间一般为 0.5～1min。延伸温度为 72℃，时间与待扩增片段长度有关，一般 1kb 以内片段延伸时间为 1min，如扩增片段较长可适当增加时间。

（4）Taq DNA 聚合酶。目前有两种 Taq DNA 聚合酶供应：从嗜热水生菌中提取的天然酶和大肠杆菌表达的重组 Taq DNA 聚合酶（Ampli Taq TM）。两种酶都有 $5' \rightarrow 3'$ 外切酶活性，但均缺乏 $3' \rightarrow 5'$ 外切酶活性。在 PCR 中，它们可以相互替代。催化典型的 PCR 所需酶量为 1～2.5U，酶量偏少则 PCR 产物相应减少，酶量过高则会增加非特异性反应。

（5）dNTP 浓度。dNTP 在饱和浓度（200μmol/L）下使用。由于 dNTP 溶液有较强酸性，配制时可用 1mol/L NaOH 溶液将其贮存液（50mmol/L）的 pH 调至 7.0～7.5。分装小管于 -20℃ 保存。过多冻融会使其降解。

（6）PCR 缓冲溶液。在反应体系中二价阳离子的存在至关重要，镁离子优于锰离子，而钙离子无效。二价阳离子对引物与模板的结合、产物特异性、错配率、引物二聚体的生成及酶的活性等方面有较大影响，镁离子浓度一般在 0.5～2.5mmol/L 之间。每当首次使用靶序列和引物的一种新组合时，尤其要调整 Mg^{2+} 浓度至最佳。

本实验从小鼠肝脏中提取的 DNA 中扩增 β-actin 基因，其片段长度为 800bp。

3 实验材料

3.1 试剂

（1）PCR 扩增试剂，包括 ddH_2O、dNTP Mixture（各为 2.5mmol/L）、10×Ex Taq Buffer、Ex Taq（5U/μL）。

（2）引物 1：5'-ATCTGGCACCACACCTTCTACAATG-3'

引物 2：5'-CGTCACACTCCTGCTTGCTGATCCACATCTGC-3'

（3）标准 DNA Marker：DL 2000。

3.2 器材

PCR 扩增仪、掌式离心机、0.5mL PCR 管。

4 实验步骤

4.1 在 0.2mL PCR 塑料管中加入下列物质，并混匀。

试剂	体积/μL
ddH_2O	21.0
dNTP Mixture（各为 2.5mmol/L）	3.0
10×Ex Taq Buffer	3.0
Sense Primer（10μmol/L）	0.6
Anti Primer（10μmol/L）	0.6
模板 DNA	0.8
Ex Taq（5U/μL^{-1}）	1.0
总计	30.0

4.2 将上述 PCR 反应混合物混匀放入 PCR 仪中。

4.3 PCR 循环如下：

循环数	程序	温度	时间
1	预变性	95℃	5min
	变性	95℃	30s
35	退火	58℃	30s
	延伸	72℃	1min
1		72℃	10min
1		12℃	保持

4.4 用 1×TAE 配制 1%琼脂糖凝胶。

4.5 在 PCR 反应体系中加上 5μL 载样缓冲液（6×loading buffer），混合后上样电泳。

4.6 将凝胶用染胶液染色后，在紫外分析仪内观察结果。

5 实验结果

5.1 观察泳道上是否存在 DNA 条带以及条带的多少（反应引物的特异性以及反应体系是否合适）。

5.2 对照 Marker，确定目的条带的大小。

6　思考题

染胶液使 DNA 显色的原理是什么？

实验 60　核酸电泳和琼脂糖凝胶中 DNA 的回收

1　实验目的

（1）掌握核酸电泳的方法。
（2）学会回收琼脂糖凝胶中 DNA 的方法。

2　实验原理

琼脂糖凝胶电泳是用琼脂或琼脂糖作支持介质的一种电泳方法。对于分子量较大的样品，如大分子核酸、病毒等，一般可采用孔径较大的琼脂糖凝胶进行电泳分离。其分离原理与其他支持物电泳的最主要区别是：它兼有"分子筛"和"电泳"的双重作用。

琼脂糖凝胶具有网络结构，物质分子通过时会受到阻力，大分子物质在涌动时受到的阻力大，因此在凝胶电泳中，带电颗粒的分离不仅取决于净电荷的性质和数量，而且还取决于分子大小，这就大大提高了分辨能力。但由于其孔径相当大，对大多数蛋白质来说其分子筛效应微不足道，现广泛应用于核酸的研究中。

蛋白质和核酸会根据 pH 不同带有不同电荷，在电场中受力大小不同，因此电泳的速率不同，根据这个原理可将其分开。电泳缓冲液的 pH 在 6～9 之间，离子强度 0.02～0.05 为最适。常用 1% 的琼脂糖作为电泳支持物。琼脂糖凝胶约可区分相差 100 bp 的 DNA 片段，其分辨率虽比聚丙烯酰胺凝胶低，但它制备容易，分离范围广。普通琼脂糖凝胶分离 DNA 的范围为 0.2～20kb，利用脉冲电泳，可分离高达 10^7 bp 的 DNA 片段。

DNA 分子在琼脂糖凝胶中泳动时有电荷效应和分子筛效应。DNA 分子在高于等电点的 pH 溶液中带负电荷，在电场中向正极移动。由于糖-磷酸骨架在结构上的重复性质，相同数量的双链 DNA 几乎具有等量的净电荷，因此它们能以同样的速率向正极方向移动。

3　实验材料

TAE 缓冲液、TBE 缓冲液、DNA Marker、琼脂糖、配胶板、电泳槽、数显式稳压稳流电泳仪。

4　实验步骤

4.1　准备干净的配胶板和电泳槽

注意 DNA 酶污染的仪器可能会降解 DNA，造成条带信号弱、模糊甚至缺失的现象。

4.2　选择电泳方法

一般的核酸检测只需要琼脂糖凝胶电泳就可以；如果需要分辨率高的电泳，特别是只有几个碱基对（bp）的差别应该选择聚丙烯酰胺凝胶电泳；用普通电泳不合适的巨大 DNA 链应该使用脉冲凝胶电泳。注意巨大 DNA 链用普通电泳可能跑不出胶孔导致缺带。

4.3 正确选择凝胶浓度

对于琼脂糖凝胶电泳，浓度通常在 $0.5\% \sim 2\%$ 之间，低浓度的用来进行大片段核酸的电泳，高浓度的用来进行小片段分析。低浓度胶易碎，小心操作和使用质量好的琼脂糖是解决办法。

4.4 适合的电泳缓冲液

常用的缓冲液有 TAE 和 TBE，而 TBE 比 TAE 有着更好的缓冲能力。电泳时使用新制的缓冲液可以明显提高电泳效果。注意电泳缓冲液多次使用后，离子强度降低，pH 值上升，缓冲性能下降，可能使 DNA 电泳产生条带模糊和不规则的 DNA 带迁移的现象。

4.5 电泳的合适电压和温度

电泳时电压不应该超过 $20V/cm$，电泳温度应该低于 $30℃$，对于巨大的 DNA 电泳，温度应该低于 $15℃$。注意如果电泳时电压和温度过高，可能导致出现条带模糊和不规则的 DNA 带迁移的现象。特别是电压太大可能导致小片段跑出胶而出现缺带现象。

4.6 DNA 样品的纯度和状态

注意样品中含盐量太高和含杂质蛋白均可以产生条带模糊和条带缺失的现象。乙醇沉淀可以去除多余的盐，用酚可以去除蛋白质。注意变性的 DNA 样品可能导致条带模糊和缺失，也可能出现不规则的 DNA 条带迁移。在上样前不要对 DNA 样品加热，用 $20mmol/L$ 的 NaCl 缓冲液稀释可以防止 DNA 变性。

4.7 DNA 的上样

正确的 DNA 上样量是条带清晰的保证。注意太多的 DNA 上样量可能导致 DNA 带形模糊，而太少的 DNA 上样量则导致带信号弱甚至缺失。

4.8 Marker 的选择

DNA 电泳一定要使用 DNA Marker 或已知大小的正对照 DNA 来估计 DNA 片段大小。Marker 应该选择在目标片段大小附近 ladder 较密的，这样对目标片段大小的估计才比较准确。需要注意的是 Marker 的电泳同样也要符合 DNA 电泳的操作标准。如果选择 λDNA/*Hind* Ⅲ 或者 λDNA /*Eco*R Ⅰ 的酶切 Marker，需要预先 $65℃$ 加热 5min，冰上冷却后使用，从而避免 *Hind* Ⅲ 或 *Eco*R Ⅰ 酶切造成的黏性接头导致的片段连接不规则或条带信号弱等现象。

4.9 凝胶的染色和观察

实验室常用的核酸染色剂是溴化乙锭（EB），其染色效果好，操作方便，但是稳定性差，具有毒性。而其他系列例如 SYBR Green、GelRed，虽然毒性小，但价格昂贵。注意观察凝胶时应根据染料不同使用合适的光源和激发波长，如果激发波长不对，条带则不易观察，出现条带模糊的现象。

4.10 琼脂糖凝胶中 DNA 的回收——试剂盒法

（1）在长波紫外灯下，用干净刀片将所需回收的 DNA 条带切下，尽量切除不含 DNA 的凝胶，得到凝胶体积越小越好。

（2）将切下的含有 DNA 条带凝胶放入 2.0mL 离心管，称重。

先称一个空 2.0mL 离心管质量，然后放入凝胶块后再称一次，两次质量相减，得到凝胶的质量。

（3）加 3 倍体积溶胶液。

如果凝胶重为 100mg，其体积可视为 100μL，则加入 300μL 溶胶液。

如果凝胶浓度大于 2%，应加入 6 倍体积溶胶液。

（4）56℃ 水浴放置 10min（或直至凝胶完全溶解）。每 2～3min 涡旋振荡一次帮助加速溶解。

（5）可选，一般不需要：每 100mg 最初的凝胶质量加入 150μL 的异丙醇，振荡混匀。有时候加入异丙醇可以提高回收率，加入后不要离心。当回收大于 4kb 的片段时，不加入异丙醇，加入有时反而可能降低回收效率。

（6）将上一步所得溶液加入吸附柱中（吸附柱放入收集管中），室温放置 1min，12000r/min 离心 30～60s，倒掉收集管中的废液。

如果总体积超过 750μL，可分两次将溶液加入同一个吸附柱中。

过滤下的溶胶液和收集管内残存的强碱性平衡液混合后，溶胶液可能会从黄色变成橘红甚至紫色，此为酚红 pH 指示剂碱性条件下的正常颜色变化。

（7）加入 600μL 漂洗液（请先检查是否已加入无水乙醇），12000r/min 离心 30s，弃掉废液。

（8）加入 600μL 漂洗液，12000r/min 离心 30s，弃掉废液。

（9）将吸附柱放回空收集管中，12000r/min 离心 2min，尽量除去漂洗液，以免漂洗液中残留乙醇抑制下游反应。

（10）取出吸附柱，放入一个干净的离心管中，在吸附膜的中间部位加 50μL 洗脱缓冲液（洗脱缓冲液事先在 65～70℃ 水浴中加热效果更好），室温放置 2min，12000r/min 离心 1min。如果需要较多量 DNA，可将得到的溶液重新加入吸附柱中，离心 1min。

洗脱体积越大，洗脱效率越高。如果需要 DNA 浓度较高，可以适当减少洗脱体积，但最小体积不应少于 25μL，体积过小降低 DNA 洗脱效率，减少产量。

5 实验结果

通过核酸电泳，检测 DNA 条带的纯度，估测 DNA 胶纯溶液的大概浓度。

6 思考题

DNA 纯化的原理是什么？

实验 61 PCR 产物的克隆和质粒转化大肠杆菌及其检测

1 实验目的

（1）了解基因编辑的原理。

（2）掌握基因克隆的基本方法。

2　实验原理

大多数常用质粒都含有可被不同内切酶识别的多克隆位点。由于可供选择的克隆位点很多，因此一般来说总是能够找到一个带有与某一特定外源 DNA 片段末端相匹配的酶切位点的质粒载体。

3　实验材料

ATP（10mmol/L）、乙醇、苯酚：氯仿（1∶1，体积比）、乙酸钠（3mol/L，pH5.2）、Tris-EDTA（TE）缓冲液（pH8.0）、T4 噬菌体 DNA 连接酶、限制性内切核酸酶、琼脂糖凝胶、聚丙烯酰胺凝胶、载体 DNA（质粒）、外源或目的 DNA 片段、旋转柱色谱装置、温度可调 16℃ 的水浴装置。

4　实验步骤

4.1　用两种适当的限制性内切核酸酶消化载体（10μg）和外源 DNA 片段。

为进行直接克隆，用两种限制性内切核酸酶消化闭合环状的质粒载体，这样可以识别不同的序列及产生不同的末端。无论哪段序列，应尽可能避免选用在多克隆位点上相距 12 个碱基以内的酶切位点，如果有一个酶切位点被切开，那么第二个酶切位点将离线状 DNA 分子的末端很近，从而影响第二个限制酶的酶切效率。

阅读说明以确定两种限制酶是否可在同样的缓冲液中工作。如果可以，就能用两种限制酶同时对质粒 DNA 进行消化。如果两种限制酶用不同的缓冲液，最好让消化反应分开进行。此时，应首先使用适于低盐浓度的酶。在第一种酶的反应完成后，取少量消化产物通过电泳来确定是否所有的质粒 DNA 已从环状变为线状分子，然后适当调整缓冲液的盐浓度，再加入第二种酶。

4.2　苯酚：氯仿抽提及乙醇沉淀法纯化被消化的外源 DNA 片段。

根据实验情况，可以参照琼脂糖凝胶或聚丙烯酰胺凝胶电泳技术从外源 DNA 消化产物中分离出目的片段。当外源 DNA 片段制备物中含有能与载体连接的多个限制酶酶切片段时，一般需要做这种纯化。

4.3　离心柱色谱加常规乙醇沉淀纯化载体 DNA。

这一纯化步骤可以从质粒制备物中除去那些由多克隆位点中两个靠近的限制酶位点经限制酶消化后所产生的小片段 DNA。

4.4　用 TE（pH 8.0）重新溶解纯化出的两份 DNA 沉淀，使终浓度约为 100ng/mL。假设 1bp 相当于 660Da，计算 DNA 的浓度（pmol/mL）。

琼脂糖凝胶电泳检查两份 DNA 样品的大概浓度。

4.5　按下列表格将适量的 DNA 转移至 0.5mL 的无菌微量离心管中：

管号	DNA
A 和 D	载体(约 100ng)
B	外源插入片段(约 10ng)
C 和 E	载体(约 100ng)和外源插入片段(约 10ng)
F	环状载体(约 10ng)

（1）A、B 和 C 管中加入：$10\times$ 连接缓冲液 $1.0\mu L$，T4 连接酶 $0.5\mu L$，$10mmol/L$ ATP $1.0\mu L$，H_2O 补至 $10\mu L$。

（2）D 和 E 管中加入：$10\times$ 连接缓冲液 $1.0\mu L$，$10mmol/L$ ATP $1.0\mu L$，H_2O 补至 $10\mu L$，无 DNA 连接酶。

在制备 DNA 片段的过程中，可以将 DNA 片段与水一起加入管中于 $45℃$ 温育 $5min$，以消除重新复性而导致的末端相互聚合。在连接反应试剂加入之前，可将 DNA 溶液于 $0℃$ 预冷。为获得最大效率的连接，反应体系越小越好，一般为 $5\sim 10\mu L$。在反应混合物中，ATP 如作为 $10\times$ 连接缓冲液的组分，可给载体和外源 DNA 插入片段的体积提供更大的空间。有些厂家的连接缓冲液中包含有 ATP，这样在应用时就不必另加 ATP 了。

4.6　连接反应混合物置于 $16℃$ 过夜或 $20℃4h$。

4.7　用稀释的连接产物转化感受态大肠杆菌。转化时，应包括用标准方法制备的已知量的超螺旋质粒 DNA 作为对照，以检查转化效率。

管号	DNA	连接酶(有/无)	预期转化克隆数
A	载体	+	约 0（比 F 管少 10^4）
B	插入片段	+	0
C	载体和插入片段	+	比 A 或 D 管多 10 倍
D	载体	−	约 0（比 F 管少 10^4）
E	载体和插入片段	−	部分,但比 C 管少
F	超螺旋载体		大于 2×10^5

5　实验结果

以平板菌落计数，计算 DNA 的转化效率。

6　思考题

核酸内切酶和 DNA 连接酶的工作原理是什么？

实验62　氯化钙法制备大肠杆菌感受态细胞

1　实验目的

（1）了解氯化钙法制备大肠杆菌感受态细胞的基本原理。

（2）掌握氯化钙法制备大肠杆菌感受态细胞的操作方法。

2　实验原理

转化（transformation）：将外源 DNA 分子引入受体细菌，使之获得新的遗传性状。

受体细菌一般是限制修饰系统缺陷变异株，不含限制性内切酶和甲基化酶的突变体（R^-，M^-），可以容忍外源 DNA 分子进入体内并稳定地遗传给后代。受体细胞经过一些特殊方法，如电击或 $CaCl_2$、RbCl/KCl 等化学试剂处理后，细胞膜的通透性增高，成为感受态细胞（competent cell），使外源 DNA 分子得以进入。

目前常用的感受态细胞制备方法有 $CaCl_2$ 和 RbCl/KCl 法，RbCl/KCl 法制备的感受态细胞转化效率较高，但 $CaCl_2$ 法简便易行，且其转化效率完全可以满足一般实验的要求，制备出的感受态细胞暂时不用时，可加入无菌甘油至总体积 15%，于 $-70℃$ 可保存半年之久，因此 $CaCl_2$ 法使用更广泛。

3 实验材料

3.1 菌种

受体菌的培养：从非选择性 LB 平板上挑取 *E.coli* 单菌落，接种于 3～5mL LB 液体培养基中，37℃振荡培养过夜至对数生长中后期。将菌悬液以 1：100 的比例接种于 50～100mL 的 LB 液体培养基中，37℃振荡培养 2.5 h 至 $OD_{600}=0.5$。

注：培养时间不宜超过 2.5h，否则不能达到最高转化效率。

3.2 试剂及器材

3.2.1　0.05mol/L 的 $CaCl_2$-15% 甘油混合溶液，高温高压灭菌。

注：$CaCl_2$ 必须为分析纯以上。

3.2.2　实验中所需的所有试管、培养瓶、离心管等均要用去离子水彻底清洗干净，高温高压灭菌。

注：最好有制备感受态细胞专用的一套实验器材。

4 实验步骤

4.1　细菌的收获：培养液冰浴 5min 后，4℃ $5000×g$ 离心 5min。

注：①冰浴时间不要超过 10min；②或者 4℃ $8000×g$ 离心 2min，速度太快或时间太长对细菌状态不利，并且不利于下步洗涤；③若出现很多黑色沉淀（细菌碎片），说明有大量细菌死亡，此时细菌状态并不好，但若只有少量黑色沉淀，或对转化效率要求不高，亦可继续进行。

4.2　用预冷的去离子水洗涤沉淀，4℃ $5000×g$ 离心 5min。

注：①洗去细菌碎片和残留的培养液；②洗涤时间宜短不宜长。

4.3　沉淀加入 2mL 预冷的 0.05mol/L $CaCl_2$-15% 甘油混合溶液，轻吹散，冰浴 5min，4℃ $5000×g$ 离心 5min。

此时可见细菌沉淀为白色，体积也胀大为最初沉淀体积的数倍。

4.4　沉淀加入 2 mL 预冷的 0.05mol/L $CaCl_2$-15% 甘油混合溶液，轻吹散，即成为感受态细胞悬液。分装成 50～100μL 的小份，液氮速冻，于 $-70℃$ 可保存半年。

注：①最好在 2 个月之内用完，然后重新制备；②若要进一步提高转化效率，可将加入的溶液体积减少到 1mL，或分装为 200μL/管。

4.5　参照实验 63，进行外源质粒的转化。

5 实验结果

菌落计数，计算感受态细胞的效率。

6 注意事项

6.1　在对比了数种 $CaCl_2$ 法制备感受态细胞的方法之后，确定此方案是转化效率最高且最简易的方案，其转化效率只比电击转化法低 1～2 个数量级。

6.2 尽量在超净工作台内操作。

6.3 本方案用于 DH5α、JM109、XL-10、BL21 等系列 *E.coli*，其他的菌种尚未试用。

7 思考题

大肠杆菌感受态细胞的化学制备方法还有哪些？

实验 63　大肠杆菌的电击转化

1 实验目的

（1）了解电击转化法的基本原理。

（2）掌握电击转化法的操作方法。

2 实验原理

电转化法：外加于细胞膜上的电场造成细胞膜的不稳定，形成电穿孔，不仅有利于离子和水进入细菌细胞，也有利于 DNA 等大分子进入。同时 DNA 在电场中形成的极性对于它运输进细胞也是非常重要的。

3 实验材料

3.1 菌种

大肠杆菌感受态细胞。

3.2 试剂及器材

外源片段与载体的连接产物、X-gal、Amp、LA 培养基、水、抗生素、SOC 培养基（2g/100mL Tryptone、0.5g/100mL 酵母提取物、0.05g/100mL NaCl、2.5mmol/L KCl、10mmol/L $MgCl_2$、20mmol/L 葡萄糖，121℃ 灭菌 20min）、培养皿、灭菌锅、离心管、摇床。

4 实验步骤

4.1 1mL X-gal（20mg/mL），25mL Amp（100mg/mL），250mL 制备选择性培养基平板：在熔化的 250mL LA 培养基中加入 250μL IPTG（200mg/mL），混匀后倒入灭菌培养皿中。

4.2 取出制备好的感受态细胞，放在冰上融化。

4.3 连接产物，用移液器轻轻吸打均匀，置冰上；每管感受态细胞加入 1μL。

4.4 电转化仪选择 1800V 作为输出电压。

4.5 将要转化的混合物加入预冷的 1mm 的电转化杯中，立即按下按钮电击。

4.6 立即加 1mL SOC 培养基到转化杯中重悬细胞。

4.7 将细胞转入合适的培养管中 37℃ 培养 1h。

4.8 吸取合适体积的菌液涂布已倒好的选择培养基平板。

4.9　37℃培养过夜，观察结果。

5　实验结果

以菌落计数，计算电击转化感受态细胞的效率。

6　思考题

6.1　电击转化法还可以适用于哪些微生物的转化？
6.2　电击转化法的技术要点是什么？

实验 64　用异丙基硫代半乳糖苷（IPTG）诱导启动子在大肠杆菌中表达克隆基因

1　实验目的

（1）学习和掌握异丙基硫代半乳糖苷（IPTG）诱导基因表达的原理。
（2）了解 SDS-PAGE 的原理。
（3）掌握 SDS-PAGE 的操作方法。

2　实验原理

原核生物绝大多数的基因按功能相关性成簇地排列于基因组上，共同形成一个转录单位——操纵子（元），也称基因表达的协同单位（a coordinated unit of gene expression）。大肠杆菌（*E. coli*）的乳糖操纵子（元）含 Z、Y 及 A 三个结构基因，分别编码 β-半乳糖苷酶（β-galactosidase）、透性酶（permease）和乙酰基转移酶（transacetylase）；此外还有调控基因：操纵序列 O（operator）、启动序列 P（promoter）；而 I（编码 Lac 阻遏物，Lac repressor）不属于乳糖操纵子。Lac 阻遏物是一种具有 4 个相同亚基的四级结构蛋白，都有一个与诱导剂结合的位点。在没有乳糖存在时，lac 操纵子（元）处于阻遏状态，Lac 阻遏物能与操纵基因 O 结合，阻碍 RNA 聚合酶与 P 序列结合，抑制转录启动。而当有诱导剂与阻遏蛋白结合后，其蛋白质构象就发生变化，导致阻遏物从操纵基因 O 上解离下来，RNA 聚合酶不再受阻碍，发生转录。在这个操纵子（元）体系中，真正的诱导剂并非乳糖本身。乳糖进入细胞，经 β-半乳糖苷酶催化，转变为半乳糖，即生理上的诱导剂。而在实验中，通常选用异丙基硫代半乳糖苷（IPTG）作为诱导剂，IPTG 是一种作用极强的诱导剂，不被细菌代谢而十分稳定，因此被实验室广泛应用。

3　实验材料

3.1　菌种

带有 *lacIq* 或 *lacIq1* 等位基因的适于转化的大肠杆菌菌株。

3.2　试剂及器材

Sorvall GSA 转头或相当的转头、水浴锅、振荡培养箱、考马斯亮蓝染色溶液或银染溶液、IPTG（1mol/L）、1×SDS 凝胶加样缓冲液（不含 DTT 的 1× SDS 凝胶加样缓冲液室温保存，

1mol/L DTT 贮存液现用现加于上述缓冲液）、SDS-聚丙烯酰胺凝胶（10%）、靶基因或 cDNA 片段、培养基［含氨苄青霉素（50μg/mL）的 LB 琼脂平板，含氨苄青霉素（50μg/mL）的 LB 培养基］、IPTG 诱导表达载体、其他载体［包括 pGEM-3Z（Promega 公司）、pGEX-1（Pharmacia 公司）、pKK223-3（Pharmacia 公司）、pMEX（U.S. Biochemicals 公司）、pTrc99A（Pharmacia 公司）和 pMAL（New England Biolabs 公司）］、阳性对照质粒（表达已知大小的 LacZ 融合蛋白的 IPTG 诱导载体）。

4 实验步骤

4.1 含重组表达载体的大肠杆菌菌株的构建。

PCR 修饰或限制性内切酶消化分离 DNA 片段，片段 5′端和 3′端带有与 IPTG 诱导表达载体对应的限制酶位点。

大多数 IPTG 诱导表达载体都含有表达外源蛋白所必需的全部控制元件。PCR 修饰表达 cDNA 基因，使结构两侧没有无关序列。为方便表达，可以根据所用载体和初步结果，在片段末端加入其他调控序列。

为确定扩增反应没有引入错误突变，应对 PCR 产物进行序列分析。

4.2 含靶 cDNA/基因的 DNA 片段与表达载体连接。

4.3 重组质粒转化有 *lacIq* 等位基因的大肠杆菌菌株。如果质粒本身有 *lacI* 基因，可以使用任何适当的大肠杆菌菌株。将转化体铺于含氨苄青霉素（50μg/mL）的 LB 琼脂平板，于 37℃ 过夜培养。

空的表达质粒（阴性对照）和阳性对照质粒转化相同的大肠杆菌菌株。

4.4 通过菌落杂交和/或小量制备质粒的限制酶切分析、寡核苷酸杂交或序列分析筛选带有插入片段的转化体。

诱导靶蛋白表达的优化，许多研究表明细胞生长速率严重影响外源蛋白的表达，因此必须对接种细菌量、诱导前细胞生长时间和诱导后细胞密度进行控制。生长过度或过速都会加重细菌合成系统的负担，导致形成包含体。

4.5 对照菌和重组菌分别挑取 1～2 个菌落，接入 1mL 含氨苄青霉素（50μg/mL）的 LB 培养液，适当温度（20～37℃）培养过夜。

大肠杆菌在室温的生长速度是 37℃ 时的 1/4，因此 20℃ 培养过夜（约 16h）可能达不到饱和。但低温时细菌代谢缓慢，不容易形成包含体。

4.6 取 50μL 过夜培养物接入 5mL 含氨苄青霉素（50μg/mL）的 LB 培养液，20～37℃ 振荡培养 2h 以上，至对数中期（$A_{550}=0.5\sim1.0$）。

4.7 吸出 1mL 未经诱导的培养物放在一个微量离心管中，按下面步骤 4.9 和 4.10 所述进行处理。

4.8 在剩余培养物中加入 IPTG 至终浓度 1mmol/L，20～37℃ 继续通气培养。

IPTG 的浓度对表达水平影响非常大。1mmol/L 只是一个起点，也是一个比较低的浓度。实验中，应在 0.01～5.0mmol/L 的范围内改变 IPTG 浓度，寻找最佳使用浓度。对于有些蛋白质，必须诱导表达质粒慢转录，才不至于使细菌的生物合成系统过载。

影响大肠杆菌中获得高水平表达的最重要因素可能是生长温度，通过实验确定最佳温度，是表达外源蛋白的关键。虽然在 15～42℃ 之间都获得过成功表达，但表达某一种特定蛋白质的最佳温度范围则可能很窄，只有 2～4℃。温度有时对表达水平起着决定作用，而有时却对表达水平没有任何影响，这其中的原因还有待进一步研究，但可能是诸多因素单独或同时作用的结果。这些因素包括：细菌生长速率，表达产物的胞内折叠，辅基（血红素、黄素、腺嘌呤二核苷酸、生物素等）的可获得性，外源蛋白的热变性，细胞分泌或折叠器的过载，内源蛋白酶或其他裂解酶的活性，细菌 SOS 修复系统的激活等。由于这些不确定因素的存在，理论推断最佳生长温度是不可靠的，必须进行反复的实验。

4.9 在不同诱导时间（如 1h、2h、4h 和 6h）取 1mL 样品放于微量离心管中，测定 A_{550}，室温高速离心 1min。

4.10 沉淀悬于 $100\mu L$ $1\times SDS$ 凝胶加样缓冲液，$100℃$ 加热 3min，室温高速离心 1min，冰上放置，待全部样品处理完后上样。

4.11 样品加热至室温，取 $40\mu g$ 培养物的悬液上样于 10% 的 SDS-聚丙烯酰胺凝胶。

4.12 $8\sim15V/cm$ 电泳，至溴酚蓝迁移到分离胶底部。

4.13 考马斯亮蓝染色或银染，或免疫印迹，观察表达产物条带。

$37℃$ 诱导 30min 的阳性对照，有一条分子质量为 26kDa 的谷胱甘肽转移酶（GST）条带，GST 的量在诱导过程中持续升高。诱导一定时间的重组菌应有一条与预计大小一致的带，诱导动力学和蛋白质稳定性可能不同于 GST 对照。

5 实验结果

5.1 通过 SDS-PAGE 检测目的蛋白是否表达。

5.2 依照蛋白质 Marker，确定目的蛋白条带的大小。

6 思考题

6.1 常见的蛋白质诱导表达系统和诱导剂有哪些？它们的适用范围和各自的特点是什么？

6.2 如何去除表达目的蛋白的标签？

实验 65 细菌 DNA (G＋C)摩尔分数的测定

1 实验目的

（1）了解细菌 DNA 的（G＋C）摩尔分数测定的原理。

（2）掌握细菌 DNA 的（G＋C）摩尔分数测定方法。

2 实验原理

在 DNA 分子中腺嘌呤（A）和胸腺嘧啶（T）的物质的量相同，而鸟嘌呤（G）和胞嘧啶（C）的物质的量也相同，即 A＝T、G＝C，它们之间两两成对地维持着 DNA 分子的双螺旋结构，一般称为碱基对。不同生物种的 DNA 中两种碱基对的数量或比例可能是相同的，也可能是不相同的；而碱基对的数量或比例不相同的生物种其亲缘关系较为疏远。DNA 中核苷酸碱基对的数量和比例在细胞中是稳定的，不受菌龄、外界环境条件的影响。因此可以利用（G＋C）摩尔分数来判别生物系统发育中的亲缘关系。

本实验采用紫外-可见分光光度计测定 T_m 值法来计算（G＋C）含量。双螺旋的 DNA 经加温变性后解离成单链，由于 G 与 C 之间有三个氢键，A 与 T 之间只有两个氢键，因此 DNA 中 G-C 碱基对含量高的必然其 T_m 值也较高。近年来人们广泛使用（G＋C）含量作为一项重要的分子生物学指标来检查传统细菌分类划分的合理性。

3　实验材料

3.1　菌种

谷氨酸棒杆菌（*Corynebacterium glutamicum*）。

3.2　试剂及器材

溶菌酶、RNA 酶、氯化钠、次氯酸钠、EDTA、乙醇、氯仿、异戊醇、乙酸钠、异丙醇、十二烷基磺酸钠、柠檬酸钠、生化培养箱、离心机、水浴锅、移液器、超声波破碎仪、紫外-可见分光光度计。

4　实验步骤

4.1　DNA 的提取

刮取生长在牛肉汁琼脂平皿培养基上的菌体，利用细菌基因组 DNA 提取试剂盒提取基因组 DNA，具体流程如下。

（1）取 1mL 培养 12h 的菌液，加入 1.5mL Eppendorf（EP）管中，13000×g 离心 2min 收集菌体，弃上清液；

（2）向 EP 管中加入 Nuclei Lysis Solution 溶液 600μL，吹吸混匀菌体；

（3）将盛有混匀菌体的 EP 管 80℃水浴 5min 溶解菌体，取出冷却至室温；

（4）向 EP 管中加入 RNase Solution 溶液 3μL，颠倒混匀；

（5）将 EP 管 37℃水浴 15～60min，然后冷却至室温；

（6）向 EP 管中加入 Protein Precipitation Solution 溶液 200μL，剧烈振荡 20s 混匀；

（7）冰浴 5min，然后 13000×g 离心 3min；

（8）转移上清液至含有 600μL 室温异丙醇的 1.5mL EP 管中，轻柔颠倒混匀，直至肉眼可见线状物（DNA）出现，然后 13000×g 离心 2min；

（9）小心倒掉上清液，在干净的吸水纸上干燥 EP 管；

（10）向 EP 管中加入室温的 70％乙醇 600μL，轻柔颠倒混匀数次，然后 13000×g 离心 2min，小心吸出乙醇，以清洗 DNA；

（11）在干净的吸水纸上风干 EP 管 10～15min；

（12）向 EP 管中加入 DNA Rehydration Solution 溶液 100μL，65℃水浴 1h，或者 4℃过夜溶解 DNA。提取好的 DNA －20℃保存。

4.2　由解链温度（T_m 值）计算（G＋C）含量

T_m 值就是 DNA 熔解温度，指 DNA 的双螺旋结构在加热变性过程中 $λ_{260}$ 吸收值达到最大值的 1/2 时的温度。T_m 值与（G＋C）含量有着直线关系。利用 DNA 双链解链时出现的增色性测定 DNA 的 T_m 值方法基本上依照 Marmur 等的报告。将所得的光密度（A_{t2}）除以开始测定时的光密度（A_{t1}）作为纵坐标读数，对着 A_{t2} 的温度的横坐标绘成曲线。取曲线的线性部分的中点定为 T_m 值的点，依照 Marmur 的公式计算（G＋C）摩尔分数。

$$T_m = 69.3 + 0.41 \times (G+C)$$

5 实验结果

计算谷氨酸棒杆菌的基因组 DNA（G＋C）摩尔分数。

6 思考题

6.1 细菌 DNA 的（G＋C）摩尔分数测定的其他方法有哪些？

6.2 生物系统发育中的亲缘关系分析的其他分子生物学方法有哪些？

实验 66 16S rRNA 序列分析及其同源性分析

1 实验目的

(1) 了解微生物分子鉴定的原理和应用。

(2) 掌握利用 16SrRNA 基因进行微生物分子鉴定的操作方法。

(3) 运用软件构建系统发育树并对微生物进行系统发育关系分析。

2 实验原理

长期以来，对微生物的分类鉴定主要采用分离培养、形态特征分析、生化反应和免疫学等方法。但这些传统手段均存在耗时长、特异性差、敏感度低等问题，难以满足现代细菌学研究的发展要求。随着分子生物学技术的迅速发展，特别是聚合酶链反应（PCR）技术的出现及核酸研究技术的不断完善，产生了许多新的分类方法，如质粒图谱、限制性片段长度多态性分析、PCR 指纹图、rRNA 基因（即 rDNA）指纹图、16S rRNA 序列分析等。这些技术主要是对细菌染色体或染色体外的 DNA 片段进行分析，从遗传进化的角度和分子水平进行细菌分类鉴定，从而使细菌分类更科学、更精确。其中原核生物 16S rRNA 基因（真核18S rRNA 基因）序列分析技术已被广泛应用于微生物分类鉴定。

核糖体 rRNA 对所有生物的生存都是必不可少的。其中 16S rRNA 在细菌及其他微生物的进化过程中高度保守，被称为细菌的"分子化石"。在 16S rRNA 分子中含有高度保守的序列区域和高度变化的序列区域，因此很适于对进化距离不同的各种生物亲缘关系的比较研究。其具体方法如下：首先借鉴保守区的序列设计引物，将 16S rRNA 基因片段扩增出来，测序获得 16S rRNA 基因序列，再与生物信息数据库（如 GenBank）中的 16S rRNA 基因序列进行比对和同源性分析比较，利用可变区序列的差异构建系统发育树，分析该微生物与其他微生物之间在分子进化过程中的系统发育关系（亲缘关系），从而达到对该微生物分类鉴定的目的。通常认为，与参照菌株 16S rRNA 基因序列同源性小于 97％，可以认为待鉴定菌株与参照菌株分属于不同的种；与参照菌株 16S rRNA 同源性小于 93％～95％，可以认为待鉴定菌株与参照菌株分属于不同的属。

系统进化树（系统发育树）是研究生物进化和系统分类中常用的一种树状分枝图形，用来概括各种生物之间的亲缘关系。通过比较生物大分子序列（核苷酸或氨基酸序列）差异的数值构建的系统树称为分子系统树。系统树分有根树和无根树两种形式。无根树只是简单表示生物类群之间的系统发育关系，并不反映进化途径。而有根树不仅反映生物类群之间的系统发育关系，而且反映出它们有共同的起源及进化方向。分子系统树是在进行序列测定获得分子序列信息后，运用适当的软件由计算机根据各微生物分子序列的相似性或进化距离来构建的。计算分析系统发育相关性和构建系统树时，可以采用不同的方法如基于距离的方法〔UPGMA、ME（minimum evolution，最小进化法）〕、NJ（neighbor-joining，邻接法）、MP（maximum parsimony，最大简约法）、ML（maximum likelihood，最大似然法）和贝叶斯（Bayesian）推断等方法。构建进化树需要做 Bootstrap 检验，一般 Bootstrap 值大于 70，认为构建的进化树较为可靠。如果 Bootstrap 值过低，所构建的进化树的拓扑结构可能存在问题，进化树不可靠。一般采用两种不同方法构建进化树，如果所得进化树相似，说明结果较为可靠。常用构建进化树的软件有 PHYLIP、Mega、PAUP、T-REX 等。

本实验以枯草芽孢杆菌的鉴定为例，应用 16S rRNA 基因序列分析技术进行微生物鉴定。

3 实验材料

3.1 菌种和质粒

（1）菌种：枯草芽孢杆菌，*E.coli* DH5a。
（2）质粒：pMD18-T 载体。

3.2 试剂及器材

琼脂糖、细菌基因组提取试剂盒、dNTP、DNA 聚合酶、PCR 产物纯化试剂盒、T4 DNA 连接酶、X-gal、IPTG、限制性内切酶 *Sph* Ⅰ和 *Pst* Ⅰ、LB 培养基（胰蛋白胨 10g，酵母提取物 5g，NaCl 10g，蒸馏水 1 L，pH 7.2）、PCR 仪、电泳仪、高速冷冻离心机、凝胶成像系统、超净工作台、摇床、电子天平、恒温培养箱等。

4 实验步骤

4.1 设计合成引物

使用 16S rRNA 全长通用引物。引物 1：5′-AGAGGTTGATC CTGGCTCAG-3′；引物 2：5′-TAGGGTTACCTTGTTACGACTT-3′。提交序列，公司合成。

4.2 PCR 扩增 16S rRNA 基因片段

以基因组 DNA 为模板，最适量为 0.1～1.0ng，过多可能引发非特异性扩增，过少可能扩增失败。PCR 体系一般用 25μL，使用保真度较高的 DNA 聚合酶。

反应体系：

试剂	体积/μL
ddH$_2$O	18
dNTP Mixture（各 2.5mmol/L）	2.0
10×Ex Taq Buffer	2.5
Sense Primer（10μmol/L）	0.5
Anti Primer（10μmol/L）	0.5
模板 DNA	1.0
Ex Taq（5U/μL）	0.5
总计	25.0

PCR 循环如下：

循环数	程序	温度	时间
1	预变性	95℃	5min
	变性	95℃	30s
35	退火	65℃	30s
	延伸	72℃	1.5min
1		72℃	10min
1		12℃	保持

4.3 琼脂糖凝胶电泳检测 PCR 产物

配制 1%琼脂糖凝胶，取 4μL PCR 产物，混合 0.5μL 6×上样缓冲液加样，DL2000 Marker 作为分子量标准，在 1×TAE，110V 电泳 45～60min，EB 染色，紫外凝胶成像仪中观察。

16S rRNA 基因片段大约为 1.5kb。

4.4 胶回收 16S rRNA 基因片段

4.4.1 电泳

配制 1%低熔点琼脂糖凝胶，将 PCR 获得的 16S rRNA 基因与上样缓冲液混合，加入一个大的胶孔中。4℃，50 V 恒压电泳 2～3h。

4.4.2 切胶

紫外灯下，用无菌刀片切下条带转移至干净的 2.0mL 离心管中。

4.4.3 胶回收

(1) 准确称量凝胶的质量，按 1g≈1mL 计，加入 5 倍体积的 TE 缓冲液，盖上盖子，于 65℃保温 5min 熔化凝胶。

(2) 待凝胶冷却至室温，加入等体积的 Tris 饱和酚 (pH 8.0)，剧烈振荡混匀 20s。20℃，10000r/min 离心 10min，回收水相。

(3) 加入等体积的酚：氯仿 (pH 8.0 的 Tris 饱和酚与氯仿等体积混合)，剧烈振荡，20℃，10000r/min 离心 10min，回收水相。

(4) 用等体积的氯仿抽提上清液，颠倒混匀，20℃，10000r/min 离心 10min，回收水相。

(5) 将水相移到一新的 1.5mL 离心管，加入 0.2 倍体积的 10mol/L 乙酸铵和 2 倍体积的无水乙醇，混匀后在室温下放置 20min。然后于 4℃，12000r/min 离心 10min，弃上清液，打开管盖，晾干沉淀，将沉淀溶解在一定量的无菌双蒸水中备用。

4.5 16S rRNA 基因片段通过 pMD18-T 载体进行克隆

4.5.1 16S rRNA 基因片段与 pMD18-T 载体连接

在 0.5mL 的微量离心管中分别加入以下溶液，16℃连接过夜 (12～14h)。

pMD18-T 载体	100ng
胶回收的 16S rRNA 基因	50ng
T4 DNA 连接酶	1μL
2×连接缓冲液	5μL
无菌双蒸水	至 10μL

4.5.2 转化

将连接好的载体在冰上放置 5min，然后全部加入装有 100μL *E. coli* DH5 a 感受态细胞的离心管中，轻轻混匀，置于冰上 5min。然后在 42℃ 水浴热击 90s，迅速将离心管转移到冰上，放置 5min。加入 1mL 37℃ 预热的 LB 培养基，37℃，200r/min 振荡培养 1h。

4.5.3 重组子的筛选

将上述培养液涂布到含有氨苄青霉素、IPTG 和 X-gal 的 LB 平板上，37℃ 恒温培养过夜，出现白色菌落一般是重组子。

4.5.4 重组子的酶切鉴定

挑取几个白色菌落，分别接种到含有终浓度 100μg/mL 氨苄青霉素 LB 液体培养基中，37℃ 振荡培养过夜。用碱法提取转化子质粒。用限制性内切酶 *Sph* Ⅰ 和 *Pst* Ⅰ 37℃ 酶切 2～3h。将酶切产物加样到 1% 琼脂糖凝胶进行电泳，观察 1.5kb 左右的酶切条带，证明是正确的重组子。

4.6 16S rRNA 基因的序列测定

将验证正确的重组子交给专业测序公司完成测序。

4.7 序列分析与系统发育树的构建

4.7.1 相似序列的获取

用 BLAST 生物信息数据库搜索功能进行在线相似性搜索，选择几个已知分类地位的相似序列。

4.7.2 多重序列比对分析

用 Clust X 软件对多个相似序列进行多重序列比对分析。

4.7.3 构建系统发育树

利用 Mega4 软件构建系统发育树（方法见附录Ⅳ）。

4.7.4 系统发育关系分析

5 实验结果

5.1 将 PCR 扩增的凝胶电泳结果扫描图打印出来，并对结果加以分析说明。

5.2 对重组子筛选平板上的菌落特征进行描述和分析。

5.3 对 PCR 产物进行测序所得的序列进行序列特征分析。

5.4 对基于 16S rRNA 基因的序列构建的系统发育树进行系统发育关系分析。

6 思考题

6.1 16S rRNA 基因的序列有什么特征？

6.2 利用 16S rRNA 基因序列分析方法获得的鉴定结果与菌株已知的分类结果是否一致？若不一致，如何确定其准确的分类地位？

实验 67 细菌原生质体的融合

1 实验目的

（1）了解原生质体融合技术的原理。

（2）学习并掌握以细菌为材料的原生质体融合技术。

2　实验原理

原核微生物基因重组主要可通过转化、转导、接合等途径，但有些微生物不适于采用这些途径，从而使育种工作受到一定的限制。1978 年第三届国际工业微生物遗传学讨论会上，有人提出微生物细胞原生质体融合这一新的基因重组手段。由于它具有许多特殊优点，所以，目前已为国内外微生物育种工作所广泛研究和应用。

2.1　原生质体融合的优点

（1）克服种属间杂交的"不育性"，可以进行远缘杂交。由于用酶解除去细胞壁，因此，即使相同接合型的真菌或不同种属间的微生物，皆可发生原生质体融合，产生重组子。

（2）基因重组频率高，重组类型多。原生质体融合时，由于聚乙二醇（PEG）起促融合的作用，使细胞相互聚集，可以提高基因重组率。原生质体融合后，两个亲株的整套基因组（包括细胞核、细胞质）相互接触，发生多位点的交换，从而产生各种各样的基因组合，获得多种类型的重组子。

（3）可将由其他育种方法获得的优良性状，经原生质体融合而组合到一个菌株中。

（4）存在着两个以上亲株同时参与融合，可形成多种性状的融合子。

2.2　原生质体融合步骤

（1）选择亲本。选择两个具有育种价值并带有选择性遗传标记的菌株作为亲本。

（2）制备原生质体。经溶菌酶除去细胞壁，释放出原生质体，并置高渗液中维持其稳定。

（3）促融合。聚乙二醇加入原生质体以促进融合。聚乙二醇为一种表面活性剂，能强制性地促进原生质体融合。在有 Ca^{2+}、Mg^{2+} 存在时，更能促进融合。

（4）原生质体再生。原生质体已失去细胞壁，虽有生物活性，但在普通培养基上不生长，必须涂布在再生培养基上，使之再生。

（5）检出融合子。利用选择培养基上的遗传标记，确定是否为融合子。

（6）融合子筛选。产生的融合子中可能有杂合双倍体和单倍重组体不同的类型，前者性能不稳定，要选出性能稳定的单倍重组体，需反复筛选出生产性能良好的融合子。

2.3　原生质体再生率和融合率计算

3　实验材料

3.1　菌种

枯草芽孢杆菌 T4412 ade⁻his⁻、枯草芽孢杆菌 TT2 ade⁻pro⁻。

3.2　试剂及器材

3.2.1　培养基

（1）完全培养基（CM，液体）。

（2）完全培养基（CM，固体）：液体培养基中加入 2.0％琼脂。

（3）基本培养基（MM）。

（4）补充基本培养基（SM）：在基本培养基中加入 20g/mL 的腺嘌呤及 2％的纯化琼脂，121℃灭菌 20min。

（5）再生补充基本培养基（SMR）：在补充基本培养基中加入 0.5mol/L 蔗糖，1.0％纯化琼脂作上层平板，2.0％纯化琼脂作底层平板，121℃灭菌 20min。

（6）酪蛋白培养基（测蛋白酶活性用）。

3.2.2 缓冲液

（1）0.1mol/L pH 6.0 磷酸缓冲液。

（2）高渗缓冲液：于上述磷酸缓冲液中加入 0.8mol/L 甘露醇。

3.2.3 原生质体稳定液（SMM）

0.5mol/L 蔗糖、20mol/L $MgCl_2$、0.02mol/L 顺丁烯二酸，调 pH 为 6.5。

3.2.4 促融合剂

40％聚乙二醇（PEG-4000）的 SMM 溶液。

3.2.5 溶菌酶液

酶粉酶活为 4000U/g，用 SMM 溶液配制，终浓度为 2mg/mL，过滤除菌备用。

3.2.6 器皿

培养皿、移液管、试管、容量瓶、锥形瓶、烧杯、离心管、吸管、显微镜、台式离心机、721 型分光光度计、细菌过滤器。

4 实验步骤

4.1 原生质体的制备

4.1.1 培养枯草芽孢杆菌

取亲本菌株 T4412、TT2 新鲜斜面分别接一环到装有液体完全培养基（CM）的试管中，36℃振荡培养 14h，各取 1mL 菌液转接入装有 20mL 液体完全培养基的 250mL 锥形瓶中，36℃振荡培养 3h，使细胞生长进入对数前期，各加入 25U/mL 青霉素，使其终浓度为 0.3U/mL，继续振荡培养 2h。

4.1.2 收集细胞

各取菌液 10mL，4000r/min 离心 10min，弃上清液，将菌体悬浮于磷酸缓冲液中，离心。如此洗涤两次，将菌体悬浮于 10mL SMM 中，每毫升约含 $10^8 \sim 10^9$ 个活菌为宜。

4.1.3 总菌数测定

各取菌液 0.5mL，用生理盐水稀释，取 10^{-5}、10^{-6}、10^{-7} 各 1mL（每稀释度做两个平板），倾注完全培养基，36℃培养 24h 后计数。此为未经酶处理的总菌数。

4.1.4 脱壁

二株亲本菌株各取 5mL 菌悬液，加入 5mL 溶菌酶溶液，溶菌酶浓度为 $100\mu g/mL$，混匀后于 36℃水浴保温处理 30min，定时取样，镜检观察原生质体形成情况，当 95％以上细胞变成球状原生质体时，用 4000r/min 离心 10min，弃上清液，用高渗缓冲液洗涤除酶，然后将原生质体悬浮于 5mL 高渗缓冲液中。立即进行剩余菌数的测定。

4.1.5 剩余菌数测定

取 0.5mL 上述原生质体悬液，用无菌水稀释，使原生质体裂解死亡，取 10^{-2}、10^{-3}、10^{-4} 稀释液各 0.1mL，涂布于完全培养基平板上，36℃培养 24～48h，生长出的菌落应是未被酶裂解的剩余细胞。

计算酶处理后剩余细胞数，并分别计算二亲株的原生质体形成率。原生质体形成率等于未经酶处理的总菌数减去酶处理后剩余细胞数。

4.2 原生质体再生

用双层培养法，先倒再生补充基本固体培养基（SMR）作底层，取 0.5mL 原生质体悬液，用 SMM 作适当稀释，取 10^{-3}、10^{-4}、10^{-5} 稀释液各 1mL，加入底层平板培养基的中央，再倒入上层再生补充基本半固体培养基混匀，36℃培养 48h。分别计算二亲株的原生质体的再生率，并计算其平均数。

4.3 原生质体融合

取两个亲本的原生质体悬液各 1mL 混合，放置 5min 后，2500r/min 离心 10min，弃上清液。于沉淀中加入 0.2mL 的 SMM 混匀，再加入 1.8mL 的 PEG 溶液，轻轻摇匀，置 36℃水浴保温处理 2min，2500r/min 离心 10min，收集菌体，将沉淀充分悬浮于 2mL 的 SMM 中。

5　实验结果

5.1　检出融合子

取 0.5mL 融合液，用 SMM 作适当稀释，取 0.1mL 菌液与灭菌并冷却至 50℃的再生补充基本培养基软琼脂混匀，迅速倾入底层为再生补充基本培养基的平板上，36℃培养 2d，检出融合子，转接传代，并进行计数，计算融合率。

5.2　融合子的筛选

挑选遗传标记稳定的融合子，凡是在再生补充基本培养基平板上长出的菌落，初步认为是融合子，可接入到酪蛋白培养基平板上，再挑选蛋白酶活性高于亲本的融合子。原生质体融合后会出现两种情况：一种是真正的融合，即产生杂合二倍体或单倍重组体；另一种只发生质配，而无核配，形成异核体。两者都能在再生补充基本培养基平板上形成菌落，但前者稳定，而后者则不稳定。故在传代中将会分离为亲本类型。因此要获得真正融合子，必须进行几代分离、纯化和选择。

6　思考题

不同种的原生质体融合后，DNA 重组后形成几条 DNA 链，还是一条？

十三、免疫学技术

实验 68　抗原与免疫血清的制备

1　实验目的

（1）学习抗原与抗体的一种制备方法。
（2）为"细菌的凝集实验"准备实验材料。

2 实验原理

将抗原注射于动物体中，可刺激动物的 B 淋巴细胞转化为浆细胞而产生特异性抗体，从其血液中分离出血清，此即含抗体的免疫血清，或称抗血清。免疫血清对于微生物的鉴定、免疫球蛋白的鉴定、抗原分析、传染病的诊断与治疗等均有重要的作用。

动物产生抗体的量，不但与动物的种类、营养状况、年龄、刺激部位的感受性有关，而且还与抗原的种类、注射途径、注射量、注射次数、注射间隔时间等有关。抗原量低到一定限度时，抗体不能产生或用现有方法不能测出，反之，如果高到一定限度对抗体的产生反而起到抑制的作用。在最低限度以上，抗体根据抗原量的增加而增加，达到最高限度时就不再增加。每种类型的抗原，其使用量都是根据实验而得出的。注射途径最常用的是静脉注射。

本实验的抗原是细菌细胞，采用每毫升中含 9 亿个细菌比较合适。抗原初次注射后，经一段诱导期，血清内就可找到抗体，以后逐渐上升，抗体量一般不高，然后逐渐下降。但再次注射时，抗体量迅速上升到最高水平，而且维持的时间也长。因此，制备抗体一般需要多次注射抗原，才能得到高效价的免疫血清。

3 实验材料

3.1 菌种和实验动物

24h 培养的大肠杆菌斜面、2kg 左右的健康雄家兔或未孕的健康雌家兔。

3.2 试剂及器材

硫柳汞、0.5％石炭酸生理盐水、麦氏（McFarland）比浊管、乙醇棉花、碘酒棉花、消毒干棉花、灭菌吸管、毛细滴管、小试管、大试管与离心管、2mL 和 20mL 注射器（灭菌）、9 号和 7 号针头、灭菌细口瓶、离心机等。

4 实验步骤

4.1 抗原的制备

4.1.1 吸取灭菌的 0.5％石炭酸生理盐水 5mL，注入大肠杆菌斜面培养物上，将菌苔洗下。

4.1.2 用无菌毛细滴管吸取洗下的菌液，注入无菌小试管。

4.1.3 将此含有菌液的小试管放 60℃ 的水浴箱中 1h，并不时摇动。

4.1.4 取一与比浊管同质量的小试管，加菌液 1mL，再加石炭酸生理盐水 4mL（或更多，视原菌液浓度而定），混匀后与各比浊管比浊，如果与第 3 管的浊度相等，则此菌液每毫升的细菌数为：

$$5 \times 900000000 = 4500000000 (45 亿)$$

4.1.5 麦氏比浊管配制法：用同质量同大小的试管 10 支，按表 68-1 加入药品配制。

表 68-1 麦氏比浊管配制法　　　　　　　　　　　　　　　　　　　　单位：mL

试管号	1	2	3	4	5	6	7	8	9	10
1％$BaCl_2$	0.1	0.2	0.3	0.4	0.5	0.6	0.7	0.8	0.9	1.0
1％H_2SO_4	9.9	9.8	9.7	9.6	9.5	9.4	9.3	9.2	9.1	9.0
相当每毫升细菌数	3亿	6亿	9亿	12亿	15亿	18亿	21亿	24亿	27亿	30亿

4.1.6 稀释：用0.5％石炭酸生理盐水将菌液稀释至每毫升含9亿个细菌。

4.1.7 无菌试验：将已稀释好的菌悬液少量接种于肉汤培养基内，培养24~48h，观察有无细菌生长，如无细菌生长，即可放冰箱备用。

4.2 免疫血清的制备

4.2.1 注射动物

（1）用消毒注射器和7号针头抽取以上制备好的大肠杆菌抗原（抽取前摇匀），按表68-2所列剂量与日程注射家兔耳静脉。

表 68-2　家兔耳静脉注射剂量与日程

日程	菌液注射量/mL	日程	菌液注射量/mL
第1日	0.2	第4日	0.6
第2日	0.4	第6日	2.0

（2）第14日自耳静脉采血1mL，分离血清，测其凝集效价，如合格即可大量采血。

（3）第16日采血。

4.2.2 家兔心脏采血（可参考相关教科书，此略）

4.2.3 制备血清

（1）采集的血液移入灭菌大试管（或平皿）后，尽量放成最大斜面，凝固后放入4~6℃冰箱中，让其自然析出血清。

（2）用已灭菌的毛细滴管吸出血清，如果血清中带有红细胞，则用离心沉淀法去掉红细胞。此后将血清分装于灭菌细口瓶中，并测定抗血清的效价。

（3）加入防腐剂，使血清中含有0.01％硫柳汞。

（4）用蜡或胶带纸封瓶口，贴上标签，注明抗血清名称、凝集效价及日期，放冰箱备用。

5 实验结果

制备大肠杆菌的免疫血清。

6 思考题

6.1 制备大肠杆菌抗原时，使用石炭酸生理盐水和加热60℃ 1h的目的是什么？

6.2 在动物体内制备免疫血清为什么要多次注射？

6.3 制备免疫血清所用的器皿，为什么都要预先灭菌？

实验 69　细菌的凝集实验

1 实验目的

（1）了解凝集反应的原理，把握基本操作方法，学会初步判断凝集反应的结果。

（2）掌握利用血清稀释法测定免疫血清的效价。

2 实验原理

颗粒性抗原的悬液与含有特异性抗体的血清混合，在适量电解质存在下，出现肉眼可见的凝集块，称为凝集反应。其反应机制是抗原与其相应抗体间存在相对应的极性基，极性基相互吸附，使抗原外周的水化膜除去，由亲水溶胶变成疏水溶胶，又由于电解质具有降低电位的作用，使抗原颗粒间的排斥力消除，从而产生凝集反应或称凝集现象。参加反应的抗原叫凝集原，其血清中的抗体称为凝集素。温度可促进颗粒性抗原（如细菌或红细胞）的分子运动，使得细菌与细菌之间的相互碰撞机会增多，反应加速。一般在 37℃ 或 56℃ 水浴中进行，不得超过 60℃，否则使抗原和抗体中的蛋白质变性。利用已知抗血清可以鉴定未知细菌，因此，本法可进行细菌的鉴定、分型及抗原分析，诊断传染病的病原，还可用于已知细菌检查未知血清的抗体。凝集反应常用的方法有玻片法和试管法。

3 实验材料

3.1 抗原

大肠杆菌斜面培养物，大肠杆菌菌悬液（含 $1×10^{10}$ 个/mL 大肠杆菌的生理盐水悬液，并经 60℃ 加热 1h 灭活）。

3.2 抗体

大肠杆菌免疫血清。

3.3 试剂及器材

小试管、试管架、生理盐水、载玻片、水浴锅、移液管（1mL 刻度、5mL 刻度）。

4 实验步骤

4.1 玻片凝集反应

4.1.1 取洁净干燥的载玻片一片，用蜡笔划分两区，一端注明为对照，一端注明为实验。

4.1.2 用接种环取生理盐水，滴两滴于对照中心；同法滴大肠杆菌免疫血清于实验中心。

4.1.3 用接种环取少量大肠杆菌培养物分别研磨乳化于盐水及血清内，并均匀混合。

4.1.4 将玻片略微反复摇动后，静置于 50℃ 恒温水浴表面上保温 5～10min，以加快抗原与抗体的反应。反应 5min 后，若观察到一端有凝集反应出现凝集小块则为阳性结果，另一端为生理盐水与抗原的混合物作为对照。

4.1.5 如果肉眼不易观察清楚，可将玻片置低倍镜下检查凝集块。

注：此法是用已知的免疫血清检查未知细菌，只能进行定性测定。

4.2 试管凝集反应

4.2.1 取洁净干燥的小试管 10 支，排列于试管架上。

4.2.2 用移液管（5mL）按表 69-1 分别加入生理盐水 0.5mL 于各试管中。

4.2.3 取免疫血清 0.5mL 加入另一试管，并加入 4.5mL 生理盐水混合，制成稀释 1∶10 的免疫血清。

4.2.4 用移液管吸取斜面培养 18h 的大肠杆菌培养物，稀释 1∶10 的免疫血清 0.5mL，注入第一管，并三次混匀；然后由第一管中吸取 0.5mL 注入第二管，并混匀；由第二管中吸取 0.5mL 注入第三管……；以此类推至第九管，从第九管中吸出 0.5mL 弃去；第十管不加血清，作为对照。

试管号	1	2	3	4	5	6	7	8	9	10
生理盐水	0.5	0.5	0.5	0.5	0.5	0.5	0.5	0.5	0.5	0.5
第一管加 1∶10 血清①	0.5	0.5	0.5	0.5	0.5	0.5	0.5	0.5	0.5	—
血清的稀释度	1∶20	1∶40	1∶80	1∶160	1∶320	1∶640	1∶1280	1∶2560	1∶5120	0
细菌悬液	0.5	0.5	0.5	0.5	0.5	0.5	0.5	0.5	0.5	0.5
血清总稀释度	1∶40	1∶80	1∶160	1∶320	1∶640	1∶1280	1∶2560	1∶5120	1∶10240	0
结果										

表 69-1　血清凝集反应记录　　　　　　　　　　　单位：mL

① 按上述 4.2.4 进行。

4.2.5　在每管中加入 0.5mL 经处理的大肠杆菌菌悬液，作为抗原，摇匀，并置 45℃ 水浴中 2h 后，初步观察结果。转置冰箱，次日再观察结果。观察结果时勿摇动试管。

4.2.6　先观察管底是否有凝集现象，记录结果。

4.2.7　结果记录法

（1）完全凝集，凝集块完全沉于管底，液体澄清，以"＋＋＋＋"记录。

（2）凝集块沉于管底，液体稍浑，以"＋＋＋"记录。

（3）部分凝集，液体浑浊，以"＋＋"记录。

（4）极少凝集，液体浑浊，以"＋"记录。

（5）无变化，以"－"记录。

4.2.8　取"＋＋"的稀释度作为免疫血清的效价。

注：此法是免疫血清定量测定效价法。

5　实验结果

5.1　将玻片凝集反应实验的结果记录于表 69-2 中。

表 69-2　玻片凝集反应实验结果

结果/项目	对照区（生理盐水＋菌体）	实验区（血清＋菌体）
阳性		
阴性		

5.2　将各试管凝集反应实验的结果记录于表 69-3 中。

表 69-3　试管凝集反应实验结果

血清稀释①	1∶40	1∶80	1∶160	1∶320	1∶640	1∶1280	1∶2560	1∶5120	1∶10240	对照	效价
凝集反应强弱											

① 原血清的浓度为 1∶100。

6　思考题

6.1　凝集反应为何要在适量电解质存在的情况下才能进行？

6.2　玻片凝集反应与试管凝集反应各有什么优点？

实验 70　双向免疫扩散实验

1　实验目的

（1）学习双向免疫扩散的基本原理及其用途。
（2）掌握双向免疫扩散的操作步骤及方法。

2　实验原理

双向免疫扩散又称双向琼脂扩散，此法是由可溶性抗原与抗体在同一琼脂凝胶的相邻小孔相互扩散，相遇后形成抗原抗体复合物，如浓度比例恰当则形成特异性白色沉淀线。

双向免疫扩散因抗原抗体系统的种类和数量的不同，会出现一条或多条沉淀线，并且，还会因抗原抗体的浓度、比例、分子质量的差异而使沉淀线的形状、部位出现差异。因此，此法可对抗原进行定性、半定量和组分分析，对抗体进行定性及效价测定等。本实验即为抗血清的效价测定。

3　实验材料

3.1　抗原

苏云金芽孢杆菌晶体蛋白（1mg/mL）。

3.2　抗体

抗苏云金芽孢杆菌晶体蛋白抗血清。

3.3　试剂及器材

1％生理盐水琼脂糖（分装到指型管中，每管 3.5mL）、载玻片、记号笔、滤纸、毛细滴管、有盖瓷盘、牙签、小试管、1mL 吸管、生理盐水、打孔器（内径 3mm）、打孔模板（图 70-1）等。

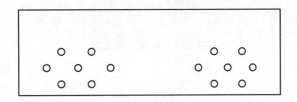

图 70-1　双向免疫扩散模型示意图

4　实验步骤

4.1　玻片准备

将干燥、洁净的载玻片放在水平台上，并用记号笔在玻片上做记号。

4.2　制板

将装在指型管中的1％生理盐水琼脂糖熔化并冷却至 60℃ 左右，然后倾注在载玻片上，使其分布均匀，凝固后即为琼脂板。

4.3 打孔

将琼脂板放在打孔模板上，按所示部位打孔，中心孔为抗原孔，周围 6 孔中 1 孔为对照孔，其他孔为不同稀释倍数的抗体孔，孔间距为 5mm，孔径 3mm。

4.4 抗体稀释

将抗血清原液用生理盐水稀释成 5 个稀释度：1∶2、1∶4、1∶8、1∶16、1∶32。

4.5 点样

用毛细滴管按图 70-2 在周围 6 孔中依次加入对照生理盐水及 5 个稀释度抗血清（从高稀释度到低稀释度），在中心孔中加入抗原（加满孔，但不外溢）。

4.6 扩散

将此琼脂板放入已装有湿纱布的有盖瓷盘中，置 37℃或 28℃下扩散 24h，然后观察结果。

4.7 结果判断

在对照无反应的前提下，以出现沉淀线的抗血清最高稀释倍数为该抗血清的效价。

5 实验结果

计算抗体效价。以出现沉淀线的最高稀释倍数为该抗体的效价，如图 70-2 所示，该抗体的效价为 1∶32。

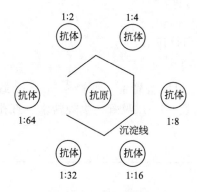

图 70-2 抗体效价测定

6 思考题

6.1 双向免疫扩散的主要用途有哪些？

6.2 如何对双向免疫扩散的实验结果进行观察判断？

实验 71 酶联免疫吸附实验

1 实验目的

（1）学习 ELISA 的基本原理及其特点。

（2）掌握 ELISA 的操作过程及方法。

2　实验原理

酶联免疫吸附实验（enzyme-linked immunosorbent assay，ELISA）也称酶联免疫吸附分析方法，在免疫酶技术中占有重要的地位，它将抗原抗体反应的特异性与酶反应的敏感性结合在了一起。这是 20 世纪 70 年代初由荷兰学者 Weeman 与 Schurrs 和瑞典学者 Engvall 与 Perlman 几乎同时提出的。ELISA 是将抗体（抗原）包被在固相表面后，按不同的步骤加入待测抗原（抗体）和酶标抗体（抗原），充分反应后用洗涤的方法，使固相上形成的抗原抗体复合物与其他物质分离，洗去游离的酶标抗体（抗原），最后加入底物，根据酶对底物催化的显色反应程度，而对标本中的抗原（抗体）进行定性或定量。ELISA 的技术类型有多种，常用的有竞争法、夹心法和间接法等，本实验学习间接法。

3　实验材料

3.1　抗原与抗体

伤寒 O 诊断菌液、待测血清、阳性对照血清、阴性对照血清、酶标抗人 IgG 抗体。

3.2　试剂及器材

包被稀释液、样本稀释液、辣根过氧化物酶底物液、终止液、酶标板、酶标仪、吸水纸、移液器等。

4　实验步骤

4.1　包被抗原

将抗原用包被稀释液做 1∶20 稀释，每孔加入 $100\mu L$，置 37℃下作用 4h，或 4℃作用 24h。

4.2　洗涤

弃去孔中液体，用洗涤液洗 3 次，每次 1min，于吸水纸上拍干，4℃储存备用。

4.3　加入待测样本

用样本稀释液对待测标本进行适当稀释，将稀释好的标本加入酶标板反应孔中，每孔 $100\mu L$，置于 37℃下作用 30min，注意需做阳性对照和阴性对照，并做复孔检测。弃去孔中液体，用洗涤液洗 3 次，每次 1min，于吸水纸上拍干。

4.4　加入酶复合物

用样本稀释液对酶结合物进行适当稀释（根据酶结合物说明书提供的参考工作稀释度进行预试，确定稀释倍数），将稀释好的酶结合物加入反应孔中，每孔 $100\mu L$，置 37℃下作用 30min。弃去孔中液体，用洗涤液洗 3 次，每次 1min，于吸水纸上拍干。

4.5　加入底物显色

每孔加辣根过氧化物酶底物液 $100\mu L$，置 37℃，避光显色 10~20min。

4.6　终止反应

当阳性对照出现明显颜色变化或阴性对照稍有颜色变化时，每孔加入终止液 $50\mu L$ 以终止反应，于 20min 内测定实验结果。

5 实验结果

5.1 肉眼判定

明显显色者为阳性，不显色者为阴性。

5.2 酶标仪判定

采用反应底物的最大吸收波长测定 OD 值，本实验底物为 $3,3',5,5'$-四甲基联苯胺（TMB），最大吸收波长为 450nm，所以应测定 OD_{450} 值。

6 思考题

6.1 ELISA 法用于检测抗原和检测抗体的类型都有哪些？其原理各是什么？

6.2 ELISA 操作过程中需注意哪些事项？

实验 72　蛋白质印迹法

1 实验目的

（1）学习蛋白质印迹法的基本原理及其特点。

（2）掌握蛋白质印迹法的操作过程及方法。

2 实验原理

蛋白质印迹法（Western blot）也称免疫印迹，是将蛋白质转移并固定在化学合成膜的支撑物上，然后以特定的亲和反应、免疫反应或结合反应以及显色系统分析此印迹。印迹法需要较好的蛋白质凝胶电泳技术，以使蛋白质达到好的分离效果，并使蛋白质容易转移到固相支撑物上。

蛋白质印迹实验包括：将蛋白质进行聚丙烯酰胺凝胶电泳（PAGE），并从胶上转移到硝酸纤维素膜等固相支持物上；要保持膜上没有特殊抗体结合的场所，使场所处于饱和状态，用以保护特异性抗体结合到膜上，并与蛋白质反应；确保初级抗体（第一抗体）是特异性的，第二抗体或配体试剂对于初级抗体是特异性结合，并作为指示物；被适当保温后的酶标记蛋白质区带，产生可见的、不溶性的颜色反应。

3 实验材料

3.1 抗原与抗体

鸡卵清白蛋白、鸡卵清免疫兔的抗血清、辣根过氧化物酶-羊抗兔抗体（以 1∶500 体积稀释）。

3.2 试剂及器材

3.2.1 试剂

（1）TBS（Tris-HCl-NaCl）缓冲液：取 20mmol/L Tris-HCl 溶液与 500mmol/L NaCl 溶液混合，pH 值为 7.5。

（2）TBS（Tris-HCl-NaCl，Tween-20）缓冲液：取 20mmol/L Tris-HCl 溶液、

500mmol/L NaCl 溶液与 0.05％ Tween-20 溶液混合，pH 值为 7.5。

(3) 抗体溶液：牛血清白蛋白-TBS 溶液，1％BSA-TBS 溶液。

(4) Blocking 溶液（封闭液）：10％牛血清-TBS 溶液。

(5) 底物溶液（0.5mg/mL）：取 25mg 四氯奈酚，加 5mL 甲醇溶解后，加 10mL 在 30℃水浴中温浴的 TBS 溶液，混合后再加入 50mL TBS 溶液，然后再加入 10μL 30％过氧化氢溶液后立即使用。

(6) 转移缓冲液：将 25mmol/L Tris、192mmol/L 甘氨酸与 20％甲醇混合，调 pH 值至 8.3。

(7) 去离子双蒸水：实验所用试剂的配制均使用去离子双蒸水。

3.2.2　器材

蛋白质电泳槽、蛋白质电转移槽、硝酸纤维素膜、玻璃平皿、滤纸、一次性手套等。

4　实验步骤

4.1　兔抗鸡卵清白蛋白血清的制备

将鸡蛋清与生理盐水按体积比 1∶1 混匀后，与石蜡油完全佐剂和不完全佐剂研磨而成抗原。取两只家兔，皮下多点注射抗原 3 次（每周 1 次），加强 1 次。每次 4 个点，每个点注射抗原 0.2mL。5 周后动脉放血，其血清作为蛋白质转移的第一抗体。

4.2　SDS-聚丙烯酰胺凝胶电泳

取 2 块洁净玻璃嵌入橡胶带的凹槽中，使 2 块玻璃板之间形成一个"橡胶夹心"。分别配制不同浓度的分离胶、浓缩胶后即可灌胶，然后加样及电泳。

4.3　蛋白质的转移

将转移缓冲液冷却到 4℃，用以洗涤电泳后切下的有用部分的胶。打开蛋白质转移槽的胶板，依次放入：浸润的海绵、两张用转移液饱和的滤纸、用转移缓冲液冲洗过的胶、硝酸纤维素膜、缓冲液饱和的滤纸、浸湿的海绵。合上转移槽的胶板，立即放入转移槽中。倒入的转移缓冲液要浸没转移胶板。插入电极后，将电泳仪调制 80mA 电泳 4h。转移结束后打开胶板，取下硝酸纤维素膜。

4.4　免疫印迹膜的处理

用 TBS 缓冲液洗膜 5～10min；将膜用封闭溶液封闭，并用摇床轻轻摇动 60min；转移掉封闭溶液后，用 TBS 溶液悬浮洗膜两次；加入 1mL 第一抗体，使膜处于抗体溶液中，置摇床上轻摇，室温下过夜。去掉第一抗体溶液，3 次 TBS 洗膜时均要置摇床上轻摇，每次 10min；将羊抗兔的辣根过氧化物酶 20μL 加入 10mL 抗体溶液（1∶500 体积稀释）中，将膜浸泡在此溶液中，并置摇床上轻摇，室温放置 4h。去掉辣根过氧化物酶溶液，用 TBS 洗 3 次，每次 10min；此后再用 TBS 溶液洗涤，以转移 Tween-20。然后，取 10mL 底物溶液，将膜浸入此溶液中至显色清晰为止，取出之后，拍照并保存。

5　实验结果

检查膜上显色结果，黑色条带所对应的即是目标蛋白质的位置。

6　思考题

6.1　为什么要对免疫印迹膜用封闭溶液封闭？

6.2 显色的膜上出现一些非特异性条带是什么原因？

实验 73　荧光抗体技术

1　实验目的

(1) 学习荧光（标记）抗体技术的实验原理。
(2) 掌握荧光（标记）抗体技术的方法。

2　实验原理

荧光（标记）抗体技术是使荧光素与特异性抗体形成结合物，此结合物仍保留着抗体活性，同时还有荧光素的示踪作用，当它与相应的抗原结合后，通过荧光显微镜或流式细胞仪呈现特异荧光，从而可对相应抗原进行定位、定性或定量检测。

常用于标记的荧光素有异硫氰酸荧光素（fluorescein isothiocyanate，FITC）、藻红蛋白（phycoerythrin）、四乙基罗丹明、四甲基异硫氰酸罗丹明、镧系元素的螯合物、碘化丙啶、多甲藻叶绿素蛋白等。

较常用的荧光素是FITC，作为标记物，在碱性条件下，FITC上的异硫氰基与抗体蛋白的自由氨基结合形成硫碳氨基键，从而形成荧光标记抗体。

3　实验材料

抗血清或纯化的抗体干粉、异硫氰酸荧光素（FITC，4℃，避光保存）、二甲基甲酰胺（DMF）、饱和硫酸铵溶液（SAS）、磷酸盐溶液（PBS，0.01mol/L，pH7.2）、碳酸钠溶液（0.5mol/L）、脱盐色谱柱、紫外分光光度计等。

4　实验步骤

4.1　已纯化的抗体干粉溶解于PBS，4℃对PBS透析过夜。

4.2　透析袋内液离心，取上清液，紫外分光光度计测定抗体含量。取20mg抗体，调整抗体浓度为20mg/mL，以0.5mol/L碳酸钠溶液调pH值至9.0。

注：抗体浓度应尽量高，因此在步骤4.1中沉淀或抗体干粉复溶时，体积应尽量小。

4.3　称取1mg FITC，加100μL DMF溶解，取25μL缓慢加入抗体溶液，使FITC与抗体分子比为5∶1，室温搅拌，反应1.5～2h。FITC-DMF应新鲜配制。反应时应避光。

4.4　以PBS平衡脱盐色谱柱，将反应液过柱，以PBS洗脱，收集第一峰。

注：如没有紫外检测仪，则应分管收集，再经紫外分光光度计检测每一管的蛋白质浓度。

4.5　将FITC-抗体标记产物转入透析袋，4℃下对PBS透析过夜。

4.6　标记抗体的保存。经鉴定合格的抗体加入0.01%硫柳汞或0.1%NaN$_3$防腐剂后，进行分装（0.5mL/安瓿），4℃下存放1～2年，冻存于−20℃可保存2～3年。

5　实验结果

制备荧光标记抗体，鉴定荧光标记抗体的效价、特异性染色滴度及荧光素与抗体的结合比率。

5.1 荧光标记抗体的效价鉴定

参考实验 70 双向免疫扩散实验。

5.2 特异性染色滴度鉴定

利用直接法进行滴度测定。将标记抗体梯度稀释（1∶4～1∶256），对样品进行荧光染色，以能清晰显示特异性荧光且非特异性染色弱的最高稀释度为该抗体的染色滴度或单位。

5.3 荧光素与抗体的结合比率鉴定

取透析后标记产物，以 PBS 稀释后于紫外分光光度计上测 A_{280nm}（蛋白质特异吸收峰）、A_{495nm} 光密度值，计算标记抗体的荧光素与蛋白质结合比率（F/P 值，F 表示 FITC、P 表示抗体）。即将制备的荧光（标记）抗体溶液稀释至 A_{280} 约为 1.0，分别测定标记荧光素的特异吸收峰和蛋白质特异吸收峰。F/P 值的计算公式：$(2.87 \times OD_{495nm}) / (OD_{280nm} - 0.35 \times OD_{495nm})$。F/P 值为 1～2 较合适。

6 思考题

6.1 常用于标记的荧光素有哪些？

6.2 荧光（标记）抗体技术可以用什么仪器或设备来检测其作用效果？

第二部分

食品微生物学综合应用实验技术

实验 74　菌落总数的测定

1　实验目的

（1）学习并掌握菌落总数测定方法和原理。

（2）了解菌落总数测定在被检样品进行卫生学评价的意义。

2　实验原理

菌落总数是指食品检样经过处理，在一定条件下经过培养后（如培养基成分、培养温度和时间、pH、需氧性质等），所得 1mL（g）检样中所含菌落的总数。菌落总数测定是用来判定食品被细菌污染的程度及卫生质量，它反映食品在生长过程中是否符合卫生要求，以便对被检样品做出适当的卫生学评价。菌落总数的多少在一定程度上标志着食品卫生质量的优劣。

3　实验材料

食品检样、平板计数培养基、无菌生理盐水或磷酸盐缓冲液、无菌培养皿、无菌吸管、电炉和恒温培养箱等。

4　实验步骤

4.1　取样、稀释和培养

4.1.1　以无菌操作取检样 25g（mL），放于 225mL 灭菌生理盐水或磷酸盐缓冲液的灭菌玻璃瓶内（瓶内预置适量的玻璃珠）或灭菌乳钵内，经充分振荡或研磨成 1∶10 的均匀稀释液。固体和半固体检样在加入稀释液后，最好置灭菌均质器中以 8000～10000r/min 的速度处理 1～2min，制成 1∶10 的均匀稀释液。

4.1.2　用 1mL 灭菌吸管吸取 1∶10 稀释液 1mL，沿管壁徐徐注入含有 9mL 灭菌生理盐水或磷酸盐缓冲液的试管内，振荡试管或反复吹打混合均匀，制成 1∶100 的稀释液。

4.1.3　另取 1mL 灭菌吸管，按上项操作顺序，制 10 倍递增稀释液，如此每递增稀释一次即换用 1 支 1mL 吸管。

4.1.4　根据标准要求或对污染情况的估计，选择 2～3 个适宜稀释度，分别在制作 10 倍递增稀释的同时，以吸取该稀释度的吸管移取 1mL 稀释液于灭菌平皿中，每个稀释度做两个平皿。同时分别取 1mL 稀释液（不含样品）加入两个灭菌平皿内做空白对照。

4.1.5 稀释液移入平皿后，将冷却至 46℃琼脂培养基注入平皿 15～20mL，并转动平皿，混合均匀。

4.1.6 待琼脂凝固后，翻转平板，置 35～37℃温箱内培养 48h。

4.2 菌落记录方法

做平板菌落记录时，可用肉眼观察，必要时用放大镜检查，以防遗漏。在记下各平皿的菌落总数后，求出同稀释度的各平板平均菌落数。到达规定培养时间，应立即计数。如果不能立即计数，应将平板放置于 0～4℃，但不要超过 24h。

4.2.1 平皿菌落数的选择

选取菌落数在 30～300CFU 之间的平板作为菌落总数测定标准。每一个稀释度应采用两个平皿，＞300CFU 的可记为多不可计。

4.2.2 其中一个平板有较大片状菌落生长时，则不宜采用，而应以无片状菌落生长的平板作为该稀释度的菌落数；若片状菌落不到平板的一半，而其中一半中菌落分布又很均匀，则可以计算半个平板后乘以 2，以代表一个平板的菌落数。

4.2.3 当平板上有链状菌落生长时，如呈链状生长的菌落之间无任何明显界限，则应作为一个菌落计；如存在有几条不同来源的链，则每条链均应按一个菌落计算，不要把链上生长的每一个菌落分开计数。

4.3 菌落总数的计算

4.3.1 若只有一个稀释度平板上的菌落数在适宜的计数范围内，计算两个平板菌落数的平均值，再将平均值乘以相应稀释倍数，作为每 g（mL）中菌落总数结果。

4.3.2 若有连个连续稀释度的平板菌落数在适宜计数范围内，应以两者比值决定。若其比值＜2，应报告两者的平均数；若≥2，则报告稀释度较小的菌落数。

4.3.3 若所有稀释度的平板菌落数均＞300CFU，则取最高稀释度的平均菌落数乘以稀释倍数计算。

4.3.4 若所有稀释度平板菌落数均＜30CFU，则以最低稀释度的平均菌落数乘稀释倍数计算。

4.3.5 若所有稀释度平板均无菌落生长，则应按＜1 乘以最低稀释倍数计算。

4.3.6 若所有稀释度均不在 30～300CFU 之间，有的＞300CFU，有的又＜30CFU，则应以最接近 300CFU 或 30CFU 的平均菌落数乘以稀释倍数计算。

4.4 菌落计数报告方法

4.4.1 菌落数在 1～100CFU 时，按四舍五入报告两位有效数字。

4.4.2 菌落数≥100CFU 时，第三位数字按四舍五入计算，取前面两位有效数字，为了缩短数字后面的零数，也可以 10 的指数表示。

4.4.3 若所有平板上为蔓延菌落而无法计数，则报告菌落蔓延。

4.4.4 若空白对照上有菌落生长，则此次检测结果无效。

4.4.5 称重取样以 CFU/g 为单位报告，体积取样以 CFU/mL 为单位报告。

5 实验结果

5.1 将实验测出的样品数据填入表 74-1。

5.2 对样品菌落总数作出是否符合卫生要求的结论。

表 74-1　菌落总数测定报告

样品		稀释液及菌落数			选择稀释度	报告 /(CFU/g) 或(CFU/mL)
样品 名称	原始数据					计算报告 公式
	平均					

6　注意事项

6.1　无菌操作。

6.2　采样应具有代表性。

6.3　样品稀释液主要是用灭菌生理盐水或磷酸盐缓冲液，后者对食品已受损伤的细菌细胞有一定的保护作用。如对含盐量较高的食品（如酱油）进行稀释，可以采用灭菌蒸馏水。

6.4　每递增稀释一次即换用 1 支 1mL 灭菌吸管等。

7　思考题

7.1　什么是细菌菌落总数（CFU）。

7.2　细菌菌落总数测定的卫生学意义是什么？

7.3　倒培养基后，为什么要倒置培养？

实验 75　水的大肠菌群（M. R. N.）检验

1　实验目的

（1）了解大肠菌群在水质检验中的意义。

（2）学习并掌握大肠菌群的检验方法。

2　实验原理

大肠菌群数的测定是将一定量的样品接种乳糖发酵管，根据发酵反应结果，确认大肠杆菌群的阳性管数后，在检索表中查出大肠菌群的近似值。

如果水源被粪便污染，则有可能也被肠道病原菌污染而引起伤寒痢疾、霍乱等肠道病的流行。但肠道病原菌在水中数量较少，又易变异与死亡，故从水中特别是自来水中分离病原菌常常有困难。而大肠菌群是肠道好氧菌中最普遍和数量最多的一种，所以常将其作为粪便污染的标志，即根据水中大肠菌群的数目来判断水源是否被粪便所污染，并间接推测水源受肠道病原菌污染的可能性。大肠菌群是一群以大肠埃希菌为主的需氧及兼性厌氧的革兰氏阴性无芽孢杆菌，在 37℃ 生长时，能于 48h 内发酵乳糖使产酸产气（溴甲酚紫变色范围 pH5.2～6.8）。主要包括有埃希菌属、柠檬酸细菌属、肠杆菌属、克雷伯菌属等。由于其在水体中存在的数目与肠道致病菌呈一定的正相关，抵抗力也略强，且易于检验等特点，在水质检测中常将其作为水体受粪便污染的指标，来评价食品的卫生质量，具有广泛的卫生学意义。它反映了食品是否被粪便污染，同时间接地指出食品是否有肠道致病菌污染的可能性。我国生活饮用水卫生标准中即规定一升水样中总大肠菌群不超过三个。

食品中大肠菌群数以每100g（或100mL）检样内大肠菌群最可能数（the most probable number，MPN）表示。

3 实验材料

3.1 水样

取深井中的水及生活中的自来水等均可。

3.2 试剂及器材

牛肉膏蛋白胨培养基、乳糖蛋白胨培养基、伊红美蓝培养基、无菌空瓶（500mL 锥形瓶）、无菌培养皿、移液管、试管、锥形瓶等。

注：将乳糖蛋白胨培养基分装于具有倒置杜氏小管的试管中，0.056MPa 灭菌 30min。

4 实验步骤

基本流程见图 75-1。

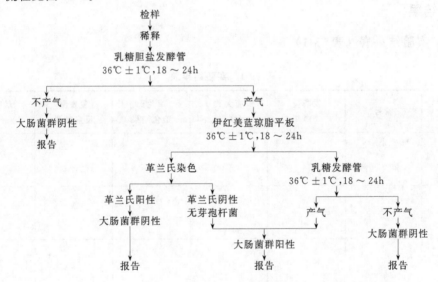

图 75-1　水的大肠菌群检验程序

根据大肠菌群所具有的特性，利用含乳糖的培养基培养不同稀释度的水样，经三个检验步骤，最后根据发酵糖管数查"最可能数"表得出水样中的总大肠菌群数（多管发酵法检查大肠菌群）。

取样及稀释方法与菌落总数检验方法相同，做成 1∶10 的均匀稀释液为检样。同一稀释度在做菌落总数测定的同时接种乳糖胆盐发酵管，并且用大肠埃希菌、产气肠杆菌混合菌种作对照。

4.1 乳糖发酵实验（初发酵实验）

取 1mL 水样注入含 9mL 灭菌水的试管内摇匀，再自此管吸 1mL 至下一个含 9mL 灭菌水的试管内，如此连续稀释至 10^{-3}。取 9 支装有 5mL 乳糖蛋白胨发酵管，用无菌移液管各加入 1mL 水样（每个稀释度接 3 支乳糖蛋白胨发酵管），混匀后 37℃ 恒温箱中培养 24h。若培养后无反应，说明水质中无大肠菌群存在。

4.2　平板分离，固体培养

经 24h 培养后，观察乳糖蛋白胨发酵管是否出现反应（糖管颜色变黄为产酸，小玻璃倒管内有气泡为产气）。若出现反应，将产酸、产气及只产酸的发酵管进行平板分离。分别用接种环取发酵液划线接种于伊红美蓝培养基平板上，于 37℃ 温箱中培养 18～24h。将出现以下三种特征的菌落，进行涂片、革兰氏染色、镜检：

有金属光泽、深紫色菌落；紫黑色、微或无金属光泽的菌落；淡黑色、中心紫色的菌落。

4.3　证实实验（复发酵实验）

若镜检为革兰氏阴性、无芽孢杆菌，挑取此菌落的一部分，接种于乳糖蛋白胨发酵管中，经 37℃ 温箱中培养 24h，结果若产酸产气，即证实有大肠菌群存在。证实后，再根据发酵实验的阳性管数查 MPN 表（见附录Ⅰ）得出大肠菌群的最可能数。为保证人类的健康，1L 饮用水中大肠菌群数不应超过 3 个。若大肠菌群数超标，说明此水质被污染，应进一步查出污染原因。

5　实验结果

5.1　实验结果表（表75-1）

表 75-1　实验结果表

接种量	管号	发酵反应结果	有无典型菌落	革兰氏染色结果	复发酵反应结果	最后结论＋或一
1mL	1 2 3					
0.1mL	1 2 3					
0.01mL	1 2 3					

5.2　结果报告

根据证实大肠菌群的阳性管数，查 MPN 检索表（见附录Ⅰ）报告每 100mL（g）饮用水中大肠菌群的最可能数。

6　思考题

6.1　大肠菌群检验中为什么首先要用乳糖胆盐发酵管？

6.2　做空白对照实验的目的？

6.3　为什么大肠菌群的检验要经过复发酵才能证实？

6.4　在 EMB 培养基上长出的三种特征的菌落，何种为典型的大肠杆菌？为什么？

实验 76　鲜牛乳自然发酵过程中微生物菌相变化测定

1　实验目的

（1）了解鲜牛乳自然发酵的原理。

（2）学习并掌握鲜牛乳自然发酵现象，以及其微生物的菌相变化过程。

2　实验原理

鲜牛乳在挤奶时和挤奶后的运输过程中常被乳房内和环境中的微生物污染。在适宜的条件下，不同的微生物可以利用牛乳中的营养成分快速繁殖，出现菌相交替演变的现象。

刚采集的鲜牛乳含有来自动物体的抗体等多种抗菌物质，可以抑制和杀死乳中的微生物。随着抗菌物质减少或消失后，存在于牛乳中的微生物如乳链球菌（*Streptococcus lactis*）等很快地生长繁殖，发酵乳糖产生乳酸，使牛乳的 pH 降低，并引起蛋白质凝结成乳酪状。当酸度升高到一定程度时，乳链球菌受到抑制，不再继续繁殖，数量开始减少。但乳杆菌由于能耐受较低 pH，因而继续生长繁殖，发酵乳糖产生乳酸，酸度也相应地继续上升。当 pH 达到 3.5～3.0 时，绝大多数的细菌生长受到抑制，甚至死亡。此时，酵母菌尚能适应强酸环境，并利用乳酸生长繁殖，升高 pH 值。随着乳糖和乳酸的减少，以及 pH 值回升，能分解蛋白质和脂肪的细菌如假单胞菌和芽孢杆菌等开始生长繁殖，凝乳块逐渐被消化，pH 值不断上升，牛乳的自然发酵过程基本完成，菌群交替现象结束。

在鲜牛乳的这种生态学演变的自然过程中，原始微生物的活动为以后的微生物创造了有利的生长条件，因而能观察到一个微生物群体接替另一微生物群体的一系列菌相演变。

本实验将鲜牛乳在 30℃下培养，定时取样，分别测定不同时间样品的 pH 值，以及主要微生物的形态、排列、革兰氏染色情况和单个视野中的平均细菌数，最终绘制鲜牛乳自然发酵过程中的菌相变化过程图。

3　实验材料

鲜牛乳样品、pH 试纸、革兰氏染色液、载玻片、盖玻片、二甲苯、灭菌三角瓶、显微镜、培养箱等。

4　实验步骤

4.1　保温培养

将鲜牛乳装入灭菌三角瓶内，充分混匀后，在 30℃下培养 10d 左右。

4.2　测定 pH

轻摇混匀三角瓶内的样品后，以无菌操作，用灭菌滴管取一滴或接种环取一环牛乳，放在 pH 试纸上测定及比色。

4.3　制作涂片

先在白纸上画 $2.5cm^2$ 面积的方格，然后将玻片放在纸上，再用无菌操作取满一接种环牛乳，在玻片上均匀涂抹 $2.5cm^2$ 面积。玻片要标明日期。

4.4 处理及贮存涂片

涂片用二甲苯处理约1min（除去牛乳中的脂肪），自然干燥后，火焰固定。所有处理后的涂片贮存在一个有盖盒内。

4.5 循环实验

每2d重复取样测pH和制作涂片。每次制作涂片用同一接种环，取同样的量，直至牛乳完全变酸并开始腐败为止。

4.6 革兰氏染色

收集整个实验中的所有涂片后，进行革兰氏染色。革兰氏染色步骤参见实验14。

4.7 观察计数

在显微镜下观察多个视野中（≥5个）的主要微生物类型，描写细菌类型、状态、杆状或球状、大小、长或短、细长或宽大，以及排列形貌、单个或链状等。计算每一类型主要微生物的视野平均数（视野平均数＝∑每个视野中的微生物的数量/视野数）。

5 实验结果

5.1 记录结果

记录不同培养时间牛乳的pH值，描绘主要微生物的形态特征，计算每一类型主要微生物的视野平均数，填入表76-1，并根据实验结果，鉴别主要微生物类型。

表76-1 实验结果

天数	pH值	微生物类型	每视野的近似数

5.2 菌相变化过程图

（1）pH变化：以取样日期与pH的数值作图（图76-1）。

（2）各主要微生物的生长曲线：以取样日期与各主要微生物的视野平均数作图（图76-1）。

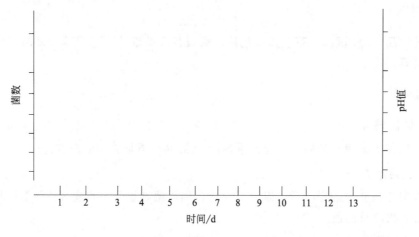

图76-1 鲜牛乳自然发酵过程中微生物菌相变化过程

— pH；… 乳杆菌属；＊＊＊乳链球菌属；

＋＋＋酵母菌；－－－假单胞菌属与芽孢杆菌属

6 思考题

6.1 经巴斯德消毒法处理过的牛乳通过自然发酵，能否得到与鲜牛乳自然演变过程的同样结果？为什么？

6.2 用你自己的实验结果说明菌在牛乳的自然生态演变中是如何改变其环境的，又是如何依次影响有关菌的？

实验 77 甜酒酿的制作

1 实验目的

（1）通过淀粉在糖化酶（根霉、曲霉和酵母菌）作用下制成甜酒酿的过程，掌握甜酒酿的酿制方法和原理。

（2）加深理解根霉或毛霉的形态特征。

2 实验原理

甜酒酿是将糯米（或大米）经过蒸煮糊化，经甜酒药发酵而制成的。甜酒药中含有根霉、酵母、细菌等多种微生物。酒药中的根霉能够产生较强的淀粉酶活力，包括液化型淀粉酶和糖化型淀粉酶，在这些酶的作用下淀粉大分子逐渐转化为小分子糊精和葡萄糖，所生成的葡萄糖作为可发酵性糖可以被酒药中的酵母利用，促使酵母大量繁殖，其中部分葡萄糖经过糖酵解途径和乙醇发酵生成乙醇。米饭中的蛋白质也可在微生物分泌的蛋白水解酶的催化下生成小分子的多肽和氨基酸。此外，酒曲中存在的其他微生物的活动，可将一部分醇转化为酸等成分。所生成的这些小分子成分进一步通过酯化反应、美拉德反应使成品的色泽、风味进一步优化。由此可见，经过微生物的发酵作用，糯米饭便转化为香、甜、醇、绵、鲜的风味和营养俱佳的甜酒酿。

3 实验材料

浓缩甜酒药、甜酒药、白药或小曲、糯米饭、高压灭菌锅、不锈钢碗、不锈钢锅、滤布、烧杯。

4 实验步骤

4.1 选择原料

酿制甜酒酿的原料常用糯米，选择时要用品质好、米质新鲜的糯米。

4.2 淘洗和浸泡

将米淘洗干净后浸泡过夜，使米粒充分吸水，以利蒸煮时米粒分散和熟透均匀。

4.3 蒸煮米饭

将浸泡吸足水分的糯米捞起，放在蒸锅内搁架的纱布上隔水蒸煮，至米饭完全熟透时为止。

4.4 米饭降温

将蒸熟的米饭从锅内取出，室温下摊开冷却至 30℃ 左右接种。

4.5 接入种曲

按干糯米质量换算接种量。市售"甜酒药"每包能酿制 3kg 糯米。为使接种时种曲与米饭拌匀，可先将酒药块在研钵中捣碎，或再拌入一定数量的炒熟面粉后再与大量米饭混匀。

4.6 装坛发酵

接种拌匀后的米饭可装坛发酵，注意在坛子的中轴留一个散热孔道，所用的容器都应预先洗净，并用开水浇淋浸泡过，以杀死大部分杂菌。

4.7 保温发酵

温度可控制在 30℃左右，发酵初期可见米饭表面产生大量纵横交错的菌丝体，同时糯米饭的黏度逐渐下降，糖化液渐渐溢出和增多。若发酵中米饭出现干燥，可在培养 18～24h 后补加一些凉开水。

4.8 后熟发酵

酿制 48h 后的甜酒酿已初步成熟，但往往略带酸味。如在 8～10℃条件下将它放置 2～3d 或更长一段时间进行后发酵，则可去除酸味。

5 实验结果

酿制甜酒酿。酿成的甜酒应是酒香浓郁、醪液充沛、清澈半透明和甜醇爽口。

6 注意事项

淘洗的糯米要待充分吸水后隔水蒸煮熟透，使饭粒饱满分散，这样有利于接种后的霉菌孢子能在疏松通气的条件下良好地生长繁殖，使淀粉充分糖化。

7 思考题

7.1 酿制甜酒酿的酒药中主要含何种微生物？它的发酵原理是什么？成功制作甜酒酿的关键步骤是什么？

7.2 刚酿制成的甜酒酿往往带有酸味，经低温存放（或称后熟）后则酸味消失，并获得甘甜醇香的口味，其原因是什么？

7.3 对产品进行感官评定，写出品尝体会。

实验 78　产蛋白酶菌株的筛选

1 实验目的

（1）了解蛋白酶产生菌株筛选原理。
（2）学习并掌握蛋白酶产生菌的筛选方法。
（3）通过实验筛选获得蛋白酶产生菌株。

2 实验原理

蛋白酶（protelytic enzymes，EC 3.4）是催化肽键水解的一类酶，在食品、饲料、医药、化工等行业有着广泛的应用。与动、植物来源蛋白酶相比，微生物蛋白酶具有培养简便、易批量生产等优点。实验室可通过"透明圈法"筛选产蛋白酶菌株。即在营养培养基中加入脱脂牛奶，将微生物样品涂布培养，蛋白酶菌株可分解培养基中的脱脂牛奶产生透明圈，依据此法可初步获得产蛋白酶微生物菌体。初筛获得的菌株经分离纯化后进行发酵复培养，取发酵原液测定蛋白酶活力，其原理为，Folin 试剂与酚类化合物在碱性条件下发生反应形成蓝色化合物，用蛋白酶分解酪蛋白生成含酚基的氨基酸与 Folin 试剂呈蓝色反应，通过分光光度计测定可知酶活大小。

3 实验材料

3.1 培养基

生长培养基（g/L）：蛋白胨 10g，葡萄 10g，酵母粉 3g，NaCl 0.5g，琼脂 20g，pH 值为 7.0，121 ℃灭菌 20min。

筛选培养基（g/L）：K_2HPO_4 1g，KCl 5g，$MgSO_4 \cdot 7H_2O$ 0.5g，$FeSO_4 \cdot 7H_2O$ 0.1g，琼脂 20g，脱脂乳 10g，115 ℃灭菌 15min。

液体发酵基础培养基（g/L）：蛋白胨 5g，葡萄糖 5g，Na_2HPO_4 0.1g，$CaCl_2$ 0.1g，吐温-80 1mL，pH 值为 7.0，121 ℃灭菌 20min。

3.2 试剂及器材

土壤或富含微生物的样品、天平、电磁炉、烧杯、无菌试管、无菌培养皿、锥形瓶、接种环、涂布棒、酒精灯、高压灭菌锅、恒温培养箱、分光光度计。

4 实验步骤

4.1 产蛋白酶菌株的初筛

将富含微生物的样品依次稀释制成 10^{-1}、10^{-2}、10^{-3}、10^{-4} 的悬浮液，并从中各吸取 $100\mu L$ 稀释液，涂布于筛选平板培养基内，平板置 37℃培养 2～3d，每天观察菌落状态。

4.2 产蛋白酶菌株的分离纯化

观察初筛平板，记录有透明圈现象的菌落并量取透明圈直径，挑取单菌落按分区划线法接种于生长培养基中，37℃培养 2～3d。

4.3 产蛋白酶菌株的复发酵

将分离纯化好的菌株，接种到 50mL 液体发酵培养基，置 37℃培养 48h 后，发酵液于 4℃ 10000r/min 离心 10min，制备粗酶液。测定其酶活，确定菌株产蛋白酶活力。

4.4 蛋白酶活力的测定

蛋白酶活力定义为，40℃，pH 7.0 条件下每分钟水解产生 $1\mu g$ 酪氨酸所需酶量为 1 个活力单位（U）。提取菌株的蛋白酶粗酶液，用紫外光谱法测定蛋白酶活力。

$$E = \frac{AKVn}{tm}$$

式中，E 表示蛋白酶活力；A 表示由测得的吸光度；K 表示吸光常数；V 表示反应试剂总体积；n 表示酶液稀释倍数；t 表示反应时间；m 表示酶体积。

5 实验结果

根据实验现象，记录初筛时水解透明圈大小、菌落形态，以及对应菌株的蛋白酶活力。

6 思考题

6.1 在初筛平板上分离获得蛋白酶产生菌比例如何？试结合采样地点进行分析。

6.2 在初筛平板上形成蛋白质透明水解圈大小为什么不能作为判断菌株产蛋白酶能力的直接证据？试结合你初筛和复筛的结果分析。

实验 79 食品微生物实验室环境中的微生物检测

1 实验目的

（1）证实食品微生物实验室环境中存在微生物。

（2）观察不同种类微生物的菌落形态特征。

（3）体会无菌操作的重要性。

2 实验原理

每一种细菌所形成的菌落都有它自己的特点，例如菌落的大小、表面干燥或湿润、隆起或扁平、粗糙或光滑、边缘整齐或不整齐，菌落透明或半透明或不透明，颜色以及质地疏松或紧密等。因此，可通过平板培养来检查环境中细菌的数量和类型。

3 实验材料

3.1 菌种

食品微生物实验室环境中的微生物。

3.2 试剂及器材

肉膏蛋白胨琼脂、灭菌棉签、接种环、试管架、酒精灯。

4 实验步骤

4.1 写标签

任何一个实验，在动手操作前均需首先将器皿用记号笔做上记号，培养皿的记号一般写在皿底上。如果写在皿盖上，同时观察两个以上培养皿的结果，打开皿盖时，容易混淆。用记号笔写上班级、姓名、日期。本次实验还要写样品来源（如实验室空气或无菌室空气或头发等），字尽量小些，写在皿底的一边，不要写在正中间，以免影响观察结果。

4.2 实验室细菌检查

4.2.1 空气

将一个肉膏蛋白胨琼脂平板放在当时做实验的实验室，移去皿盖，使琼脂培养基表面暴露在空气中；将另一肉膏蛋白胨琼脂平板放在无菌室或无人走动的其他实验室，移去皿盖。1h 后盖上两个皿盖。

4.2.2 实验台和门的旋钮

（1）用记号笔在皿底外面中央画一直线，再在此线中间处画一垂直线。

（2）取棉签。左手拿放有棉签的试管，在火焰旁用右手的手掌边缘和小指、无名指夹持棉塞（或试管帽），将其取出，将管口很快地通过煤气灯（或酒精灯）的火焰，烧灼管口；轻轻地倾斜试管，用右手的拇指和食指将棉签小心地取出。放回棉塞（或试管帽），并将空试管放在试管架上。

（3）弄湿棉签。左手取灭菌水试管，如上法拔出棉塞（或试管帽）并烧灼管口，将棉签插入水中，再提出水面，在管壁上挤压一下以除去过多的水分，小心将棉签取出，烧灼管口，放回棉塞（或试管帽），并将灭菌水试管放在试管架上。

（4）取样。将湿棉签在实验台面或门旋钮上擦拭约 $2cm^2$ 的范围。

（5）接种。在火焰旁用左手拇指和食指或中指使平皿开启一缝隙，再将棉签伸入，在琼脂表面顶端接种（滚动一下），立即闭合皿盖。将原放棉签的空试管拔出棉塞（或试管帽），烧灼管口，插入用过的棉签，将试管放回试管架。

（6）划线。另取接种环在火焰上灭菌，先将环端烧热，然后将接种环提起垂直放在火焰上，以使火焰接触金属丝的范围广一些。待接种环烧红，再将接种环斜放，沿环向上，烧至可能碰到培养皿的部分，再移向环端，如此很快地来回通过火焰数次。

左手拿起平板，同样开启一缝，将灭过菌并冷却了的接种环（可在琼脂表面边缘空白处试温度，若发出溅泼声，表示太烫）通过琼脂顶端的接种区，向下划线，直到平板的一半处。注意：接种环与琼脂表面的角度要小，移动的压力不能太大，否则会刺破琼脂。

闭合皿盖，左手将平板向左转动至空白处，右手拿接种环再在火焰上烧灼，冷却。接种环通过前面划的线条再在琼脂的另一半从上向下来回划线至 1/2 处。

烧灼接种环，转动平板，划最后 1/4；立刻盖上皿盖，烧灼接种环，放回原处。整个划线操作均要求无菌操作，即靠近火焰，而且动作要快。

4.3 培养

将所有的琼脂平板翻转，使皿底在上，放 37℃ 培养箱，培养 1～2d。

4.4 结果记录

4.4.1 菌落计数。在划线的平板上，如果菌落很多而重叠，则数平板最后 1/4 面积内的菌落数。不是划线的平板，也一分为四，数 1/4 面积的菌落数。

4.4.2 根据菌落大小、形状、高度、干湿等特征观察不同的菌落类型。但要注意，如果细菌数量太多，会使很多菌落生长在一起，或者限制了菌落生长而变得很小，因而外观不典型，故观察菌落的特点时，要选择分离得很开的单个菌落。

菌落特征描写方法如下：

（1）大小：大、中、小、针尖状。可先将整个平板上的菌落粗略观察一下，再决定大、中、小的标准，或由教师指出一个大小范围。

（2）颜色：黄色、金黄色、灰色、乳白色、红色、粉红色等。

（3）干湿情况：干燥、湿润、黏稠。

（4）形态：圆形、不规则等。

（5）高度：扁平、隆起、凹下。

（6）透明程度：透明、半透明、不透明。

（7）边缘：整齐、不整齐。

5 实验结果

将平板结果记录于表 79-1 中。

表 79-1　食品微生物实验室环境中微生物的数量和类型

样品来源	菌落数（近似值）	菌落类型	特征描述						
			大小	形态	干湿	高度	透明度	颜色	边缘
1		1							
		2							
		3							
		4							
		5							
2		1							
		2							
		3							
		4							
		5							

6　思考题

通过本次实验，在防止培养物的污染与防止细菌的扩散方面，学到些什么？有什么体会？

附 录

附录 I 大肠杆菌最可能数(MPN)检索表

每克（或毫升）检样中大肠杆菌最可能数（MPN）的检索见下表：

阳性管数			MPN	95%置信区间		阳性管数			MPN	95%置信区间	
0.10	0.01	0.001		下限	上限	0.10	0.01	0.001		下限	上限
0	0	0	<3.0	—	9.5	2	2	0	21	4.5	42
0	0	1	3.0	0.15	9.6	2	2	1	28	8.7	94
0	1	0	3.0	0.15	11	2	2	2	35	8.7	94
0	1	1	6.1	1.2	18	2	3	0	29	8.7	94
0	2	0	6.2	1.2	18	2	3	1	36	8.7	94
0	3	0	9.4	3.6	38	3	0	0	23	4.6	94
1	0	0	3.6	0.17	18	3	0	1	38	8.7	110
1	0	1	7.2	1.3	18	3	0	2	64	17	180
1	0	2	11	3.6	38	3	1	0	43	9	180
1	1	0	7.4	1.3	20	3	1	1	75	17	200
1	1	1	11	3.6	38	3	1	2	120	37	420
1	2	0	11	3.6	42	3	1	3	160	40	420
1	2	1	15	4.5	42	3	2	0	93	18	420
1	3	0	16	4.5	42	3	2	1	150	37	420
2	0	0	9.2	1.4	38	3	2	2	210	40	430
2	0	1	14	3.6	42	3	2	3	290	90	1000
2	0	2	20	4.5	42	3	3	0	241	42	1000
2	1	0	15	3.7	42	3	3	1	460	90	2000
2	1	1	20	4.5	42	3	3	2	1100	180	4100
2	1	2	27	8.7	94	3	3	3	>1100	420	—

注：1. 本表采用 3 个稀释度 [0.1g（或 0.1mL）、0.01g（或 0.01mL）和 0.001g（或 0.001mL）]，每个稀释度接种 3 管。

2. 表内所列检样量如改用 1g（或 1mL）、0.1g（或 0.1mL）和 0.01g（或 0.01mL）时，表内数字应相应减小 1/10；如改用 0.01g（或 0.01mL）、0.001g（或 0.001mL）、0.0001g（或 0.0001mL）时，则表内数字应相应增加 10 倍，其余类推。

附录 II 常用培养基配方

1. 营养琼脂培养基

成分：蛋白胨 10g，牛肉膏 3g，NaCl 5g，琼脂 20g，蒸馏水 1000mL，pH7.2。

制法：将除琼脂外的各成分溶解于蒸馏水中，校正 pH，加入琼脂，分装于烧瓶内，121℃、15min 高压灭菌备用。

注：其他成分不变，当琼脂加量为 3.5～4g 时为半固体营养琼脂。

2. 马铃薯葡萄糖琼脂培养基（PDA）

成分：马铃薯（去皮）200g，葡萄糖（或蔗糖）20g，琼脂20g，水1000mL。

3. 蛋白胨水培养基

成分：蛋白胨1g，NaCl 0.5g，水加至100mL，pH调至7.8。

制法：把以上各物称好溶于水，调节pH，分装消毒备用。

4. 豆芽汁葡萄糖培养基

成分：黄豆芽10g，葡萄糖5g，琼脂1.5～2g，水100mL，自然pH。

制法：称新鲜黄豆芽10g，置于烧杯中，再加入100mL水，小火煮沸30min，用纱布过滤，补足失水，即制成10%豆芽汁。配制时，按每100mL 10%豆芽汁加入5g葡萄糖，煮沸后加入2g琼脂，继续加热溶化，补足失水，分装后121℃灭菌20min。

5. 高氏1号（淀粉琼脂）培养基（主用于放线菌、霉菌培养）

可溶性淀粉20g，KNO_3 1g，NaCl 0.5g，K_2HPO_4 0.5g，$MgSO_4 \cdot 7H_2O$ 0.5g，$FeSO_4 \cdot 7H_2O$ 0.01g，琼脂20g，蒸馏水1000mL，pH7.2～7.4，121℃灭菌20min。

6. 麦芽汁琼脂培养基

成分：优质大麦或小麦，蒸馏水，碘液。

制法：取优质大麦或小麦若干，浸泡6～12h。置于深约2cm的木盘上摊平，上盖纱布，每日早、中、晚各淋水一次，麦根生长至麦粒两倍时，停止发芽晾干或烘干。

称取300g麦芽磨碎，加1000mL水，38℃保温2h，再升温至45℃，30min，再提高到50℃，30min，再升至60℃，糖化1～1.5h。

取糖化液少许，加碘液1～2滴，如不为蓝色，说明糖化完毕，用温火煮30min，四层纱布过滤。如滤液不清，可用一个鸡蛋清加水约20mL调匀，打至起沫，倒入糖化液中搅拌煮沸再过滤，即可得澄清麦芽汁。用波美计检测糖化液浓度，加水稀释至10倍，调pH5～6，用于酵母菌培养；稀释至5～6倍，调pH7.2，可用于培养细菌。121℃灭菌20min。

7. 麦氏培养基（醋酸钠琼脂培养基）

葡萄糖1.0g，KCl 1.8g，酵母汁2.5g，醋酸钠8.2g，琼脂15g，蒸馏水1000mL，pH自然，$6.7 \times 10^4 Pa$（$0.7kgf/cm^2$）灭菌30min。

8. 吲哚实验培养基

1%胰蛋白胨，调pH7.2～7.6，分装1/3～1/4试管，115℃灭菌30min。

9. 硝酸盐培养基（硝酸盐还原实验用）

蛋白胨5.0g，KNO_3 0.2g，蒸馏水1000mL，pH7.4，每管分装4～5mL，121℃灭菌15～20min。

10. 尿素培养基（尿酶实验）

成分：蛋白胨1.0g，葡萄糖1.0g，NaCl 5.0g，KH_2PO_4 2.0g，0.4%酚红3.0mL，琼脂20.0g，20%尿素100mL，pH7.1～7.4。

制法：将除尿素和琼脂以外的成分配好，并校正pH，加入琼脂，加热熔化并分装于三角瓶，121℃灭菌15min，冷却至50～55℃；加入过滤除菌的尿素溶液，分装于灭菌试管内，摆成琼脂斜面备用。

11. 苯丙氨酸培养基

成分：酵母浸膏 3g，D-苯丙氨酸 2g（或 L-苯丙氨酸 1g），磷酸氢二钠 1g，氯化钠 5g，琼脂 12g，蒸馏水 1000mL。

制法：加热溶解后分装试管，121℃高压灭菌 15min，摆成斜面。

12. 氨基酸基础培养基（以 L-赖氨酸脱羧酶培养基为例）

成分：酵母浸膏 3g，蛋白胨 5.0g，葡萄糖 1g，L-赖氨酸盐酸盐 5.0g，澳甲酚紫 0.015g，蒸馏水 1000mL。

制法：将各成分加热溶解，必要时调节 pH，使之在灭菌后 25℃ pH 为 6.8 ± 0.2，每管分装 5mL，121℃灭菌 15min 备用。

实验方法：挑取接种物接种于 L-赖氨酸脱羧酶培养基，刚好在液体培养基的液面下，$30℃\pm1℃$，培养 $24h\pm2h$，观察结果。L-赖氨酸脱羧酶实验阳性者，培养基呈紫色，阴性者为黄色。

注：①L-鸟氨酸脱羧酶培养基、L-精氨酸双水解酶培养基同 L-赖氨酸脱羧酶实验用培养基的配制方法及使用方法。

②加入 30g 氯化钠成为 3%氯化钠赖氨酸脱羧酶实验用培养基。

13. CM 液体培养基

KNO_3 3g，KH_2PO_4 1g，$MgSO_4 \cdot 7H_2O$ 0.5g，蛋白胨 10g，酵母粉 5g，葡萄糖 20g，蒸馏水 1000mL，pH 6.5～6.8，1.03MPa 灭菌 20min。

14. HMM（高渗 MM）培养基

KNO_3 3g，KH_2PO_4 1g，$MgSO_4 \cdot 7H_2O$ 0.5g，微量元素液 2mL，葡萄糖 20g，蔗糖 0.6mol/L，1.6%～1.8%琼脂粉，蒸馏水 1000mL，pH6.5～6.8，121℃灭菌 20min。

15. 营养肉汤

成分：蛋白胨 10g，牛肉膏 3g，氯化钠 5g，蒸馏水 1000mL，pH7.4。

制法：上述成分混合，溶解后校正 pH，121℃高压灭菌 15min。

16. MRS 培养基

成分：蛋白胨 10g，牛肉膏 10g，酵母粉 5g，KH_2PO_4 2g，柠檬酸二铵 2g，乙酸钠 5g，葡萄糖 20g，吐温-80 1mL，$MgSO_4 \cdot 7H_2O$ 0.58g，$MnSO_4 \cdot 4H_2O$ 0.25g，琼脂 15～20g，蒸馏水 1000mL。

制法：将以上成分加入蒸馏水中，加热使完全溶解，调 pH 至 6.2～6.4，分装于三角瓶中，121℃灭菌 15min。

注：将 MRS 培养基用醋酸调节 pH 至 5.4，制成酸化 MRS。

17. 脱脂乳培养基

成分：牛乳、蒸馏水。

制法：将适量的牛乳加热煮沸 20～30min，过夜冷却，脂肪即可上浮。除去上层乳脂即得脱脂乳。将脱脂乳盛在试管及三角瓶中，封口后置于灭菌锅 10～15min，即得脱脂乳培养基。

18. 培养基 A

成分：蛋白胨 10g，酵母提取物 1g，葡萄糖 10g，NaCl 5.0g，琼脂 15g，水 1000mL。

制法：将以上成分加入蒸馏水中，加热使完全溶解，调 pH 至 7.0～7.2，分装于三角瓶中，121℃灭菌 15min。

19. PTYG 培养基

成分：胰胨（Oxoid）5g，大豆蛋白胨 5g，酵母粉（Oxoid）10g，葡萄糖 10g，吐温-80 0.1mL，琼脂 15～20g，L-半胱氨酸盐酸盐 0.05g，盐溶液 4mL。

盐溶液制备：无水氯化钙 0.2g，KH_2PO_4 1.0g，K_2HPO_4 1.0g，$MgSO_4 \cdot 7H_2O$ 0.48g，Na_2CO_3 10g，NaCl 2g，蒸馏水 1000mL，溶解后备用。

制法：将以上成分加入蒸馏水中，加热使完全溶解，调 pH 至 6.8～7.0，分装于三角瓶中，121℃灭菌 30min。

20. 豆芽汁液体培养基

成分：豆芽汁 10mL，磷酸氢二铵 1g，KCl 2g，$MgSO_4 \cdot 7H_2O$ 0.2g，琼脂 20g。

豆芽汁制备：将黄豆芽或绿豆芽 200g 洗净，在 1000mL 水中煮沸 30min，纱布过滤得豆芽汁，补足水分至 1000mL。

制法：将以上成分加入蒸馏水中，加热使完全溶解，调 pH 至 6.2～6.4，分装于三角瓶中，0.04% 的溴甲酚紫酒精作为指示剂（pH5.2～6.8，黄→紫），115℃灭菌 20min。

21. 查（察）氏培养基

成分：$NaNO_2$ 2g，K_2HPO_4 1g，$MgSO_4 \cdot 7H_2O$ 0.5g，KCl 0.5g，$FeSO_4 \cdot 7H_2O$ 0.01g，蔗糖 30g，琼脂 15～20g，蒸馏水 1000mL，pH 自然。

制法：加热溶解，分装后 121℃灭菌 20min。

22. PY 基础培养基

成分：蛋白胨 0.5g，酵母提取物 1g，胰酶解酪胨（trypticase）0.5g，盐溶液Ⅱ 4mL，蒸馏水 1000mL。

盐溶液Ⅱ成分：$CaCl_2$ 0.2g，$MgSO_4 \cdot 7H_2O$ 0.48g，K_2HPO_4 1g，KH_2PO_4 1g，$NaHCO_3$ 10g，NaCl 2g，蒸馏水 1000mL。

制法：加热溶解，分装后 121℃灭菌 20min。

23. 甘露醇琼脂培养基（MSA）

成分：牛肉浸膏 1g，胨 NO.3（Difco）10g，D-甘露醇 10g，NaCl 75g，琼脂约 13g，酚红 0.025g，蒸馏水 1000mL，pH7.2～7.6。

制法：按量将各成分（酚红除外）混合，加热使完全溶解，调 pH 至 7.4±0.2。加 1% 的酚红溶液 2.5mL，混匀，121℃高压灭菌 15min。

24. 淀粉铵盐培养基（主要用于霉菌、放线菌培养）

可溶性淀粉 10g，$(NH_4)_2SO_4$ 2g，$MgSO_4 \cdot 7H_2O$ 1g，K_2HPO_4 1g，NaCl 1g，$CaCO_3$ 3g，蒸馏水 1000mL，pH7.2～7.4，121℃灭菌 20min。若加入 15～20g 琼脂，即成固体培养基。

25. 高盐察氏培养基（用于霉菌和酵母菌计数、分离用）

硝酸钠 2g，KH_2PO_4 1g，$MgSO_4 \cdot 7H_2O$ 0.5g，KCl 0.5g，$FeSO_4 \cdot 7H_2O$ 0.01g，NaCl 60g，蔗糖 30g，琼脂 20g，蒸馏水 1000mL，115℃灭菌 30min。

注：①分离食品和饮料中的霉菌和酵母可选用马铃薯葡萄糖琼脂培养基和/或孟加拉红培养基；②分

离粮食中的霉菌可用高盐察氏培养基。

26. 糖、醇类发酵基础培养基

（1）一般细菌常用休和利夫森二氏培养基：蛋白胨 5g，NaCl 5g，K_2HPO_4 0.2g，糖或醇（葡萄糖或其他糖、醇）10g，琼脂 5～6g，1% 溴甲酚紫（溴百里香草酚蓝）3mL，蒸馏水 1000mL，pH7.0～7.2，分装试管，培养基高度约 4.5cm，115℃灭菌 20min。

（2）芽孢菌培养基：$(NH_4)_2HPO_4$ 1g，KCl 0.2g，$MgSO_4 \cdot 7H_2O$ 0.2g，酵母膏 0.2g，琼脂 5～6g，糖或醇类 10g，蒸馏水 1000mL，溴甲酚紫（0.04%）15mL，pH7.0～7.2，分装试管，培养基高度 4～5cm，112℃灭菌 30min。

（3）乳酸菌培养基：蛋白胨 5g，牛肉膏 5g，酵母膏 5g，吐温-80（Tween-80）0.5mL，糖或醇 10g，琼脂 5～6g，蒸馏水（自来水）1000mL，加入 1.6% 溴甲酚紫溶液约 1.4mL，以上调 pH6.8～7.0，分装试管，112℃灭菌 30min。

27. 硫化氢实验（纸条法）培养基

蛋白胨 10g，NaCl 5g，牛肉膏 10g，半胱氨酸 0.5g，蒸馏水 1000mL，pH7.0～7.4，分装试管，每管液层高度 4～5cm，112C 灭菌 20～30min。另外将普通滤纸剪成 0.5～1cm 宽的纸条，长度根据试管与培养基高度而定。用 5%～10% 的醋酸铅将纸条浸透，然后用烘箱烘干，放于培养皿中灭菌备用。

28. 氮源利用基础培养基

KH_2PO_4 1.36g，NaH_2PO_4 2.13g，$MgSO_4 \cdot 7H_2O$ 0.2g，$FeSO_4 \cdot 7H_2O$ 0.2g，$CaCl_2$ 0.5g，葡萄糖 10.0g，蒸馏水 1000mL。

将需要测定的氨基酸、铵态氮（如磷酸氢二铵）、硝态氮（如硝酸钾）加入上述基础培养基中，使其终浓度为 0.05%～0.1%。如测定菌不能利用葡萄糖为碳源，可用其他碳源代替（终浓度为 0.2%～0.5%）。另做一份不加氮源的空白对照。调 pH7.0～7.2，分装于试管，每管 4～5mL，112℃灭菌 20～30min。制备出的培养基要求无沉淀。

29. 甲基红培养基（MR 及 VP 实验用）

蛋白胨 7g，葡萄糖 5g，K_2HPO_4（或 NaCl）5g，水 1000mL，pH7.0～7.2，每管分装 4～5mL，115℃灭菌 30min。

30. 动力、靛基质、尿素（MIU）综合培养基（用于检验细菌运动性、吲哚、尿素酶用）

蛋白胨（含色氨酸）30g，KH_2PO_4 2g，NaCl 5g，琼脂 3g，0.2% 酚红酒精溶液 2mL，尿素 20g，蒸馏水 1000mL，分装于小试管，112℃灭菌 15min，灭菌后液体应呈淡黄色。

31. 半固体培养基（用于细菌的动力实验）

牛肉膏 5.0g，蛋白胨 10.g，琼脂 3～5g，蒸馏水 1000mL，pH7.2～7.4，溶化后分装试管（8mL），121℃灭菌 15min，取出直立试管待凝固。

32. M 琼脂培养基（分离、培养乳球菌等的选择培养基）

植物蛋白胨 5g，酵母粉 5g，聚蛋白胨 5g，抗坏血酸 0.5g，牛肉膏 2.5g，$MgSO_4 \cdot 7H_2O$ 0.01g，β-甘油磷酸二钠 19g，蒸馏水 1000mL，121℃灭菌 15min。

33. 蛋白胨水、靛基质试剂

（1）蛋白胨水：蛋白胨 20.0g，NaCl 5.0g，蒸馏水 1000mL，pH7.4，121℃灭菌 15min。

（2）靛基质试剂

① 柯凡克试剂：将 5g 对二甲氨基苯甲醛溶解于 75mL 戊醇内，然后缓慢加入浓盐酸 25mL。

② 欧-波试剂：将 1g 对二甲氨基苯甲醛溶解于 95mL 95％乙醇内，然后缓慢加入浓盐酸 20mL。

（3）试验方法：挑取小量培养物接种，在 36℃±1℃培养 1～2d，必要时可培养 4～5d。加入柯凡克试剂约 0.5mL，轻摇试管，阳性者试剂层呈深红色；或加入欧-波试剂约 0.5mL，沿管壁流下，覆盖于培养液表面，阳性者于液面接触处呈玫瑰红色。

注：蛋白胨中应含有丰富的色氨酸。每批蛋白胨买来后，应先用已知菌种鉴定后方可使用。

34. 糖类发酵培养基

（1）基础培养基

成分：酪蛋白（酶消化）10g，NaCl 5g，酚红 0.02g，蒸馏水 1000mL。

制法：将各成分加热溶解，必要时调节 pH，使之在灭菌后 25℃ pH 为 6.8，每管分装 5mL，121℃灭菌 15min 备用。

（2）糖类溶液（D-山梨醇，L-鼠李糖，D-蔗糖，D-蜜二糖，苦杏仁苷）

成分：糖 8g，蒸馏水 100mL。

制法：分别称取 D-山梨醇、L-鼠李糖、D-蔗糖、D-蜜二糖、苦杏仁苷等糖类成分各 8g，溶于 1000mL 蒸馏水中，过滤除菌，制成 80mg/mL 的糖类溶液。

（3）完全培养基

成分：基础培养基 875mL，糖类溶液 125mL。

制法：无菌操作，将每种糖类溶液加入基础培养基，混匀，分装到试管中，每管 10mL。

实验方法：挑取培养物接种于各类糖类发酵培养基，刚好在液体培养基的液面下，30℃±1℃培养 24h±2h，观察结果，糖类发酵实验阳性者，培养基呈黄色，阴性者为红色。

35. 葡萄糖氧化发酵培养基

成分：蛋白胨 2g，NaCl 5g，1％溴百里酚蓝水溶液 3mL，琼脂 5～6g，K_2HPO_4 0.2g，葡萄糖 1％，蒸馏水 1000mL。

制法：除溴百里酚蓝外，溶解以上各成分，调节 pH 为 6.8～7.0，分装试管，115℃灭菌 20min 备用。

36. 假单胞菌选择培养基（PSA）

基础成分：多价胨 16g，水解酪蛋白 10g，硫酸钾 10g，氯化镁 1.4g，琼脂 11g，甘油 10mL，蒸馏水 1000mL，pH 7.1±0.2。

CFC 选择添加物：溴化十六烷基三甲铵 10mg/L，梭链孢酸钠 10mg/L，头孢菌素 50mg/L。

制法：先将基础成分加热煮沸使之完全溶解，121℃灭菌 15min，冷却到 50℃备用。当基础成分冷却到 50℃后，加入溶解后过滤除菌的 CFC 补充物，完全混合后倒平板备用。

37. 乳糖胆盐发酵培养基

成分：蛋白胨 20g，猪胆盐（或牛、羊胆盐）5g，乳糖 10g，0.04％溴甲酚紫水溶液 25mL，蒸馏水 1000mL，pH7.4。

制法：将蛋白胨、胆盐及乳糖溶于水中，校正 pH，加入指示剂，分装每管 10mL，并放入一个小倒管，115℃高压灭菌 15min。

注：双料乳糖胆盐培养基除蒸馏水外，其他成分加倍。

38. 伊红美蓝琼脂培养基（EMB）

成分：蛋白胨 10g，乳糖 10g，K_2HPO_4 2g，琼脂 17g，2%伊红 Y 溶液 20mL，0.65% 美蓝溶液 10mL，蒸馏水 1000mL，pH7.1。

制法：将蛋白胨、磷酸氢二钾和琼脂溶解于蒸馏水中，校正 pH，分装于烧瓶内，121℃高压灭菌 15min，备用。临用时，加入乳糖，并加热熔化琼脂，冷至 50～55℃，加入伊红 Y 溶液和美蓝溶液，摇匀，倾注平板。

39. 5%乳糖发酵培养基

成分：蛋白胨 0.2g，氯化钠 0.5g，乳糖 5g，2%溴麝香草酚蓝水溶液 1.2mL，蒸馏水 100mL，pH7.4。

制法：除乳糖以外的各成分溶解于 50mL 蒸馏水内，校正 pH。将乳糖溶解于另外 50mL 蒸馏水内，121℃分别灭菌 15min，将两液混合，以无菌操作分装于灭菌小试管内。

注：在此培养基内，大部分乳糖迟缓发酵的细菌可于 1d 内发酵。

40. 胰酪胨大豆肉汤

成分：胰酪胨（或胰蛋白胨）17g，植物蛋白胨（或大豆蛋白胨）3g，氯化钠 5g，磷酸氢二钾 2.5g，葡萄糖 2.5g，蒸馏水 1000mL。

制法：将上述成分混合，加热并轻轻搅拌溶液，调 pH 至 7.2～7.4。分装后 121℃高压灭菌 15min。最终 pH7.3±0.2。

注：加 6g 酵母膏即为含 0.6%酵母浸膏的胰酪胨大豆肉汤，再加琼脂 15g 即制成含 0.6%酵母浸膏的胰酪胨大豆琼脂。

41. 7.5%氯化钠肉汤

成分：蛋白胨 10g，牛肉膏 3g，氯化钠 75g，蒸馏水 1000mL，pH7.4。

制法：将上述成分加热溶解，校正 pH，分装试管，121℃高压灭菌 15min。

42. 豆粉琼脂

成分：牛心消化汤 1000mL，琼脂 20g，黄豆粉浸液 50mL，pH7.4～7.6。

制法：将琼脂加在牛心消化汤中，加热溶解，过滤。加入黄豆粉浸液，分装每瓶 100mL，121℃高压灭菌 15min。

43. 血琼脂平板

成分：豆粉琼脂 100mL，脱纤维羊血（或兔血）5～10mL。

制法：加热熔化豆粉琼脂，冷至 50℃，以无菌操作加入脱纤维羊血或兔血，摇匀，倾注平板。或分装灭菌试管，摆成斜面。

44. Baird-Parker 琼脂平板

成分：胰蛋白胨 10g，牛肉膏 5g，酵母膏 1g，丙酮酸钠 10g，甘氨酸 12g，氯化锂（$LiCl \cdot 6H_2O$）5g，琼脂 20g，蒸馏水 950mL，pH7.5。

增菌剂的配法：30%～50%卵黄盐水 50mL 与除菌过滤的 1%亚碲酸钾溶液 10mL 混合，保存在冰箱内。

制法：将各成分加到蒸馏水中，加热煮沸至完全溶解，冷至 25℃，校正 pH。分装每瓶

95mL，121℃高压灭菌 15min。临用时，加热熔化琼脂，冷至 50℃，每 95mL 加入预热至 50℃的卵黄-亚碲酸钾增菌剂 5mL。摇匀后倾注平板。培养基应是致密不透明的。使用前在冰箱贮存不得超过 48h。

45. 肉浸液

成分：绞碎牛肉 500g，氯化钠 5g，蛋白胨 10g，磷酸氢二钾 2g，蒸馏水 1000mL，pH7.4～7.6。

制法：将绞碎去筋膜无油脂牛肉 500g，混合后放冰箱 24h，除去液面浮油，隔水煮沸半小时使肉渣完全凝结成块，用绒布过滤，并挤压收集全部滤液，加水补足原量。加入蛋白胨、氯化钠和磷酸氢二钾，溶解后校正 pH7.4～7.6，煮沸并过滤，分装烧瓶，121℃高压灭菌 30min。

46. 兔血浆

3.8%柠檬酸钠溶液：取柠檬酸钠 3.8g，加蒸馏水 100mL 溶解后过滤装瓶，121℃高压灭菌 15min。

兔血浆制备：取 3.8%柠檬酸钠溶液一份，加兔血 4 份混合后 3000 r/min 离心 30min，吸取上清液即为兔血浆。

47. 肠毒素产毒培养基

蛋白胨 20g，胰消化酪蛋白 200mg，氯化钠 5g，磷酸二氢钾 1g，氯化钙 0.1g，硫酸镁 0.2g，烟酸 0.01g，蒸馏水 1000mL，琼脂 10～12g（固体透析培养用），pH7.2～7.4。

48. 葡萄糖肉浸液肉汤

成分：绞碎牛肉 500g，氯化钠 5g，蛋白胨 10g，磷酸氢二钾 2g，葡萄糖 10g，蒸馏水 1000mL，pH7.4～7.6。

制法：将绞碎去筋膜无油脂牛肉 500g，混合后放冰箱 24h，除去液面之浮油，隔水煮沸半小时，使肉渣完全凝结成块，用绒布过滤，并挤压收集全部滤液，加水补足原量。加入蛋白胨、葡萄糖、氯化钠和磷酸氢二钾，溶解后校正 pH，煮沸并过滤、分装，121℃高压灭菌 30min。

49. 牛心浸液

成分：绞碎牛心 500g，氯化钠 5g，蛋白胨 10g，磷酸氢二钾 2g，蒸馏水 1000mL，pH7.4～7.6。

制法：将绞碎牛心 500g，混合后放冰箱 24h，除去液面浮油，隔水煮沸半小时，使肉渣完全凝结成块，用绒布过滤，并挤压收集全部滤液，加水补足原量。加入蛋白胨、氯化钠和磷酸氢二钾，溶解后校正 pH，煮沸并过滤、分装，121℃高压灭菌 30min。

50. 匹克氏肉汤

成分：含 1%胰蛋白胨的牛心浸液 200mL，1：25000 结晶紫盐水溶液 10mL，1：800 三氮化钠溶液 10mL，脱纤维兔血（羊血）10mL。

制法：将上述已灭菌的各种成分，无菌依次混合，分装于无菌试管内，每管 2mL，保存冰箱内备用。

51. 3%氯化钠胰蛋白胨大豆（TSA）琼脂

成分：胰蛋白胨 15g，大豆蛋白胨 5g，氯化钠 30g，琼脂约 13g，蒸馏水 1000mL，pH7.1～7.5。

制法：按量将各成分加热使完全溶解，调 pH，121℃灭菌 15min。

52. 缓冲蛋白胨水（BPW）培养基

成分：蛋白胨 10g，NaCl 5g，$Na_2HPO_4 \cdot 12H_2O$ 9g，H_2PO_4 1.5g，蒸馏水 1000mL，pH7.2。

制法：121℃灭菌 15min。

53. 氯化镁孔雀绿（MM）增菌液

成分：

① 甲液：胰蛋白胨 5g，NaCl 8g，KH_2PO_4 1.6g，蒸馏水 1000mL。

② 乙液：$MgCl_4$ 40g，蒸馏水 100mL。

③ 丙液：0.4％孔雀绿水溶液。

制法：分别按上述成分配好后，121℃灭菌 15min 备用。临用时取甲液 90mL、乙液 9mL、丙液 0.9mL 以无菌操作混合即成。

54. 四硫磺酸钠煌绿（TTB）增菌液

成分：多胨或胨 1g，$CaCO_3$ 10g，硫代硫酸钠 30g，蒸馏水 1000mL。

制法：将各成分加入蒸馏水中，加热溶解，分装每瓶 100mL。分装时应随时振荡，使其中的 $CaCO_3$ 混匀。121℃灭菌 15min 备用。临用时每 100mL 培养基中加入碘溶液 2 mL、0.1％煌绿 1mL。

55. 亚硒酸盐胱氨酸（SC）增菌液

成分：蛋白胨 5g，乳糖 4g，亚硒酸氢钠 4g，Na_2HPO_4 5.5g，KH_2PO_4 4.5g，L-胱氨酸 0.01g，蒸馏水 1000mL，pH7.0。

制法：将除亚硒酸氢钠和胱氨酸以外的各种成分溶解于 900mL 蒸馏水中，加热煮沸，冷却备用。另将亚硒酸氢钠溶解于 100mL 蒸馏水中，加热煮沸，冷却，以无菌操作与上液混合，再加入 1％ L-胱氨酸-氢氧化钠溶液 1mL。分装于灭菌瓶中，每瓶 100mL。

56. 亚硫酸铋琼脂（BS）培养基

成分：蛋白胨 10g，牛肉膏 5g，葡萄糖 5g，$FeSO_4$ 0.3g，Na_2HPO_4 4g，煌绿 0.025g，柠檬酸铋铵 2g，Na_2SO_3 6g，琼脂 20g，蒸馏水 1000mL，pH7.5。

制法：将前 5 种成分溶解于 300mL 蒸馏水中。再将柠檬酸铋铵和亚硫酸钠另用 50mL 蒸馏水溶解。将琼脂于 600mL 蒸馏水中煮沸溶解，冷至 80℃左右。将以上三液合并，补充蒸馏水至 1000mL，校正 pH，加 0.5％煌绿水溶液 5mL，摇匀，冷却至 50～55℃，倾注平板。

注：此培养基不需高压灭菌。制备过程中不宜过分加热，以免降低其选择性。应在临用前一天制备，贮存于室温暗处。超过 48h 不宜使用。

57. DHL 琼脂培养基

成分：蛋白胨 20g，牛肉膏 3g，乳糖 10g，蔗糖 10g，去氧胆酸钠 1g，$Na_2S_2O_3$ 2.3g，柠檬酸钠 1g，柠檬酸铁铵 1g，中性红 0.03g，琼脂 20g，蒸馏水 1000mL，pH7.3。

制法：除中性红和琼脂外，将其他成分溶解于 400mL 蒸馏水中，校正 pH。再将琼脂溶于 600mL 蒸馏水中，两液合并，加 0.5％中性红水溶液 6mL，待冷至 50～55℃，倾注平板。

58. HE 琼脂培养基

成分：胨 12g，牛肉膏 3g，乳糖 12g，蔗糖 2g，水杨素 2g，胆盐 20g，NaCl 5g，琼脂 20g，蒸馏水 1000mL，0.4％溴麝香草酚蓝溶液 16mL，Andrade 指示剂 20mL，甲液 20mL，乙液 20mL。

制法：将前 7 种成分溶解于 400mL 蒸馏水中，作为基础液，加入甲液和乙液，校正 pH 为 7.5，再加入指示剂；将琼脂溶于 600mL 蒸馏水中。两者合并，待冷至 50～55℃，倾注平板。

注：①此培养基不可高压灭菌。②Andrade 指示剂：酸性复红 0.5g，1mol/L NaOH 溶液 16mL，蒸馏水 10mL。制法：将酸性复红溶解于蒸馏水中，加入 NaOH 溶液。数小时后如果酸性复红褪色不全，再加 NaOH 溶液 1～2mL。③甲液：$Na_2S_2O_3$ 34g，柠檬酸铁铵 4g，蒸馏水 100mL。④乙液：去氧胆酸钠 10g，蒸馏水 100mL。

59. SS 琼脂

（1）基础培养基

成分：牛肉膏 5g，胨 5g，三号胆盐 3.5g，琼脂 17g，蒸馏水 1000mL。

制法：将牛肉膏、胨和三号胆盐溶解于 400mL 蒸馏水中，将琼脂溶于 500mL 蒸馏水中，两液混合，121℃灭菌 15min 备用。

（2）完全培养

成分：基础培养基 1000mL，乳糖 10g，柠檬酸钠 8.5g，$Na_2S_2O_3$ 8.5g，10％柠檬酸铁溶液 10mL，1％中性红溶液 2.5mL，0.1％煌绿溶液 0.33mL。

制法：加热熔化基础培养基，按比例加入上述染料以外的各成分，充分混合均匀，校正 pH 为 7.0，加入中性红和煌绿溶液，倾注平板。

注：制好的培养基宜当日使用，或保存于冰箱内于 48h 内使用；煌绿溶液配好后应在 10d 以内使用。

60. 靛基质实验培养基

成分：蛋白胨 10g，氯化钠 5g，水 1000mL，pH7.3～7.5。

制法：称取各成分，加入水中加热溶化。用 1mol/L NaOH 调至 pH7.4～7.5。分装小试管，每管约 3mL，116℃高压灭菌 15min 后 4～10℃保存备用。

61. 三糖铁琼脂（TSI）

成分：蛋白胨 20g，硫代硫酸钠 0.5g，乳糖 10g，蒸馏水 1000mL，硫酸亚铁铵（含 6 个结晶水）0.5g，蔗糖 10g，酚红 0.025g，氯化钠 5g，牛肉膏 3g，琼脂 12g，葡萄糖 10g。

制法：除琼脂和酚红外，将其他成分加入 400mL 蒸馏水中，搅拌均匀，静置约 10min，加热煮沸至完全溶解，校正 pH 7.4±0.1。另将琼脂加入 600mL 蒸馏水中，搅拌均匀，静置约 10min，加热煮沸至完全溶解。

将上述两溶液混合均匀后，再加入酚红指示剂，混匀，分装试管，每管 2～4mL。121℃高压灭菌 15min 后放置高层斜面备用。

62. 尿素琼脂

成分：蛋白胨 1g，葡萄糖 1g，0.4％酚红溶液 3mL，蒸馏水 1000mL，氯化钠 5g，磷酸氢二钾 2g，琼脂 20g，20％尿素溶液 10mL，pH7.2±0.1。

制法：将除尿素和琼脂以外的成分配好，并校正 pH，加入琼脂，加热溶化并分装烧瓶。121℃高压灭菌 15min，冷至 50～55℃，加入经除菌过滤的尿素溶液。尿素的最终浓度为 2%，最终 pH 为 7.2±0.1。分装于灭菌试管内，放成斜面备用。

63. ONPG 培养基

成分：邻硝基酚 β-D 半乳糖苷（ONPG）60mg，0.01mol/L 磷酸钠缓冲液（pH7.5）10mL，1%蛋白胨水（pH7.5）30mL。

制法：将 ONPG 溶于缓冲液内，加入蛋白胨水，以过滤法除菌，分装于 10mm×75mm 试管，每管 0.5mL，用橡皮塞塞紧。

64. 氰化钾（KCN）培养基

成分：蛋白胨 10g，氯化钠 5g，磷酸二氢钾 0.225g，磷酸氢二钠 5.64g，蒸馏水 1000mL，5%氰化钾溶液 20mL，pH7.6。

制法：将除氰化钾以外的成分配好后分装烧瓶，121℃高压灭菌 15min。放在冰箱内使其充分冷却。每 10mL 培养基加入 0.5%氰化钾溶液 2.0mL（最后浓度为 1:100），分装于 12mm×100mm 灭菌试管，每管约 4mL，立刻用灭菌橡皮塞塞紧，放在 4℃冰箱内，至少可保存两个月。同时，将不加氰化钾的培养基作为对照培养基，分装试管备用。

65. 丙二酸钠培养基

成分：酵母浸膏 1g，硫酸铵 2g，磷酸氢二钾 0.6g，磷酸二氢钾 0.4g，氯化钠 2g，丙二酸钠 3g，0.2%溴麝香草酚蓝溶液 12mL，蒸馏水 1000mL，pH6.8。

制法：先将酵母浸膏和盐类溶解于水，校正 pH 后再加入指示剂，分装试管，121℃高压灭菌 15min。

66. 氧化酶实验试剂

（1）1%盐酸二甲基对苯二胺溶液：少量新鲜配制，于冰箱内避光保存。

（2）1%四甲基对苯二胺溶液：将四甲基对苯二胺 1.0g 溶于 100.0mL 蒸馏水即可。通常使用新鲜配制的试剂，如放置于冷藏库，可在配制后 7d 内使用。

（3）1% α-萘酚-乙醇溶液。

67. 亚硒酸盐煌绿增菌液

成分：蛋白胨 5g，酵母膏 5g，甘露醇 5g，牛磺胆酸钠 1g，20%亚硒酸氢钠溶液 20mL，0.25mol/L 磷酸盐缓冲液（pH7.0）100mL，2%煌绿水溶液 0.25mL，蒸馏水 900mL。

制法：将前三种成分溶于水中，调节 pH 为 7.0，加入牛磺胆酸钠，加热溶解调 pH（其中干鸡蛋白样品 pH8.2±0.1，其他干蛋品 pH7.2±0.1，冰蛋品 pH7.0±0.1），121℃灭菌 15min，放冷备用，此为甲液；称取 4g 亚硒酸氢钠，溶于 19mL 蒸馏水中，即为 20%亚硒酸氢钠溶液 20mL，121℃灭菌 15min，放冷备用，此为乙液；精确称取 K_2HPO_4（无水）2.18g、KH_2PO_4（无水）1.71g，溶解于蒸馏水中，定容至 100mL，121℃灭菌 15min，放冷备用，此为丙液；称取煌绿（灿烂绿）0.2g 溶于 10mL 蒸馏水中，即为 2%煌绿水溶液，此为丁液。用前将乙液和丙液依次加入甲液中，复查混合液的 pH，加入煌绿溶液。无菌操作分装于无菌烧瓶或试管内，每瓶 150mL。培养基应在 1~5d 内使用。

68. GN 增菌液

成分：胰蛋白胨 20g，葡萄糖 1g，甘露醇 2g，柠檬酸钠 5g，去氧胆酸钠 0.5g，磷酸氢二钾 4g，磷酸二氢钾 1.5g，氯化钠 5g，蒸馏水 1000mL，pH7.0。

制法：按上述成分配好，加热使溶解，校正 pH。分装每瓶 225mL，115℃高压灭菌 15min。

69. 西蒙氏柠檬酸盐培养基

成分：氯化钠 5g，硫酸镁（MgSO₄·7H₂O）0.2g，磷酸二氢铵 1g，磷酸氢二钾 1g，柠檬酸钠 2g，琼脂 20g，蒸馏水 100mL，0.2％溴麝香草酚蓝溶液 40mL，pH6.8。

制法：先将盐类溶解于水内，校正 pH，再加琼脂加热溶化，然后加入指示剂，混合均匀后分装试管，121℃高压灭菌 15min 后放成斜面。

70. 葡萄糖铵培养基

成分：氯化钠 5g，硫酸镁（MgSO₄·7H₂O）0.2g，磷酸二氢铵 1g，磷酸氢二钾 1g，葡萄糖 2g，琼脂 20g，蒸馏水 1000mL，0.2％溴麝香草酚蓝溶液 40mL，pH6.8。

制法：先将盐类和糖溶解于水，校正 pH，再加琼脂加热溶化，然后加入指示剂，混合均匀后分装试管，121℃高压灭菌 15min，后放成斜面。

71. 麦康凯琼脂

成分：蛋白胨 17g，胨胨 3g，猪（牛、羊）胆盐 5g，NaCl 5g，琼脂 17g，蒸馏水 1000mL，乳糖 10g，0.01％结晶紫水溶液 10mL，0.5％中性红水溶液 5mL。

制法：将蛋白胨、胨胨、胆盐和氯化钠溶于 400mL 蒸馏水内，校正 pH 至 7.2。将琼脂于 600mL 蒸馏水中煮沸溶解。合并两液，分装于烧瓶内，121℃灭菌 15min 备用。临用时加热熔化上述琼脂，趁热加入乳糖，冷至 50～55℃时加入结晶紫和中性红水溶液，摇匀后倾注平板。

注：结晶紫和中性红水溶液配好后须经高压灭菌。

72. 肠道菌增菌肉汤（EE 肉汤）

成分：蛋白胨 10g，葡萄糖 5g，牛胆盐 20g，磷酸氢二钠 8g，磷酸二氢钾 2g，煌绿 0.015g，蒸馏水 1000mL，pH7.2。

制法：按上述成分配好，加热使溶解，校正 pH。分装每瓶 30mL，115℃高压灭菌 15min。注意必须使用纯净的牛胆盐和煌绿，减少对受损且数量极少的肠杆菌的生长抑制。

73. 克氏双糖铁琼脂（KI）

上层培养基成分：血消化汤（pH7.6）500mL，琼脂 6.5g，硫代硫酸钠 0.1g，硫酸亚铁铵 0.1g，乳糖 5g，0.2％酚红溶液 5mL。

下层培养基成分：血消化汤（pH7.6）500mL，琼脂 2g，葡萄糖 1g，0.2％酚红溶液 5mL。

制法：取血消化汤按上层和下层的琼脂用量，分别加入琼脂，加热溶解。分别加入其他各种成分。将上层培养基分装于烧瓶内；将下层培养基分装于灭菌的 12mm×100mm 试管内，每管约 2mL。115℃高压灭菌 10min。将上层培养基放在 56℃水浴箱内保温；将下层培养基直立放在室温下，使其凝固。等下层培养基凝固后，以无菌操作将上层培养基分装于下层培养基的上面，每管约 1.5mL 并放成斜面。

74. Elek 氏培养基（毒素测定用）

成分：蛋白胨 20g，麦芽糖 3g，乳糖 0.7g，氯化钠 5g，琼脂 15g，40％氢氧化钠溶液 1.5mL，蒸馏水 1000mL，pH7.8。

制法：用 500mL 蒸馏水溶解琼脂以外的成分，煮沸并用滤纸过滤。用 1mol/L 氢氧化钠校正 pH。用另外 500mL 蒸馏水加热溶化琼脂。将两液混合，分装试管 10mL 或 20mL。121℃高压灭菌 15min。临用时加热熔化琼脂倾注平板。

75. EC 肉汤

成分：胰蛋白胨 20g，胆盐 1.5g，乳糖 5g，NaCl 5g，无水 KH_2PO_4 1.5g，无水 K_2HPO_4 4g，蒸馏水 1000mL，pH7.0。

制法：将各成分溶于水中，调 pH，依据实验需求分装三角瓶或试管。121℃灭菌 15min 备用。

如果将培养基成分中胆盐 1.5g 改为三号胆盐 1.12g，并在冷却至 50℃以下时添加 1mL 通过灭菌细菌滤器过滤除菌的 20mg/mL 新生霉素，即为改良 EC 肉汤（mEC＋n）。

76. 改良山梨醇麦康凯琼脂（TC-SMAC）

成分：蛋白胨 7g，胨 3g，猪胆盐 5g，山梨醇 10g，NaCl 5g，琼脂 18g，亚碲酸钾 2.5mg，头孢肟 0.05g，蒸馏水 1000mL，0.5%中性红水溶液 5mL，0.01%结晶紫水溶液 10mL，pH7.2。

制法：除山梨醇、指示剂和抑菌剂外，其余成分溶于水中，溶解后调 pH。115℃灭菌 20min。临用时熔化培养基，冷至 50℃，加入山梨醇、灭菌的结晶紫和中性红，加入过滤除菌的 1%亚碲酸钾 250μL 和 50g/L 头孢肟 1mL，混匀，倾注倒平板。

77. 月桂基硫酸盐胰蛋白胨（LST）肉汤

成分：胰蛋白胨或胰酪胨 20g，NaCl 5.0g，乳糖 5.0g，K_2HPO_4 2.75g，KH_2PO_4 2.75g，月桂基硫酸钠 0.1g，蒸馏水 1000mL。

制法：将各成分溶解于蒸馏水中，分装到有倒立发酵管的 20mm×150mm 试管中，每管 10mL。121℃高压灭菌 15min。最终 pH6.8±0.2。

78. MUG-LST

LST 肉汤中添加 4-甲基伞形酮 β-D-葡萄糖醛酸苷（MUG），使终浓度为 0.1g/L。

79. 甘露醇卵黄多黏菌素琼脂

成分：蛋白胨 10g，牛肉膏 1g，甘露醇 10g，氯化钠 10g，琼脂 15g，蒸馏水 1000mL，0.2%酚红溶液 13mL，50%卵黄液 50mL，多黏菌素 B 100IU/mL，pH7.4。

制法：将前 5 种成分加入蒸馏水中，加热溶解，校正 pH，加入酚红溶液，分装烧瓶，每瓶 100mL，121℃高压灭菌 15min。临用时加热熔化琼脂，冷至 50℃，每瓶加入 50%卵黄液 5mL 及多黏菌素 B 10000 IU，混匀后倾注平板。

80. 酪蛋白琼脂

成分：酪蛋白 10g，牛肉膏 3g，磷酸氢二钠 2g，氯化钠 5g，琼脂 15g，蒸馏水 1000mL，0.4%溴麝香草酚蓝溶液 12.5mL，pH7.4。

制法：将除指示剂外的各成分混合，加热溶解（但酪蛋白不溶解），校正 pH。加入指示剂，分装烧瓶，121℃高压灭菌 15min。临用时加热熔化琼脂，冷至 50℃，倾注平板。

注：将菌株划线接种于平板上，如沿菌落周围有透明圈形成，即为能水解酪蛋白。

81. 木糖-明胶培养基

成分：胰胨 10g，酵母膏 10g，木糖 10g，磷酸氢二钠 5g，明胶 120g，蒸馏水 1000mL，0.2%酚红溶液 25mL，pH7.6。

制法：将除酚红以外的各成分混合，加热溶解，校正 pH。加入酚红溶液，分装试管，121℃高压灭菌 15min，迅速冷却。

82. 动力-硝酸盐培养基（A 法）

成分：蛋白胨 5g，牛肉膏 3g，硝酸钾 1g，琼脂 3g，蒸馏水 1000mL，pH7.0。

制法：加热溶解，校正 pH。分装试管，每管 10mL，121℃高压灭菌 15min。

83. 甲萘胺乙酸溶液、对氨基苯磺-乙酸溶液（硝酸盐培养基）

成分：硝酸盐 0.2g，蛋白胨 5g，蒸馏水 1000mL，pH7.4。

制法：溶解，校正 pH，分装试管，每管约 5mL，121℃高压灭菌 15min。

硝酸盐还原试剂：

① 甲萘胺乙酸溶液：将甲萘胺 0.5g 溶解于 5mol/L 乙酸溶液 100mL 中。

② 对氨基苯磺-乙酸溶液：将对氨基苯磺酸 0.8g 溶解于 5mol/L 乙酸溶液 100mL 中。

84. 氯化钠结晶紫增菌液

成分：蛋白胨 20g，氯化钠 40g，0.01％结晶紫溶液 5mL，蒸馏水 1000mL，pH9.0。

制法：除结晶紫外其他按上述成分配好，加热溶解，约加 3％氢氧化钾溶液 4.5mL，校正 pH，加热煮沸，过滤，再加入结晶紫溶液，混合分装试管，121℃高压灭菌 15min 备用。

85. 3％氯化钠三糖铁琼脂

成分：蛋白胨 15g，胨蛋白胨 5g，牛肉膏 3g，乳糖 10g，蔗糖 10g，葡萄糖 1g，氯化钠 30g，硫酸亚铁铵 0.2g，硫代硫酸钠 0.3g，琼脂 12g，酚红 0.024g，蒸馏水 1000mL，pH7.4。

制法：将除琼脂和酚红以外的各成分溶解于蒸馏水中，校正 pH，加入琼脂，加热煮沸使琼脂溶化，加入 0.2％酚红溶液 12.5mL，摇匀，分装试管，121℃高压灭菌 15min，放置高层斜面备用。

86. TCBS 琼脂（配方 1）

成分：酵母膏 5g，蛋白胨 10g，蔗糖 20g，硫代硫酸钠 10g，柠檬酸钠 10g，胆酸钠 3g，牛胆汁粉 5g，氯化钠 10g，柠檬酸铁 1g，溴麝香草酚蓝 0.04g，麝香草酚蓝 0.04g，琼脂 15g，pH8.6。

制法：将上述成分加蒸馏水至 1000mL，混合，使全部溶解，校正 pH 为 8.6，加热煮沸，不需高压灭菌，倾注平板 15～20mL。

注：不分解蔗糖的副溶血性弧菌，在此培养基上生长呈绿色菌落，分解蔗糖的细菌呈黄色菌落。

87. TCBS 琼脂（配方 2）

成分：酵母浸膏 5g，多价蛋白胨 10g，硫代硫酸钠 10g，柠檬酸钠 10g，牛胆粉 5g，蔗糖 20g，氯化钠 10g，柠檬酸铁 1g，溴麝香草酚蓝 0.04g，琼脂约 13g，水 1000mL，pH8.5～8.7。

制法：除指示剂外，将其余成分混合于 1000mL 水中，煮沸溶解。调至 pH8.5～8.7，加入指示剂，混匀。再次煮沸 1～2min。无须高压灭菌。

88. 改良 Camp-BAP 培养基

成分：胰蛋白胨 10g，蛋白胨 10g，葡萄糖 1g，酵母浸膏 2g，氯化钠 5g，焦亚硫酸钠 0.1g，琼脂 15g，蒸馏水 1000mL，硫乙醇酸钠 1.5g，万古霉素 10mg，多黏菌素 B 2500IU，两性霉素 B 2mg，头孢霉素 15mg，亦可用脱纤维羊血 50mL，pH7.0±0.2。

制法：除抗生素和羊血外，将其他成分混合，加热溶解，校正 pH 到 7.0±0.2。装瓶，每瓶 10mL，121℃高压灭菌 15min 备用，此为布氏琼脂基础培养基。临用前，加热熔化基础琼脂，冷至 60℃。每 100mL 基础琼脂中，加入脱纤维羊血 5mL、抗生素混合液 0.5mL 及两性霉素 B-头孢霉素混合液 0.5mL，摇匀，倾注平板。

注：两性霉素 B-头孢霉素混合液配法：称两性霉素 B 2mg 和头孢霉素 15mg，加 5mL 蒸馏水混合即成。

89. 甘氨酸培养基

成分：布氏肉汤 1000mL，琼脂粉 1.6g，甘氨酸 10g。

制法：将以上成分混合，加热溶解，校正 pH7.0，分装试管，每管 4mL，121℃高压灭菌 15min，备用。

90. Skirrow 氏培养基

成分：蛋白胨 15g，胰蛋白胨 2.5g，酵母浸膏 5g，氯化钠 5g，琼脂 15g，蒸馏水 1000mL，甲氧苄氨嘧啶（TMP）5mg，万古霉素 10mg，多黏菌素 B 2500 IU，冻融马血 70.0mL，pH7.4。

制法：除甲氧苄氨嘧啶、抗生素和冻融马血外，其他成分混合溶解。校正 pH7.4，装瓶 100mL。121℃高压灭菌 15min，备用。此即血琼脂基础培养基。临用前，加热熔解基础培养基，冷至 60℃。每 100mL 基础培养基中，加入冻融两次的马血及 TMP、抗生素混合液 0.5mL，摇匀，倾注平板。

91. 庖肉培养基

成分：牛肉浸液 1000mL，蛋白胨 30g，酵母浸膏 5g，磷酸二氢钠 5g，葡萄糖 3g，可溶性淀粉 2g，碎肉渣适量，pH7.8。

制法：称取新鲜除脂肪和筋膜的牛肉 500g，加蒸馏水 1000mL 和 1mol/L 氢氧化钠溶液 25mL，搅拌煮沸 15min，充分冷却，除去表层脂肪，澄清，过滤，加水补足至 1000mL。加入除碎肉渣外的各种成分，校正 pH。

92. 卵黄琼脂培养基

成分：基础培养基为肉浸液 1000mL，蛋白胨 15g，氯化钠 5g，琼脂 25~30g，pH7.5；50%葡萄糖水溶液，50%卵黄盐水溶液。

制法：基础培养基分装每瓶 100mL。121℃高压灭菌 15min。临用时加热熔化，冷至 50℃，每瓶内加 50%葡萄糖水溶液 2mL 和 50%卵黄盐水溶液 10~15mL，摇匀，倾注平板。

93. EB 增菌液

成分：胰胨 17g，多价胨 3g，酵母膏 6g，氯化钠 5g，磷酸二氢钾 2.5g，葡萄糖 2.5g，蒸馏水 1000mL，pH7.2~7.4。

制法：121℃高压灭菌 15min，使用前加吖啶黄溶液 15mg/L、萘啶酮酸溶液 40mg/L 和放线菌酮 50mg/L，此三种成分要过滤除菌或无菌配制。

94. 胰酪胨大豆琼脂（TSAYE）

成分：胰胨 17g，多价胨 3g，酵母膏 6g，氯化钠 5g，磷酸氢二钾 2.5g，葡萄糖 2.5g，琼脂 15g，蒸馏水 1000mL，pH7.2~7.4。

制法：加热溶解，调 pH，分装，121℃高压灭菌 15min 备用。

95. 硫酸铁铵半固体（SIM）

成分：胰胨 20g，多价胨 6g，硫酸铁铵 0.2g，硫代硫酸钠 0.2g，琼脂 3.5g，蒸馏水

1000mL，pH7.2。

制法：加热溶解，调 pH，分装，121℃高压灭菌 15min 备用。

96. 改良的 McBride 琼脂（MMA）

成分：胰胨 5g，多价胨 5g，牛肉膏 3g，葡萄糖 1g，氯化钠 5g，磷酸氢二钠 1g，苯乙醇 2.5mL，无水甘氨酸 10g，氯化锂 0.5g，琼脂 15g，蒸馏水 1000mL，pH7.2~7.4。

制法：加热溶解，调 pH，分装，121℃高压灭菌 15min 备用。

97. STAA 培养基

成分：蛋白胨 20.0g，酵母提出物 2.0g，磷酸氢二钾 1.0g，硫酸镁 1.0g，甘油 15mL，琼脂 13.0g，乙酸铊 50mg，链霉素硫酸盐 500mg，环己酰亚胺 50mg，蒸馏水 1000mL，pH7.0±0.2。

制法：除乙酸铊、链霉素硫酸盐、环己酰亚胺外，其余成分缓慢加热使其完全溶解，121℃下灭菌 15min，冷却到 50℃后，在无菌条件下加入上述三种物质的过滤除菌水溶液。

98. 马丁（Martin）孟加拉红链霉素琼脂培养基

成分：葡萄糖 10.0g，蛋白胨 5.0g，磷酸二氢钾 1.0g，硫酸镁 0.5g，孟加拉红 33.4g，琼脂 20g，蒸馏水 1000mL，pH5.5~5.7。

制法：以上各成分溶解、调 pH、分装，于 121℃高压灭菌 20min。倒平板前按每 10mL 培养基加 1mL 0.03%链霉素溶液（含链霉素 30μg/mL）。

99. Ames 检测营养肉汤液体培养基

成分：牛肉膏 0.5g，蛋白胨 1.0g，氯化钠 0.5g，蒸馏水 100mL，pH7.2~7.5。

制法：加热溶解，调 pH，分装于三角瓶中，121℃高压灭菌 20min。

100. Ames 检测底层培养基

成分：葡萄糖 20g，柠檬酸（$C_6H_8O \cdot 7H_2O$）2g，磷酸氢二钾（K_2HPO_4）3.5g，硫酸镁（$MgSO_4 \cdot 7H_2O$）0.2g，琼脂粉 12g，蒸馏水 1000mL，pH7.0。

制法：加热溶解，调 pH，分装于三角瓶中 115℃高压灭菌 20min。

101. Ames 检测顶层培养基的制备

成分：脂粉 0.6g，氯化钠 0.5g，蒸馏水 90mL。

制法：以上溶液加 10mL 0.5mol/L 组氨酸-生物素溶液，分装灭菌。

102. 氨苄青霉素培养基和氨苄青霉素四环素培养基（1000mL）

成分：底层培养基 910mL，磷酸盐贮备液 20mL，40%葡萄糖溶液 50mL，组氨酸水溶液（0.4043g/100mL）10mL，0.5mol/L 生物素 6mL，0.8%氨苄青霉素溶液 3.15mL，0.8%四环素溶液 0.25mL。

制法：以上成分除抗生素外，均分别单独灭菌，使用时无菌操作混合；使用灭菌细菌滤器加入氨苄青霉素溶液，即为氨苄青霉素培养基，摇匀，铺平板；无菌操作混合同时加入氨苄青霉素和四环素，就是氨苄青霉素-四环素培养基。

103. 组氨酸-生物素培养基（1000mL）

成分：底层培养基 914mL，磷酸盐贮备液 20mL，40%葡萄糖溶液 50mL，组氨酸水溶液（0.404 3g/100mL）10mL，0.5mol/L 生物素 6mL。

制法：以上成分均分别灭菌，用时无菌操作混匀。

104. 结晶紫中性红胆盐琼脂（VRBA）

成分：酵母提取物 3.0g，蛋白胨 7.0g，氯化钠 5.0g，三号胆盐 1.5g，乳糖 10.0g，中性红 0.03g，结晶紫 0.02g，琼脂 15～18g，蒸馏水 1000mL。

制法：将各成分加入蒸馏水中（染料配成 1% 的水溶液过滤后加入），加热煮沸，使各成分完全溶解，调节 pH 至 7.4±0.1。冷却至 45℃ 倒入灭菌平板，置 2～−8℃ 保藏，4 周内使用。

105. 显色培养基琼脂（X-α-GLcA）

成分：蛋白胨 20.0g，牛肉膏 5.0g，氯化钠 5.0g，琼脂 20.0g，5-溴-4-氯-3-吲哚-α-D-葡萄糖苷 0.08g，蒸馏水 1000mL。

制法：将各成分加入蒸馏水中，加热溶解，调节 pH 至 7.3±0.1，分装适当容器，121℃ 高压灭菌 3min。

106. 酸化 PDA

成分：马铃薯 300g，葡萄糖 20g，琼脂 20g，蒸馏水 1000mL，pH3.5。

制法：在 PDA 高压灭菌后，用 10% 酒石酸无菌溶液调节 pH 至 3.5，倾注平板。必须注意的是，为了保证培养基中琼脂的凝固性，加酒石酸后不可再加热培养基，因为琼脂在低酸条件下可以分解。

107. 七叶灵水解培养基

在普通肉汁胨琼脂培养基中添加 0.1% 的七叶灵和 0.05% 的柠檬酸铁，分装试管摆斜面，121℃ 蒸汽灭菌 20min。

108. TTC（2,3,5-氯化三苯四氮唑）培养基

成分：胰蛋白胨 17g，大豆胨 3g，葡萄糖 6g，氯化钠 2.5g，硫乙醇酸钠 0.5g，琼脂 15g，L-胱氨酸盐酸盐 0.25g，亚硫酸钠 0.1g，1% 氯化血红素溶液 0.5mL，1% 维生素 K_1 溶液 0.1mL，2,3,5-氯化三苯四氮唑（TTC）0.4g，蒸馏水 1000mL。

1% 氯化血红素溶液配法：称取氯化血红素 1g 和 1mol/L 氢氧化钠溶液 5mL 混合，再用蒸馏水稀释到 100mL。

1% 维生素 K_1 溶液配法：称取维生素 K_1 1g 和纯乙醇 99mL 混合，即为 1% 维生素 K_1 溶液，或用维生素 K_1 针剂。

制法：除 1% 氯化血红素、1% 维生素 K_1 和 TTC 外，其他成分混合，加热溶解。L-胱氨酸盐酸盐先用少量氢氧化钠溶解后加入，校正 pH7.2，然后加入预先配成的氯化血红素和维生素 K_1，充分摇匀，装瓶灭菌，121℃ 高压灭菌 15min，备用。

临用前，熔解基础琼脂，每 100mL 加入 TTC 40mg，充分摇匀，倾注无菌平板。

109. 改良月桂基硫酸盐胰蛋白胨肉汤-万古霉素（mLST-Vm）培养基

（1）改良月桂基硫酸盐胰蛋白胨（mLST）肉汤

成分：氯化钠 34.0g，胰蛋白胨 20.0g，乳糖 5.0g，磷酸二氢钾 2.75g，磷酸氢二钾 2.75g，十二烷基硫酸钠 0.1g，蒸馏水 1000mL，pH 6.8±0.2。

制法：加热搅拌至溶解，调节 pH。分装每管 10mL，121℃ 高压灭菌 15min。

（2）万古霉素溶液

成分：万古霉素 10.0mg，蒸馏水 10.0mL。

制法：10.0mg 万古霉素溶解于 10.0mL 蒸馏水，过滤除菌。万古霉素溶液可以在 0～5℃保存 15d。

（3）改良月桂基硫酸盐胰蛋白胨肉汤-万古霉素

制法：每 10mL 改良月桂基硫酸盐胰蛋白胨肉汤加入万古霉素溶液 0.1mL，混合液中万古霉素的终浓度为 10μg/mL。

注：mLST-Vm 必须在 24h 之内使用。

110. 阪崎肠杆菌显色培养基（DFI）琼脂

成分：胰蛋白胨 15.0g，大豆蛋白胨 5.0g，氯化钠 5.0g，柠檬酸铁铵 1.0g，硫代硫酸钠 1.0g，脱氧胆酸钠 1.0g，5-溴-4-氯-3-吲哚-α-D-葡萄糖 0.1g，琼脂 15g，蒸馏水 1000mL。

制法：加热搅拌至完全溶解，调节 pH7.3±0.2，121℃高压 15min，冷却至 50℃，倾注平板。

111. 平板计数培养基

成分：胰蛋白胨 5.0g，酵母浸粉 2.5g，葡萄糖 1.0g，琼脂 15.0g，蒸馏水 1000mL，pH 7.0±0.2。

制法：将上述成分加于蒸馏水中，煮沸溶解，调节 pH。分装试管或锥形瓶，121℃高压灭菌 15min。

112. 煌绿乳糖胆盐（BGLB）肉汤

成分：蛋白胨 10.0g，乳糖 10.0g，牛胆粉溶液 200.0mL，0.1%煌绿水溶液 13.3mL，蒸馏水 1000mL，pH7.2±0.1。

制法：将蛋白胨、乳糖溶解于 500mL 蒸馏水中，加入牛胆粉溶液 200.0mL（将 20.0g 脱水牛胆粉溶于 200mL 的蒸馏水中，pH7.0～7.5），用蒸馏水稀释到 975mL，调节 pH 至 7.4，再加入 0.1%煌绿水溶液 13.3mL，用蒸馏水补足到 1000mL，用棉花过滤后，分装到有玻璃小倒管的试管中，每管 10mL。121℃高压灭菌 15min。

113. 脑心浸出液（BHI）肉汤

成分：胰蛋白胨 10.0g，氯化钠 5.0g，十二水磷酸氢二钠 2.5g，葡萄糖 2.0g，牛心浸出液 500mL，pH7.4±0.2。

制法：加热溶解，调节 pH，分装 16mm×160mm 试管，每管 5mL，置 121℃灭菌 15min。

114. 木糖赖氨酸脱氧胆盐（XLD）琼脂

成分：酵母膏 3.0g，L-赖氨酸 5.0g，木糖 3.75g，乳糖 7.5g，蔗糖 7.5g，去氧胆酸钠 2.5g，柠檬酸铁铵 0.8g，硫代硫酸钠 6.8g，氯化钠 5.0g，琼脂 15.0g，酚红 0.08g，蒸馏水 1000.0mL。

制法：将上述成分（酚红除外）溶解于 1000mL 蒸馏水，加热溶解。调至 pH 至 7.4±0.2。再加入指示剂，待冷至 50～55℃倾注平板。

注：本培养基不需要高压灭菌，在制备过程中不宜过分加热，避免降低其选择性，贮于室温暗处。本培养基宜于当天制备，第二天使用。

115. 糖发酵管

成分：牛肉膏 5.0g，蛋白胨 10.0g，氯化钠 3.0g，十二水磷酸氢二钠 2.0g，0.2%溴甲酚紫溶液 12.0mL，蒸馏水 1000.0mL。

制法：①葡萄糖发酵管按上述成分配好后，校正 pH 至 7.4±0.1。按 0.5％加入葡萄糖，分装于有一个倒置小管的小试管内，121℃高压灭菌 15min。②其他各种糖发酵管可按上述成分配好后，分装每瓶 100mL，121℃高压灭菌 15min。另将各种糖类分别配好 10％溶液，同时高压灭菌。将 5mL 糖溶液加入 100mL 培养基内，以无菌操作分装小试管。

注：蔗糖不纯，加热后会自行水解者，应采用过滤法除菌。

116. 葡萄糖半固体发酵管

成分：蛋白胨 1g，牛肉膏 0.3g，氯化钠 0.5g，1.6％溴甲酚紫酒精溶液 0.1mL，葡萄糖 1g，琼脂 0.3g，蒸馏水 1000mL，pH7.4。

制法：将蛋白胨、牛肉膏和氯化钠加入水中，校正 pH 后加入琼脂加热溶化，再加入指示剂和葡萄糖，分装小试管，121℃灭菌 15min。

117. 缓冲葡萄糖蛋白胨水

成分：磷酸氢二钾 5g，多胨 7g，葡萄糖 5g，蒸馏水 1000mL，pH7.0。

制法：溶化后校正 pH，分装试管，每管 1mL，121℃高压灭菌 15min。

甲基红（MR）实验：自琼脂斜面挑取少量培养物接种本培养基中，于 36℃±1℃培养 2～5d。哈夫尼亚菌则应在 22～25℃培养。滴加甲基红试剂一滴，立即观察结果。鲜红色为阳性，黄色为阴性。甲基红试剂配法：10mg 甲基红溶于 30mL 95％乙醇中，然后加入 20mL 蒸馏水。

VP 实验：用琼脂培养物接种本培养基中，于 36℃±1℃培养 2～4d。哈夫尼亚菌则应在 22～25℃培养。加入 6％ α-萘酚-乙醇溶液 0.5mL 和 40％氢氧化钾溶液 0.2mL，充分振摇试管，观察结果。阳性反应立刻或于数分钟内出现红色，如为阴性，应放在 36℃±1℃下培养 4h 再进行观察。

注：加 30.0g 氯化钠制成 3％氯化钠 MR-VP 培养基。

118. 3％氯化钠碱性蛋白胨水（APW）

成分：蛋白胨 10g，氯化钠 30g，蒸馏水 1000mL，pH 8.5±0.2。

制法：将上述成分混合，121℃高压灭菌 10min。

119. 嗜盐性实验培养基

成分：胰蛋白胨 10.0g，氯化钠按不同量加入，蒸馏水 1000mL，pH 7.2±0.2。

制法：配制胰蛋白胨水，校正 pH，共配制 4 瓶，每瓶 1000mL，每瓶分别加入不同量的氯化钠（0、3g、6g、10g）。121℃高压灭菌 15min，在无菌条件下分装试管。

120. 3％氯化钠甘露醇实验培养基

成分：牛肉膏 5.0g，蛋白胨 3.0g，氯化钠 3.0g，磷酸二氢钠 2.0g，0.2％溴麝香草酚蓝溶液 12.0mL，蒸馏水 1000.0mL，pH 7.4。

制法：将上述成分配好后，分装每瓶 100mL，121℃高压灭菌 15min。另配 10％甘露醇溶液，同时高压灭菌。将 5mL 糖溶液加入 10mL 培养基内，以无菌操作分装小试管。

121. 我妻氏血琼脂

成分：酵母浸膏 3.0g，蛋白胨 10.0g，氯化钠 70.0g，磷酸二氢钾 5.0g，甘露醇 10.0g，结晶紫 0.001g，琼脂 15.0g，蒸馏水 1000.0mL。

制法：将上述成分混合，加热至 100℃保持 30min，冷至 46～50℃，与 50mL 预先洗涤的新鲜人或兔红细胞（含抗凝血剂）混合，倾注平板。彻底干燥平板，尽快使用。

122. 改良 CHROMagar O157 显色琼脂

成分：蛋白胨、酵母提取物和盐分 13.0g，色素混合物 1.2g，选择性添加剂 0.0005g，琼脂 15.0g，蒸馏水 1000.0mL，pH 7.0±0.2。

制法：除选择性添加剂外，将各成分溶解于蒸馏水中，加热煮沸 100℃至完全溶解。冷却至 47～50℃时，加入选择性添加剂，混匀后倾注平板。

123. 石蕊牛乳培养基（用于石蕊牛乳实验）

成分：脱脂牛乳 100mL，1％～2％石蕊乙醇溶液或 2.5％石蕊水溶液，pH7.0。

制法：新鲜牛乳 100mL，除去乳脂；调 pH 7.0，用 1％～2％石蕊乙醇溶液或 2.5％石蕊水溶液调牛乳至淡紫色偏蓝为止，0.075MPa 高压灭菌 20min。如用鲜牛乳，可反复加热 3 次，每次加热 20～30min，冷却后去除脂肪。最后一次冷却后，用吸管或虹吸法将底层乳吸出，弃去上层脂肪，即为脱脂牛乳。也可煮沸放置冰箱中过夜脱脂。

124. OF 基础培养基

成分：蛋白胨（胰蛋白胨）2g，氯化钠 5g，磷酸氢二钾 0.3g，葡萄糖（或其他碳水化合物）10g，0.2％溴麝香草酚蓝水溶液 12mL，琼脂 3～4g，蒸馏水 1000.0mL，pH 7.1～7.2。

制法：将蛋白胨和盐类加水溶解后，校正 pH 至 7.2，加入葡萄糖和琼脂，煮沸，溶化琼脂。然后加入指示剂。混匀后分装试管。0.07MPa 高压灭菌 20min，直立凝固备用。

125. LB 液体培养基

成分：胰蛋白胨（细菌培养用）10g，酵母提取物（细菌培养用）5g，NaCl 10g，琼脂 15～18g，加蒸馏水至 1000mL，pH7.0。

制法：将各成分溶于 1000mL 双蒸水中，用 1mol/L NaOH（约 1mL）调节 pH 至 7.0，0.1MPa 灭菌 20min。必要时也可在培养基中加入 0.1％葡萄糖。半固体培养基加入 0.4％～0.5％琼脂。

126. TY 液体培养基

胰蛋白胨 5g，酵母粉 3g，$CaCl_2 \cdot 6H_2O$ 1.3g，蒸馏水 1000mL，pH7.0。

127. 溴甲酚紫葡萄糖蛋白胨培养基

成分：蛋白胨 10.0g，葡萄糖 5.0g，2％溴甲酚紫乙醇溶液 0.6mL，琼脂 4.0g，蒸馏水 1000mL。

制法：在蒸馏水中加入蛋白胨、葡萄糖、琼脂，加热搅拌至完全溶解，调节 pH 至 7.1±0.1，然后再加入溴甲酚紫乙醇溶液，混匀后，115℃高压灭菌 30min。

128. MC 培养基

成分：大豆蛋白胨 5g，牛肉浸膏 5g，酵母浸膏 5g，葡萄糖 20g，乳糖 20g，碳酸钙 10g，琼脂 15g，蒸馏水 1000mL，1％中性红溶液 5mL，硫酸多黏菌素 B（酌情而加）10 万 IU。

制法：将前面 7 种成分加入蒸馏水中，加热溶解，校正 pH 至 6，加入中性红溶液。分装烧瓶，121℃高压灭菌 15～20min。临用时加热熔化琼脂，冷至 50℃，酌情加或不加硫酸多黏菌素 B（检样有胖听或开罐后有异味等怀疑有杂菌污染时，可加多黏菌素 B，混匀后使用）。

129. 葡萄糖肉汤培养基

蛋白胨 5g，葡萄糖 5g，酵母浸膏 1g，牛肉浸膏 5g，可溶性淀粉 1g，黄豆浸出液

50mL，蒸馏水 1000mL，0.4％溴甲酚紫 4mL，pH 7.0～7.2，115℃高压灭菌 15min。

注：加入琼脂 18～20g，即成固体培养基。

130. 酸性胰胨琼脂

胰蛋白胨 5g，酵母浸膏 5g，葡萄糖 5g，K_2HPO_4 4g，蒸馏水 1000mL，琼脂 18～22g，pH5.0，121℃高压灭菌 15min。

131. 芽孢培养基

牛肉膏 10g，蛋白胨 10g，NaCl 5g，K_2HPO_4 3g（$K_2HPO_4 \cdot 3H_2O$ 3.9g），$MnSO_4$ 0.03g，琼脂 25g，pH 7.2，121℃高压灭菌 15min。

132. 童汉氏蛋白胨水

蛋白胨 10g，NaCl 5g，蒸馏水 1000mL，pH7.4，121℃高压灭菌 15min。

133. BBL 琼脂培养基

成分：蛋白胨 15.0g，酵母粉 2.0g，葡萄糖 20.0g，可溶性淀粉 0.5g，氯化钠 5.0g，番茄浸出液 400mL，吐温-80 1mL，肝粉 0.3g，琼脂 20.0g，蒸馏水 1000mL，pH7.0。

制法：

① 半胱氨酸盐溶液的配制：称取半胱氨酸 0.5g，加入 1.0mL 盐酸，使半胱氨酸全部溶解，配制成半胱氨酸盐溶液。

② 番茄浸出液的制备：将新鲜的番茄洗净后切碎，加等量的蒸馏水，在 100℃水浴中加热，搅拌 90min，然后用纱布过滤，校正 pH 7.0，将浸出液分装后，121℃高压灭菌 15～20min。

③ 将配方中所有成分加入蒸馏水中，加热溶解，然后加入半胱氨酸盐溶液，校正 pH6.8±0.2。分装后 121℃高压灭菌 15～20min。临用时加热熔化琼脂，冷至 50℃时使用。

134. PYG 液体培养基

成分：蛋白胨 10.0g，葡萄糖 2.5g，酵母膏 5.0g，盐酸半胱氨酸 0.25g，盐溶液 20.0mL，维生素 K_1 溶液 0.5mL，氯化血红素溶液（5mg/mL）2.5mL，蒸馏水 1000mL。

制法：

① 盐溶液的配制：称取无水氯化钙 0.2g、硫酸镁 0.2g、磷酸氢二钾 1g、磷酸二氢钾 1g、碳酸氢钠 10g、氯化钠 2g，加蒸馏水至 1000mL。

② 氯化血红素溶液（5mg/mL）的配制：称取氯化血红素 0.5g 溶于 1mol/L 氢氧化钠 1.0mL 中，加蒸馏水至 100mL，121℃高压灭菌 15min，冰箱保存。

③ 维生素 K_1 溶液的配制：称取维生素 K_1 1g，加无水乙醇 99mL，过滤除菌，放冷，暗处保存。

④ 除氯化血红素溶液和维生素 K_1 溶液外，配方中的其余成分加入蒸馏水中，加热溶解，校正 pH 至 6.0，加入中性红溶液。分装后 121℃高压灭菌 15～20min。临用时加热熔化琼脂，加入氯化血红素溶液和维生素 K_1 溶液，冷至 50℃时使用。

135. TPY 液体培养基

成分：水解酪蛋白 10.0g，植物胨 5.0g，酵母粉 2.0g，葡萄糖 5.0g，磷酸氢二钾（$K_2HPO_4 \cdot 7H_2O$）2.0g，氯化镁（$MgCl_2 \cdot 6H_2O$）0.5g，硫酸锌（$ZnSO_4 \cdot 7H_2O$）0.25g，氯化钙 0.15g，氯化铁 0.1mg，吐温-80 1.0mL，蒸馏水 1000mL。

制法：

① 半胱氨酸盐溶液的配制：称取半胱氨酸 0.5g，加入 1.0mL 盐酸，使半胱氨酸全部溶解，配制成半胱氨酸盐溶液。

② 将配方中所有成分加热溶解，然后加入半胱氨酸盐溶液，校正 pH6.5±0.1。分装后 121℃ 高压灭菌 15～20min。

136. 合成培养基

$(NH_4)_3PO_4$ 1g，KCl 0.2g，$MgSO_4 \cdot 7H_2O$ 0.2g，豆芽汁 10mL，琼脂 20g，蒸馏水 1000mL，pH7.0，加 12mL 0.04％的溴甲酚紫（pH5.2～6.8，颜色由黄变紫，作指示剂），121℃灭菌 20min。

137. 李氏增菌肉汤 (LB₁，LB₂)

成分：胰胨 5.0g，多价胨 5.0g，酵母膏 5.0g，氯化钠 20.0g，磷酸二氢钾 1.4g，磷酸氢二钠 12.0g，七叶苷 1.0g，蒸馏水 1000mL。

制法：将上述成分加热溶解，调 pH 至 7.2～7.4，分装，121C 高压灭菌 15min，备用。

① 李氏 Ⅰ 液（LB₁）：225mL 中加入 1％萘啶酮酸（用 0.05mol/L 氢氧化钠溶液配制）0.5mL，1％吖啶黄（用无菌蒸馏水配制）0.3mL。

② 李氏卫液（LB₂）：200mL 中加入 1％萘啶酮酸 0.4mL，1％吖啶黄 0.5mL。

138. PALCAM 琼脂

成分：酵母膏 8.0g，葡萄糖 0.5g，七叶苷 0.8g，柠檬酸铁铵 0.5g，甘露醇 10.0g，酚红 0.1g，氯化锂 15.0g，酪蛋白胰酶消化物 10.0g，心胰酶消化物 3.0g，玉米淀粉 1.0g，肉胃酶消化物 5.0g，氯化钠 5.0g，琼脂 15.0g，蒸馏水 1000mL。

制法：将上述成分加热溶解，调 pH 至 7.2～7.4，分装，121℃ 高压灭菌 15min，备用。

PALCAM 选择性添加剂：多黏菌素 B 5.0mg，盐酸吖啶黄 2.5mg，头孢他啶 10.0mg，无菌蒸馏水 500mL。

将 PALCAM 基础培养基熔化后冷却到 50℃，加入 2mL PALCAM 选择性添加剂，混匀后倾倒在无菌的平板中备用。

139. 血琼脂培养基

成分：蛋白胨 1.0g，牛肉膏 0.3g，氯化钠 0.5g，琼脂 1.5g，蒸馏水 100mL，脱纤维羊血 5～10mL。

制法：除新鲜脱纤维羊血外，加溶熔化上述各组分，121℃ 高压灭菌 15min，冷到 50℃，以无菌操作加入新鲜脱纤维羊血，摇匀，倾注平板。

140. Bolton 肉汤 (Bolton broth)

（1）基础培养基

成分：动物组织酶解物 10.0g，乳白蛋白水解物 5.0g，酵母浸膏 5.0g，氯化钠 5.0g，丙酮酸钠 0.5g，偏亚硫酸氢钠 0.5g，碳酸钠 0.6g，α-酮戊二酸 1.0g，蒸馏水 1000mL。

制法：用水溶解基础培养基成分，如需要可使用加热促其溶解。将基础培养基分装至合适的锥形瓶内，121℃灭菌 15min。

（2）无菌裂解脱纤维羊血或马血：对无菌脱纤维羊血或马血通过反复冻融进行裂解或使用皂角苷进行裂解。

141. 改良 CCD 琼脂 (mCCDA)

（1）基础培养基

成分：肉浸液 10.0g，动物组织酶解物 10.0g，氯化钠 5.0g，木炭 4.0g，酪蛋白酶解物 3.0g，去氧胆酸钠 1.0g，硫酸亚铁 0.25g，丙酮酸钠 0.25g，琼脂 8.0～18.0g，蒸馏水 1000mL。

制法：用水溶解基础培养基成分，煮沸。分装至合适的三角瓶内，121℃高压灭菌 15min。

（2）抗生素溶液

成分：头孢哌酮 0.032g，两性霉素 B 0.01g，利福平 0.01g，乙醇-灭菌水（50∶50，体积比）5mL。

制法：将上述成分溶解于乙醇-灭菌水混合溶液中。

（3）完全培养基

成分：基础培养基 1000mL，抗生素溶液 5mL。

制法：当基础培养基的温度约为 45℃时，加入抗生素溶液，混匀。将完全培养基的 pH 调至 7.2±0.2（25℃）。

倾注约 15mL 于无菌平板中，静置至培养基凝固。使用前需预先干燥平板。可将平板盖打开，使培养基面朝下，置于干燥箱中约 30min，直到琼脂表面干燥。预先制备的平板未干燥时在室温放置不得超过 4h，或在 4℃左右冷藏不得超过 7d。

142. 哥伦比亚琼脂

（1）基础培养基

成分：动物组织酶解物 23.0g，淀粉 1.0g，氯化钠 5.0g，琼脂 8.0～18.0g，蒸馏水 1000mL。

制法：将基础培养基成分溶解于水中，加热促其溶解，分装至合适的三角瓶内，121℃高压灭菌 15min。

（2）无菌脱纤维羊血：无菌操作条件下，将绵羊血加入盛有灭菌玻璃珠的容器中，振摇约 10min，静置后除去附有血纤维的玻璃珠即可。

（3）完全培养基

成分：基础培养基 1000mL，无菌脱纤维羊血 50mL。

制法：当基础培养基的温度约为 45℃时，无菌加入绵羊血，混匀。将完全培养基的 pH 调至 7.2±0.2（25℃）。倾注约 15mL 于无菌平板中，静置至培养基凝固。使用前需预先干燥平板。可将平板盖打开，使培养基面朝下，置于干燥箱中约 30min，直到琼脂表面干燥。预先制备的平板未干燥时在室温放置不得超过 4h，或在 4℃左右冷藏不得超过 7d。

143. 布氏肉汤

成分：酪蛋白酶解物 10.0g，动物组织酶解物 10.0g，葡萄糖 1.0g，酵母浸膏 2.0g，氯化钠 5.0g，亚硫酸氢钠 0.1g，蒸馏水 1000mL。

制法：将基础培养基成分溶解于水中，如需要可加热促其溶解。将高压灭菌后培养基的 pH 调至 7.0±0.2（25℃）。将培养基分装至合适的试管中，每管 10mL，121℃高压灭菌 15min。

144. Mueller Hinton 琼脂

（1）基础培养基

成分：动物组织酶解物 6.0g，酪蛋白酶解物 17.5g，可溶性淀粉 1.5g，琼脂 8.0～18.0g，蒸馏水 1000mL。

制法：将基础培养基成分溶解于水中，煮沸。分装于合适的三角瓶中，121℃高压灭菌 15min。

（2）无菌脱纤维绵羊血：无菌操作条件下，将绵羊血加入盛有灭菌玻璃珠的容器中，振摇约 10min，静置后除去附有血纤维的玻璃珠即可。

（3）完全培养基

成分：基础培养基 1000mL，无菌脱纤维绵羊血 50mL。

制法：当基础培养基的温度约为 45℃时，无菌加入绵羊血，混匀。根据需要，将完全培养基的 pH 调至 7.2±0.2（25℃）。倾注约 15mL 于灭菌平板中，静置至培养基凝固。使用前需预先干燥平板。可将平板盖打开，使培养基面朝下，置于干燥箱中约 30min，直到琼脂表面干燥。预先制备的平板未干燥时在室温放置不超过 4h，或在 4℃左右冷藏不得超过 7d。

145. Skirrow 琼脂

（1）基础培养基

成分：蛋白胨 15.0g，胰蛋白胨 2.5g，酵母浸膏 5.0g，氯化钠 5.0g，琼脂 15.0g，蒸馏水 1000mL。

制法：将基础培养基成分溶解于水中，加热并搅拌促其溶解，121℃高压灭菌 15min。

（2）FBP 溶液

成分：丙酮酸钠 0.25g，焦亚硫酸钠 0.25g，硫酸亚铁 0.25g，蒸馏水 5mL。

制法：将各成分溶于 100mL 水中，经 0.22μm 滤膜过滤除菌。FBP 最好根据需要量现用现配，在 -70℃贮存不超过 3 个月或 -20℃贮存不超过 1 个月。

146. 0.1% 蛋白胨水

成分：蛋白胨 1.0g，水 1000mL。

制法：溶解蛋白胨于水中，将 pH 调至 7.0±0.2（25℃），121℃高压灭菌 15min。

147. 7% NaCl 肉汤

成分：蛋白胨 5g，牛肉膏 3g，NaCl 70g，水 100mL。

制法：将各成分溶解于水中，将 pH 调至 7.0，121℃高压灭菌 15min。

148. 疱肉培养基

成分：适量牛肉粒，牛肉膏粉 5g，蛋白胨 30g，酵母膏粉 5g，磷酸二氢钠 5g，葡萄糖 3g，可溶性淀粉 2g，水 1000mL。

制法：将各成分溶解于水中，将 pH 调至 7.8±0.2（25℃），分装至已加入适量牛肉粒的试管中，牛肉粒加至试管 2～3cm 高，液体培养基超过肉粒表面约 1cm，还可考虑加入还原铁粉 0.1～0.2g/L，然后加无菌液体石蜡 0.3～0.4cm，121℃灭菌 15min，超过 24h 使用加热驱氧。

149. 细菌淀粉培养基

可溶性淀粉 2g，牛肉膏 5g，蛋白胨 10g，氯化钠 5g，水 1L，121℃，15～30min 高压蒸汽灭菌。

150. 链霉菌淀粉水解培养基

可溶性淀粉 10g，硝酸钾 1g，磷酸二氢钾 0.3g，碳酸镁 1.0g，氯化钠 0.5g，琼脂 14.0g，水 1L，pH7.4±0.2，121℃，15～30min 高压蒸汽灭菌。

151. 无机盐基础培养基

硝酸铵 1.0g，氯化钙 0.1g，磷酸氢二钾 0.5g，氯化铁 0.02g，磷酸二氢钾 0.5g，酵母膏 0.05g，七水合硫酸镁 0.5g，氯化钠 1.0g，水 1L，pH 7.0±0.2，121℃，15～30min 高压蒸汽灭菌。

152. 果胶水解培养基

酵母膏 5g，$CaCl_2 \cdot 2H_2O$ 0.5g，聚果胶酸钠 10g，琼脂 8g，蒸馏水 1L，氢氧化钠 9mL，0.2％溴百里酚蓝 12.5mL，培养基灭菌前为绿色，灭菌后为黄色，121℃，15～30min 高压蒸汽灭菌。

153. 油脂培养基

牛肉膏 5g，蛋白胨 10g，氯化钠 5g，蒸馏水 1L，pH 7.2±0.2，花生油 10mL，0.6％中性红水溶液 1mL。

154. 葡萄糖蛋白胨水培养基

葡萄糖 0.5g，蛋白胨 0.5g，磷酸氢二钾 0.5g，蒸馏水 100mL，pH 7.2，121℃灭菌 10min，冷却备用。

155. 柠檬酸盐培养基

柠檬酸钠 2g，磷酸氢二钾 0.5g，硝酸铵 2g，琼脂 20g，蒸馏水 1L，1％溴百里酚蓝（乙醇溶液）或 0.04％苯酚红 1mL。配制时先将除指示剂外的药品加热溶解、过滤，调 pH 6.8～7.0，再加指示剂，分装试管。

156. 同化氮源基础培养基

葡萄糖 2g，磷酸二氢钾 0.1g，七水合硫酸镁 0.05g，酵母膏 0.02g，琼脂 2g，水 100mL，过滤后分装试管，每管 20mL，115℃灭菌 15min。

157. 明胶水解培养基

牛肉膏 5g，蛋白胨 10g，氯化钠 5g，明胶 120g，蒸馏水 1L，pH 7.2～7.4，115℃灭菌 30min。

158. 石蕊牛乳培养基

牛乳脱脂：用新鲜牛奶（注意在牛奶中不要掺水，否则会影响实验结果）反复加热，除去脂肪。每次加热 20～30min，冷却后除去脂肪，在最后一次冷却后，用吸管从底层吸出牛奶，弃去上层脂肪。也可煮沸置冰箱过夜脱脂。将脱脂牛乳的 pH 调至中性。

用 1％～2％石蕊液，将牛奶调至淡紫色偏蓝为止（石蕊颗粒 80g，40％乙醇 300mL。配制时，先把石蕊颗粒研碎，然后倒入有一半体积的 40％乙醇溶液中，加热 1min，倒入上层清液，再加入另一半体积的 40％乙醇溶液，再加热 1min，再倒出上层清液，将两部分溶液合并，并过滤。如果总体积不足 300mL，可添加 40％乙醇，最后加入 0.1mol/L HCl 溶液，搅拌，使溶液呈紫红色）。

将配好的石蕊牛乳在 115℃灭菌 30min。

159. 蛋白胨氨化培养基

蛋白胨 5g，磷酸氢二钾 0.5g，磷酸二氢钾 0.5g，硫酸镁 0.5g，水 1L，pH 7.0～7.2。

160. 硫化氢培养基 I

蛋白胨 10g，氯化钠 5g，牛肉膏 10g，半胱氨酸 0.5g，甘油 10mL，水 1L，pH 7.2±

0.2，115℃，15～30min 高压蒸汽灭菌。

161. 硫化氢实验培养基Ⅱ

蛋白胨 10g，氯化钠 5g，牛肉膏 7.5g，明胶 5.0g，10％氯化亚铁 5mL，蒸馏水 1L，pH 7.2±0.2，培养基灭菌后，在明胶尚未凝固时，加入新制备的过滤除菌的 $FeCl_2$。

162. 蛋白胨培养基

蛋白胨 10g，氯化钠 5g，蒸馏水 1L，pH 7.3±0.1，115℃，15～30min 高压蒸汽灭菌。

163. 牛肉膏蛋白胨斜面培养基

牛肉膏 5g，蛋白胨 10g，NaCl 5g，蒸馏水 1L，pH 7.2～7.4。

附录Ⅲ　常用染色液的配制

1. 吕氏碱性美蓝染色液

A 液：美蓝 0.3g，95％乙醇 30mL。

B 液：KOH 0.01g，蒸馏水 100mL。

分别配制 A 液和 B 液，混合即可。

2. 草酸铵结晶紫染色液

A 液：结晶紫 2.5g，95％乙醇 25mL。

B 液：草酸铵 1.0g，蒸馏水 1000mL。

制备时，将结晶紫研细，加入 95％乙醇溶液，配成 A 液。将草酸铵溶于蒸馏水，配成 B 液。两液混合静置 48h 后，过滤后使用。

3. 鲁格尔氏（路戈氏）碘液

碘 1.0g，KI 2.0g，蒸馏水 300mL。先用 3～5mL 蒸馏水溶解 KI，再加入碘片，稍加热溶解，加足水过滤后使用。

4. 沙黄（番红）染色液

2.5％沙黄（番红）乙醇溶液：沙黄（番红）2.5g，95％乙醇 100mL。

此母液存放于不透气的棕色瓶中，使用时取 20mL 母液加 80mL 蒸馏水使用。

5. 5％孔雀绿水溶液（芽孢染色用）

孔雀绿 5.0g，蒸馏水 100mL。先将孔雀绿放乳钵内研磨，加少许 95％乙醇溶解，再加蒸馏水。

6. 黑色素水溶液（荚膜负染色用）

黑色素 10g，蒸馏水 100mL，40％甲醛（福尔马林）0.5mL。将黑色素溶于蒸馏水中，煮沸 5min。再加福尔马林作防腐剂，用玻璃棉过滤。

7. 硝酸银鞭毛染色液

A 液：单宁酸 5.0g，$FeCl_2$ 1.5g，福尔马林（15％）2.0mL，1％NaOH 1.0mL，蒸馏水 100mL。

B 液：$AgNO_3$ 2.0g，蒸馏水 100mL。

将 $AgNO_3$ 溶解后，取出 10mL 备用，向其他的 90mL 硝酸银液中加浓氢氧化铵，则形成很厚的沉淀，再继续滴加氢氧化铵到刚刚溶解沉淀为澄清溶液为止。再将备用的硝酸银慢慢滴入，则出现薄雾，但轻轻摇动后，薄雾状的沉淀又消失，再滴入硝酸银，直到摇动后，仍呈现轻微而稳定的薄雾状沉淀为止。如雾重，则硝酸银沉淀析出，不宜使用。

8. 改良利夫森（Leifson's）鞭毛染色液

A 液：20％单宁（鞣酸）2.0mL。

B 液：饱和钾明矾液（20％）2.0mL。

C 液：5％石炭酸 2.0mL。

D 液：碱性复红酒精（95％）饱和液 1.5mL。

将以上各液于染色前 1～3d，按 B 液加到 A 液中，C 液加到 A、B 混合溶液中，D 加到 A、B、C 混合液中的顺序，混合均匀，马上过滤 15～20 次，2～3d 内使用效果较好。

9. 0.1％美蓝染色液

0.1g 美蓝溶解于 100mL 蒸馏水中。

10. 石炭酸复红染色液

A 液：碱性复红 0.3g，95％乙醇 10mL。

B 液：石炭酸（苯酚）5g，蒸馏水 95mL。

先将染料溶解于乙醇，将苯酚溶于水，A、B 两液混合即可。

11. 乳酸石炭酸棉蓝染色液

石炭酸（苯酚）10g，乳酸（相对密度 1.21）10mL，甘油 20mL，棉蓝（苯胺蓝）0.21g，蒸馏水 10mL。

将石炭酸加入蒸馏水中，加热溶解，再加入乳酸和甘油，最后加棉蓝。

12. 脱色液

95％乙醇或丙酮乙醇溶液（95％乙醇 70mL，丙酮 30mL）。

13. 瑞氏染色液

瑞氏染料粉末 0.3g，甘油 3mL，甲醇 97mL。将染料放乳钵内研磨，先加甘油，后加甲醇，过夜后过滤即可。

14. 纳氏试剂

甲液：碘化钾 10.0g、蒸馏水 100mL、碘化汞 20.0g。

乙液：氢氧化钾 20.0g、蒸馏水 100mL。

分别配制甲、乙两液，待冷却后混合，保存于棕色瓶中。

附录Ⅳ 用 Mega 4 构建系统发育树的过程

1. 利用 BLAST（Basic Local Alignment Search Tool）数据库搜索程序获得 16S rRNA 相似序列

登录到有 BLAST 服务的网站，如美国国立生物技术信息中心（NCBI，http：//blast. ncbi. nlm. nih. gov/Blast. cgi）。进入 BLAST 主页界面，选择 nucleotide blast（blastn），把要

搜索的 DNA 序列以 FASTA 格式粘贴到 Search 栏，Database 选项选择 Others，点击 BLAST，得到 resμLt of Blast，选项中序列以 FASTA 格式保存。

＞gb｜HQ185400.1｜Stenotrophomonas maltophilia strain 5633 16S ribosomal RNA gene，partial sequence Length＝1540

Score＝2663 bits（1442），Expect = 0.0

Identities = 1457/1464（99%），Gaps = 1/1464（0%）

Strand＝Plus/Plus

Blastn 结果中参数含义：Score 是指提交的序列和搜索出的序列之间的分值，越高说明越相似；Expect（E 值）是指比对的期望值，比对越好 E 值越小，一般在核酸的比对，E 值小于 $1e^{-10}$，比对就算是很好，多数情况下为 0；Identities 是指提交的序列和参比序列的相似性，如上所指序列为 1464 核苷酸中二者有 1457 个相同；Gaps 指的是对不上的碱基数目；Strand 为链的方向，Plus/Minus 指的是提交的序列与参比序列是反向互补的，如果是 Plus/Plus 则二者皆为正向。

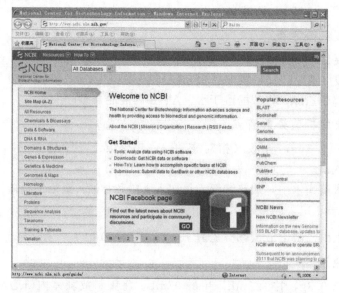

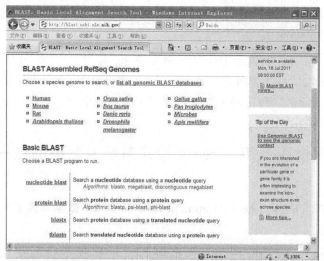

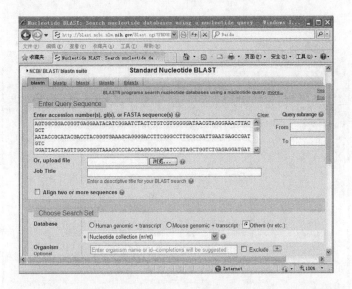

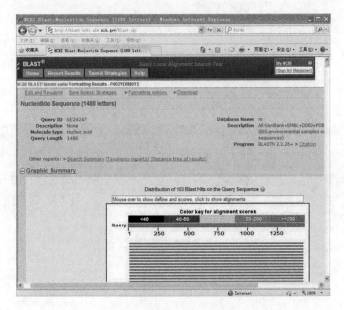

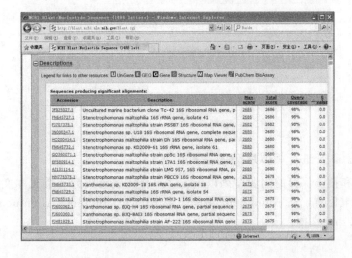

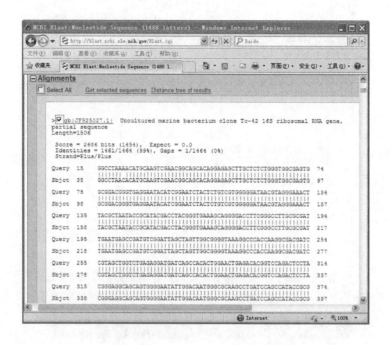

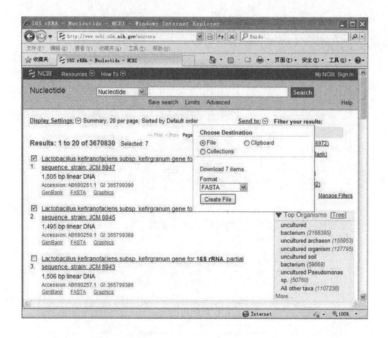

2. 利用 Clustal X 进行相似序列的多重比对

将检测序列和搜索保存的同源序列以 FASTA 格式编辑成为一个文本文件，导入 Clustal X 程序进行多重比对，在 Alignment 菜单中点击 "Do Complete Alignment"，保存自动生成的 *.aln 和 *.dnd 文档。

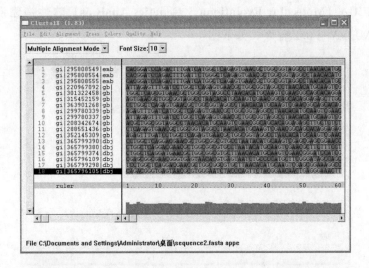

File C:\Documents and Settings\Administrator\桌面\sequence2.fasta appe

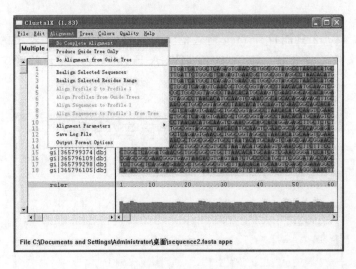

File C:\Documents and Settings\Administrator\桌面\sequence2.fasta appe

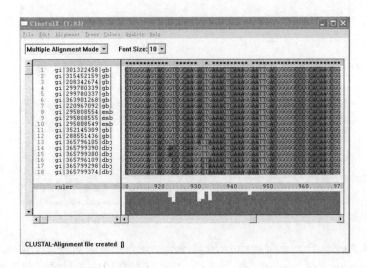

CLUSTAL-Alignment file created []

3. 使用 MEGA（Molecular Evolutionary Genetics Analysis）软件构建系统发育树

（1）打开 MEGA 4.0.2 程序，如下图：

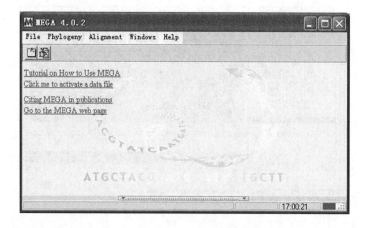

（2）MEGA 4.0.2 只能打开 meg 格式的文件，先将 Clustal X 输出的 .aln 文件转换为 meg 格式的文件。点 File：Convert to MEGA Format...，打开转换文件对话框，如下图：

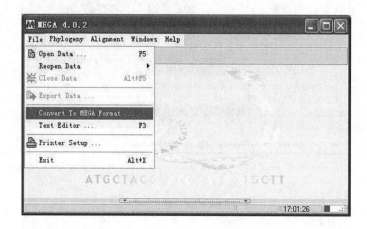

（3）选择文件和转换文件对话框，选择 .aln 文件，点 OK，如下图：

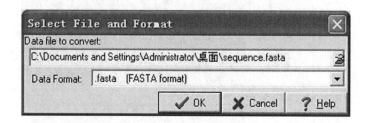

（4）转换成 meg 文件后查看 meg 序列文件最后是否正常，若存在 clustal. * 行，即可删除。点存盘保存 meg 文件，meg 文件会和 aln 文件保存在同一个目录，如下图：

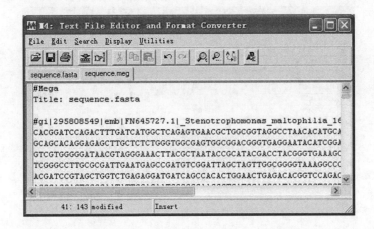

（5）退出转换窗口，回到主窗口。点击步骤 1 中的"Click me to activate a data file"打开转换后的 meg 文件，选择序列数据类型，点击 OK，如下图：

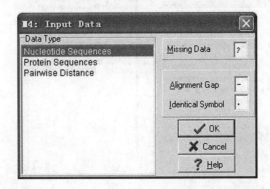

（6）数据打开后出现两个窗口，主窗口下面有序列文件名和类型：

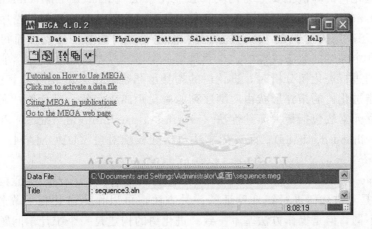

另一为序列数据窗口，出现以下数据文件点击选择和编辑数据分类图标，可对所选择的序列进行编辑，完成后点击 close 即可。

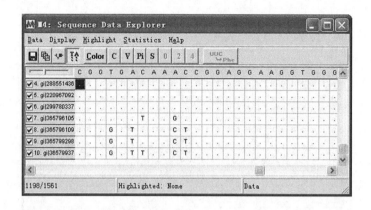

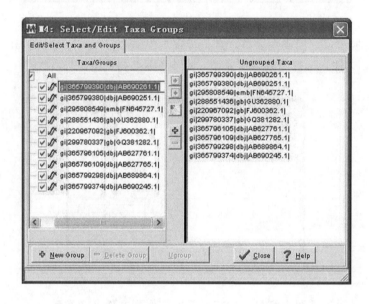

　　(7) 构建进化树的算法主要分为两类：独立元素法（discrete character methods）和距离依靠法（distance methods）。所谓独立元素法是指进化树的拓扑形状是由序列上的每个碱基/氨基酸的状态决定的（例如：一个序列上可能包含很多的酶切位点，而每个酶切位点的存在与否是由几个碱基的状态决定的，也就是说一个序列碱基的状态决定着它的酶切位点状态，当多个序列进行进化树分析时，进化树的拓扑形状也就由这些碱基的状态决定了）。而距离依靠法是指进化树的拓扑形状由两两序列的进化距离决定的。进化树枝条的长度代表着进化距离。独立元素法包括最大简约性法（maximum parsimony methods）和最大可能性法（maximum likelihood methods）；距离依靠法包括除权配对法（UPGMAM）和邻位相连法（neighbor-joining）。

　　用 Bootstrap 构建进化树，MEGA 的主要功能就是做 Bootstrap 验证的进化树分析，Bootstrap 验证是对进化树进行统计验证的一种方法，可以作为进化树可靠性的一个度量。各种算法虽然不同，但是操作方法基本一致。进化树的构建是一个统计学问题。我们所构建出来的进化树只是对真实的进化关系的评估或者模拟。

　　过程如下：

　　1）参数的设置：phylogeny→bootstrap test of phylogeny→Neighbor Joinin（NJ）

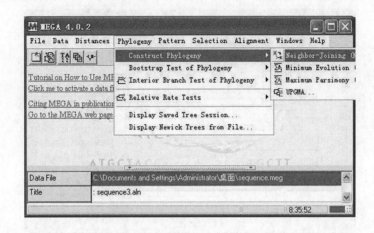

2）系统进化树的测试，可以选择"Test of phylogeny"用 Bootstrap，也可以选择不进行测试。重复次数（replications）通常设定至少要大于 100 比较好，随机数种子可以自己随意设定，不会影响计算结果。一般选择 500 或 1000。设定完成，点 compute，开始计算。

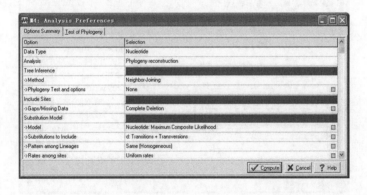

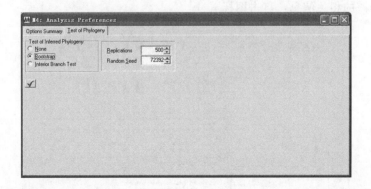

3）输出系统发育树：程序产生一个树，该窗口中有两个属性页，一个是原始树，一个是 bootstrap 验证过的一致树。树枝上的数字表示 bootstrap 验证中该树枝可信度的百分比。结果如下：

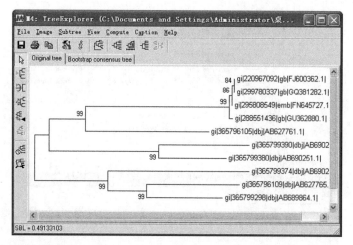

（8）进化树的优化：

1）利用该软件可得到不同树型，如下图所示：

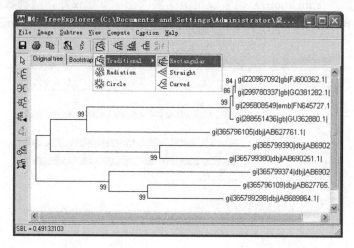

2）显示建树的相关信息：点击图标 i。

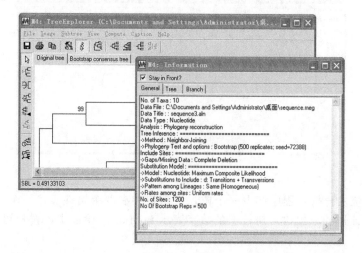

3) 点击优化图标，可进行各项优化：

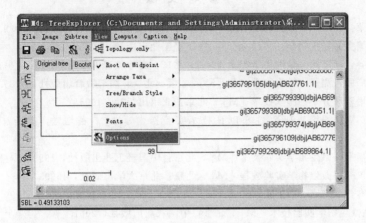

参 考 文 献

[1] 沈萍，范秀荣，李广武．微生物学实验［M］．3版．北京：高等教育出版社，1999.

[2] 张文治．新编食品微生物学［M］．北京：中国轻工业出版社，1995.

[3] 沈萍，范秀容，李广武．微生物学实验［M］．北京：高等教育出版社，1981.

[4] 范秀容，李广武，沈萍．微生物学实验［M］．2版．北京：高等教育出版社，1989.

[5] 鄂征．组织培养和分子细胞学技术［M］．北京：北京出版社，1995.

[6] 迪芬巴赫 C W，德维克斯勒 G S. PCR 技术实验指南［M］．黄培堂，等译．北京：科学出版社，1998.

[7] 杜连祥，路福平．微生物学实验技术［M］．北京：中国轻工业出版社，1999.

[8] 钱存柔，黄仪秀．微生物学实验教程［M］．北京：北京大学出版社，1999.

[9] 沈萍，范秀容，李广武．微生物学实验［M］．3版．北京：高等教育出版社，1999.

[10] 郝林．食品微生物学实验技术［M］．北京：中国农业出版社，2001.

[11] 李曹龙，秦艳，欧秀玲，等．高温蛋白酶菌株的筛选及产酶条件的研究［J］．中国酿造，2012，31（12）：98-101.

[12] 耿芳，杨绍青，闫巧娟，等．土壤中高产蛋白酶菌株的筛选鉴定及发酵条件优化［J］．中国酿造，2018，37（4）：66-71.

[13] 朱旭芳．现代微生物学实验技术［M］．杭州：浙江大学出版社，2011：1-301.

[14] 钱存柔，黄仪秀．微生物学实验教程［M］．2版．北京：北京大学出版社，2008：1-327.

[15] 萨姆布鲁克 J，拉塞尔 D W．分子克隆实验指南［M］．黄培堂，等译．北京：科学出版社，2002.

[16] 杨革．微生物学实验教程［M］．北京：科学出版社，2004.

[17] 周长林．微生物学实验与指导［M］．2版．北京：中国医药科技出版社，2004.

[18] 管远志，王艾琳，李坚．医学微生物学实验技术［M］．北京：化学工业出版社，2006.

[19] 沈萍，陈向东．微生物学实验［M］．4版．北京：高等教育出版社，2007.

[20] 黎燕，冯键男，张纪岩．分子免疫学实验指南［M］．北京：化学工业出版社，2008.

[21] 杜鹏，姜瞻梅，刘丽波．乳品微生物学实验技术［M］．北京：中国农业出版社，2008.

[22] 赵亚华．生物化学实验技术教程［M］．广州：华南理工大学出版社，2008.

[23] 陈峥宏．微生物学实验教程［M］．上海：第二军医大学出版社，2008.

[24] 文莹，李颖．现代微生物研究技术［M］．北京：中国农业大学出版社，2008.

[25] 袁丽红．微生物学实验［M］．北京：化学工业出版社，2010.

[26] 蔡信之，黄君红．微生物学实验［M］．3版．北京：科学出版社，2010.

[27] 陈敏．微生物学实验［M］．杭州：浙江大学出版社，2011.

[28] 李平兰，贺稚非．食品微生物学实验原理与技术［M］．2版．北京：中国农业出版社，2011.

[29] 王硕，张鸿雁，王俊平．酶联免疫吸附分析方法：基本原理及其在食品化学污染物检测中的应用［M］．北京：科学出版社，2011.

[30] 周建新，焦凌霞．食品微生物学检验［M］．北京：化学工业出版社，2011.

[31] 朱旭芳．现代微生物学实验技术．杭州：浙江大学出版社，2011.

[32] 薛庆中，等.DNA 和蛋白质序列数据分析工具［M］．3版．北京：科学出版社，2012.

[33] 谢建平．图解微生物实验指南［M］．北京：科学出版社，2012.

[34] 曹军卫．生物技术综合实验［M］．北京：科学出版社，2013.

[35] 刘素纯，吕嘉枥，蒋立文．食品微生物学实验［M］．北京：化学工业出版社，2013.

[36] 赵斌，林会，何绍江．微生物学实验［M］．2版．北京：科学出版社，2014.

[37] 徐威．微生物学实验［M］．2版．北京：中国医药科技出版社，2014.

[38] 尧品华，刘瑞娜，李永峰．厌氧环境实验微生物学［M］．哈尔滨：哈尔滨工业大学出版社，2015.

[39] 刘慧．现代食品微生物学实验技术［M］．2版．北京：中国轻工业出版社，2017.

［40］ 雷质文 . 食品微生物实验室质量管理手册［M］. 2 版 . 北京：中国标准出版社，2018.

［41］ 王启明 . 中国担子菌酵母的分类与分子系统学研究［D］. 中国科学院微生物研究所，2004：22-28.

［42］ 徐秀珍 . 微生物实验室环境条件及监测［J］. 中国新技术新产品，2009，19：14.

［43］ Kurtzman C P，Fell J W，Boekhout T，et al. Chapter 7-Methods for Isolation，Phenotypic Character-
ization and Maintenance of Yeasts［J］. Yeasts，2011，1（14）：87-110.